国之重器出版工程

网 络 强 国 建 设

网络基础与关键技术研究丛书

SDN/NFV
重构下一代网络

SDN/NFV Reconstructing
Next-generation Networks

朱常波 王光全 编著

U0264479

人民邮电出版社

北 京

图书在版编目（CIP）数据

SDN/NFV重构下一代网络 / 朱常波，王光全编著. --
北京：人民邮电出版社，2019.12（2021.7重印）
（网络基础与关键技术研究丛书）
国之重器出版工程
ISBN 978-7-115-52478-2

Ⅰ. ①S… Ⅱ. ①朱… ②王… Ⅲ. ①计算机网络—网
络结构—研究 Ⅳ. ①TP393.02

中国版本图书馆CIP数据核字(2019)第238891号

内 容 提 要

近年来，SDN/NFV 技术所倡导的开放化、虚拟化、智能化和融合化理念得到了业界的广泛认同，全球产业界将 SDN/NFV 作为未来演进的重要方向。本书是一本全面、细致且极具指导意义的著作，从 SDN/NFV 的基本原理出发，阐明了 SDN/NFV 技术在运营网络中的主要应用场景和基本技术方案，根据 ICT 产业的发展趋势为读者展开了一幅未来网络的精美画卷。

全书共有 18 章，分为三个部分：第一部分从基本原理的角度，重点阐述了 SDN/NFV 技术的基本概念、标准现状、关键技术和产业现状；第二部分基于应用，从数据网、接入网、传送网、IPRAN、核心网、数据中心和安全 7 个方面讲述了当前存在的问题，以及 SDN/NFV 在相应场景下的应用和部署方案；第三部分从发展的角度，论述了 SDN/NFV 对 ICT 产业的影响以及未来运营商的应对策略，并对中国联通 CUBE-Net 理念进行了深入剖析。

本书适合通信/IT 从业人员、已经或准备使用 SDN/NFV 的行业人员和对 SDN/NFV 有兴趣的人员阅读。

◆ 编　　著　朱常波　王光全

　　责任编辑　李　静

　　责任印制　彭志环

◆ 人民邮电出版社出版发行　　北京市丰台区成寿寺路 11 号

　　邮编　100164　电子邮件　315@ptpress.com.cn

　　网址　http://www.ptpress.com.cn

　　固安县铭成印刷有限公司印刷

◆ 开本：720×1000　1/16

　　印张：23.5　　　　　　　2019 年 12 月第 1 版

　　字数：434 千字　　　　　2021 年 7 月河北第 3 次印刷

定价：128.00 元

读者服务热线：(010)81055493　印装质量热线：(010)81055316
反盗版热线：(010)81055315

专家委员会委员（按姓氏笔画排列）：

于　全　中国工程院院士

王少萍　"长江学者奖励计划"特聘教授

王建民　清华大学软件学院院长

王哲荣　中国工程院院士

王　越　中国科学院院士、中国工程院院士

尤肖虎　"长江学者奖励计划"特聘教授

邓宗全　中国工程院院士

甘晓华　中国工程院院士

叶培建　中国科学院院士

朱英富　中国工程院院士

朵英贤　中国工程院院士

邬贺铨　中国工程院院士

刘大响　中国工程院院士

刘怡昕　中国工程院院士

刘韵洁　中国工程院院士

孙逢春　中国工程院院士

苏彦庆　"长江学者奖励计划"特聘教授

苏哲子　中国工程院院士

李伯虎　中国工程院院士

李应红　中国科学院院士

李新亚　国家制造强国建设战略咨询委员会委员、
　　　　中国机械工业联合会副会长

杨德森　中国工程院院士

张宏科　北京交通大学下一代互联网互联设备国家
　　　　工程实验室主任

陆建勋　中国工程院院士

陆燕荪　国家制造强国建设战略咨询委员会委员、原
　　　　机械工业部副部长

陈一坚　中国工程院院士

陈懋章　中国工程院院士

金东寒　中国工程院院士

周立伟　中国工程院院士

郑纬民　中国计算机学会原理事长

郑建华　中国科学院院士

屈贤明　国家制造强国建设战略咨询委员会委员、工业和
　　　　信息化部智能制造专家咨询委员会副主任

项昌乐　"长江学者奖励计划"特聘教授，中国科协
　　　　书记处书记，北京理工大学党委副书记、副校长

柳百成　中国工程院院士

闻雪友　中国工程院院士

徐德民　中国工程院院士

唐长红　中国工程院院士

黄卫东　"长江学者奖励计划"特聘教授

黄先祥　中国工程院院士

黄　维　中国科学院院士、西北工业大学常务副校长

董景辰　工业和信息化部智能制造专家咨询委员会委员

焦宗夏　"长江学者奖励计划"特聘教授

前　言

随着 5G 各种新业务的不断涌现，人们对通信网络的性能、智能运营、成本等提出了更高的要求。5G 核心网的云化、面向行业应用的网络切片及边缘计算等新技术和新应用的出现，迫切要求 SDN/NFV 技术得到大规模应用，以满足通信网络和业务云化带来的网络云化和虚拟化、传统核心网和传送承载网等多专业网间的协同以及云网协同等新需求。

SDN/NFV 作为运营商网络重构和转型的重要技术手段之一，目前已得到一定的应用。在 5G 的建设和运营过程中如何利用 SDN/NFV 技术解决网络和业务云化时代的低成本建网和运营，快速实现业务的发放和全生命周期管理，实现智能运营，是各运营商建设和运营 5G 网络迫切需要解决的问题之一，也是当前业界关注的热点。因此，本书着力介绍了近年来 SDN/NFV 技术的发展及其在网络中的应用，特别是介绍了 SDN/NFV 在网络云化、移动边缘计算中的作用和应用，使得内容更加适合当今网络云化发展的需求，更加符合 CUBE-Net 2.0 网络和业务演进的方向。

本书将 SDN/NFV 在业界最近几年的新进展和电信运营商将其在电信网络中的新应用呈现给读者，同时也融入了中国联通最近几年在 SDN/NFV 领域的新应用和新实践，希望能给读者的学习和工作带来启发，推动和促进 SDN/NFV 产业发展。

本书由中国联通网络技术研究院朱常波副院长进行整体策划和统稿，王光全制定了本书具体的章节架构并编写了相关章节，华一强承担了大量文字修改和完善工作，在此表示感谢。

由于作者水平有限，书中难免存在谬误，欢迎各位读者批评、指正。

目　录

第 1 章

引言

本章作为全书的引言，介绍了 SDN/NFV 技术的起源、定义和发展方向。SDN/NFV 技术首先诞生于信息产业，应用于通信产业，这是信息产业发展和通信产业需求达到契合的必然结果。SDN/NFV 技术可以应用在电信运营商网络的各个层面，正在不断地重构电信运营商网络。

当今是信息产业和通信产业共同发展的时代，信息技术（Information Technology，IT）和通信技术（Communication Technology，CT）互相渗透、互相影响，一些跨界技术应运而生，SDN（Software Defined Networking，软件定义网络）就是其中之一。

第一次电报、第一次越洋电话、第一颗通信卫星，以及光纤通信、无线通信的出现，使人类彻底告别了烽火和驿站，从此天涯若比邻。第一台电子计算机的成功研制、个人电脑的诞生以及互联网的出现，极大地推动着人类社会网络化、信息化进程的发展。移动互联网、移动商务、大数据等ICT（Information Communications Technology，信息通信技术）服务的兴起，对人们的日常生产、生活产生了深刻的影响，为用户带来了极大的便利，但同时对IT和CT的基础设施建设提出了按需供给、随需而变、灵活健壮等更高的要求。

为了满足这些需求，业界提出了软件定义基础设施的概念和方法，即将基础设施的资源通过虚拟化方式进行抽象，包括服务器、存储、网络等，并将资源变成一种 IT 服务，通过自动化的流程与软件方式提供给用户。SDN/NFV（Network Function Virtualization，网络功能虚拟化）技术的出现适应了网络IT 化、设备软件化和硬件标准化的趋势。SDN 的设计理念是将网络的控制平面与转发平面进行分离，逻辑集中的控制平面能够支持网络资源的灵活调度，灵活开放的转发平面能够支持网络能力的按需调用，并实现可编程化控制。这种方式不仅推动网络能力的便捷调用，而且支持网络业务的创新。NFV 是指借助标准的 IT 虚拟化技术、传统的专有硬件设备（如路由器、防火墙、DPI、CDN、NAT 等），采用工业化标准大容量服务器、存储器和交换机承载各种各样的软件化网络功能的技术。

SDN/NFV 技术首先诞生于信息产业，应用于通信产业，这是信息产业发展和通信产业需求达到一定程度契合的必然结果。信息产业的高速发展推动了用户平均使用流量的高速增长，但是通信运营商业务收入的同步增长却很难实现，造成流量/成本与收入的剪刀差持续扩大。通信产业的需求是降低网络成本，而通信网络复杂而僵硬的网络架构阻碍了这一目标的实现。通信设备普遍采用软硬件垂直一体化的封闭架构，通信网络则由具备复杂功能的专用通信设备构成，新业务的提供往往需要开发新设备，导致网络的 CAPEX（Capital Expenditure，资本性支出）和 OPEX（Operating Expense，运营成本）居高不下。SDN 的软硬件解耦和 NFV 可以降低设备的 CAPEX，集中控制可以降低网络的 OPEX，网络可编程可以快速提供新业务，从而降低网络成本，保持通信运营商的利润率，适应流量高速增长的需求。

关于 SDN/NFV 的定义众说纷纭，迄今为止并没有一个具有权威性的定义，不同的组织从不同的角度给出了不同的定义。

ONF（Open Networking Foundation，开放网络基金会）认为：SDN 的典型架构分为三层，最上层为应用层，包括各种不同的业务和应用；中间的控制层主要负责处理数据平面资源的编排、维护网络拓扑和状态信息等；最下层的基础设施层负责数据处理、转发和状态收集。除了上述三个层之外，控制层与基础设施层之间的接口和应用层与控制层之间的接口也是 SDN 架构中的两个重要组成部分，按照接口与控制层的位置关系，前者通常被称作南向接口，后者则被称作北向接口。其中，ONF 在南向接口上定义了开放的 OpenFlow 标准，而在北向接口上还没有进行统一要求。因此，ONF SDN 架构更多的是从网络资源用户的角度出发，希望通过抽象的网络推动更快速的业务创新。

IETF 也以软件驱动网络（Software Driven Network）为出发点研究 SDN，成立了 SDN BOF，并提出了 IETF 定义的 SDN 架构。IETF 定义 SDN 的核心思路是重用当前的技术而不是 OpenFlow，重点关注设备控制面的功能与开放 API，从而充分利用现有设备，保护投资，并快速实现 SDN。

编者认为，SDN 是一种新型的网络架构，是对现有网络的一种颠覆性创新，其设计理念是将网络的控制平面与数据转发平面进行分离，并实现可编程化控制。SDN 满足"控制和转发分离、集中控制、开放北向接口"的特性，可同时实现软硬件解耦。

在过去几年里，SDN 核心技术及其应用得到了全球业界厂商、运营商的高度重视，SDN 产业链已经形成。全球各通信标准化组织均已开展 SDN 的标准制定工作；全球主要运营商均把网络功能虚拟化视为发展、升级通信网络，促

进业务发展的重要契机。西班牙电信以虚拟家庭网关为切入点，已经开始规模部署；日本 NTT 自主研发 SDN 控制器，并将其应用于数据中心网络；中国移动关注基于虚拟化的 IMS、EPC 核心网设备；中国电信则致力于基于 SDN 的智能管道技术。与此同时，全球主流的电信设备厂商、IT 设备厂商也将 SDN 视为未来产品的重要方向，并不惜投入巨资进行研发，力图在未来取得主导权和竞争优势，并已推出部分产品和模型。

　　SDN 技术正在不断成熟中，未来则有可能应用于运营商网络的各个层面。目前，电信运营商如何通过 SDN 来降低网络成本，如何应对 SDN 带来的机遇和挑战，哪些场景应该率先部署 SDN，都是迫切需要解决的问题。

|本章参考文献|

[1] 吴志明，傅志仁，张宏斌，等. 面向 ICT 服务的电信网络架构及其技术实现[J]. 电信科学，2014(8):112-130.

[2] ONF TR-504. SDN Architecture Overview. [EB/OL]. [2016-05-21].

[3] McKeown N, Anderson T, Balakrishman H, et al. OpenFlow: Enabling Innovation in Campus Networks[J]. SIGCOM CCR, 2008, 38(2): 69-74.

[4] 杨艳松，夏俊杰，华一强. SDN 产业进展研究[J]. 邮电设计技术，2014(03):6-10.

第 2 章
标准化组织

技术发展，标准先行。SDN/NFV 技术影响着电信运营商网络的各个层面，也必然在多个标准组织、开源社区产生标准化、开源化工作。本章概括性介绍了 SDN/NFV 在多个标准组织和开源社区的进展，包括 ONF、ODL、ETSI、IETF、ITU-T、3GPP、CCSA、ONAP、LFN 等。

| 2.1 ONF |

  2011 年 3 月，在雅虎、Google、德国电信、Facebook、微软、Verizon 几家公司联合倡议下，开放网络基金会（ONF）成立，其致力于 SDN 及 OpenFlow 技术的标准化（规范制定）以及商业化，是目前最为活跃的 SDN 标准化组织。

  2012 年，SDN 成为全球网络界炙手可热的焦点。ONF 创始至今，已经为设备和软件提供商、服务提供商及电信运营商带来众多机遇，因此，其成员数量也快速扩张，ONF 已在不同领域开展了 SDN 的技术研究和部署。国内运营商中，中国联通是伙伴级 ONF 会员，中国移动、中国电信是创新级会员。

  2016 年 10 月，ONF 正式宣布与 ON.Lab 合并，成立一个新的制定 OpenFlow 标准的实体，同时兼顾软件项目如 ONOS 和 CORD 项目的开发。

  ONF 由伙伴级、合作创新者级、创新级和合作者级 4 级会员组成。ONF 自成立以来，快速发展，已经吸引众多公司加入，包括网络运营商、服务提供商、设备制造商、芯片厂商和软件开发公司等。截至 2018 年 2 月，ONF 共有 15 个伙伴、17 个合作创新者、49 个创新者和 61 个合作者。伙伴级会员主要为部分运营商、互联网及软件公司，包括 AT&T、CIENA、中国联通、COMCAST、德国电信、爱立信、富士通、谷歌、华为、因特尔、NEC、NTT、Radisys、三星、土耳其电信等。

ONF 根据 SDN 的研究成果，不定期发布技术报告、技术白皮书以及相关标准规范。在开源领域，ONF 有 CORD、CORD-XOS、CORD 网络、ONOS、MININET 等平台，并提供了 R-CORD、M-CORD、E-CORD、开放分类传输网络等解决方案。

ONF 最主要的研究成果包括 SDN 白皮书、OpenFlow 标准以及 OpenFlow-CONFIG 标准（即 OpenFlow 配置和管理协议），以及软件平台、解决方案等。

1. SDN 白皮书

2012 年 4 月，ONF 发布白皮书 *Software-defined Networking: The New Norm for Networks*。该白皮书定义了 SDN 架构的三层体系结构，包括基础设施层、控制层和应用层，并为 SDN 的发展奠定了基础。该白皮书中还指出：对于企业及一些其他网络运营商而言，SDN 可能使得网络成为企业的一项竞争力，而不仅仅是当下不可避免的成本中心。最后，白皮书中还总结了 SDN 为企业或网络运营商带来的诸多好处，包括多供应商环境的集中控制、网络自动化运维和细粒度的网络管理、增强网络创新、增加网络的可靠性和安全性、良好的用户体验等。

2. OpenFlow 标准

OpenFlow 标准描述了 OpenFlow 交换机的需求，涵盖了 OpenFlow 交换机的所有组件和基本功能，并且对远程控制器管理 OpenFlow 交换机采用的 OpenFlow 协议进行描述，即 OpenFlow 协议用来描述控制器和交换机之间交互所用信息的标准，以及控制器和交换机的接口标准。

OpenFlow 交换机包括用于查找和转发数据分组的一个或多个流表，以及与外部控制器进行通信的 OpenFlow 信道，交换机与控制器进行通信以及控制器管理交换机均采用 OpenFlow 协议，OpenFlow 交换机的主要组件如图 2-1 所示。

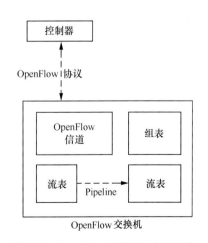

图 2-1 OpenFlow 交换机的主要组件

OpenFlow1.3 发布于 2012 年 6 月，主要针对 SDN 的基础设施层的转发面抽象模型进行了定义，将网络中的转发面设备抽象为一个由多级流表驱动的转发模型。OpenFlow 多级流表转发模型如图 2-2 所示。

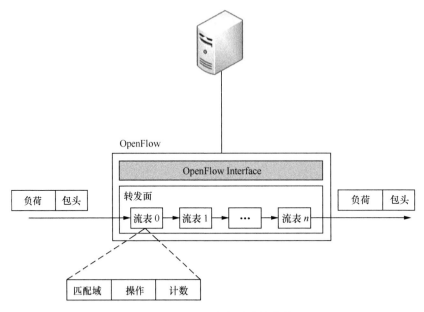

图 2-2 OpenFlow 多级流表转发模型

转发模型中有两个过程尤为重要，即执行操作和生成策略。其中，执行操作决定了 OpenFlow 对转发面行为的抽象能力，可以在流表中进行查询调用。当操作流程比较复杂时，执行操作可以通过迭代查询多次流表来实现。生成策略的过程中也可能调用执行操作。OpenFlow 标准中定义的执行操作包括以下几项：

① 修改报文头部各个字段值；

② 封装/去封装；

③ 将 TTL 值在内/外层头部之间进行复制；

④ 输出到一个端口或一组端口，实现组播、多路径转发、负载均衡等功能；

⑤ 洪泛到输入端口以外的所有端口；

⑥ 未来可能增加的快速倒换组特性。

自成立以来，ONF 已经发布了多个版本的 OpenFlow 主体规范。ONF 的成立有力地推动了 SDN 技术在学术界和工业界的推广和发展，各大标准组织也都在迅速跟进。目前，产业普遍实现应用的是 1.3 版本，虽然后续有 1.4、1.5 版本的出现，但版本更新过快不利于 OpenFlow 标准的产业化，所以以目前产业界仍然以 1.3 版本的应用为主。ONF 技术委员会的 Open Datapath 小组负责维护 OpenFlow 协议。

3. OF–CONFIG

OpenFlow 配置和管理协议（OF-CONFIG）由配置和管理工作组制定和维护，是 OpenFlow 协议的附属协议，用于描述标准配置和管理协议的动机、范围、需求和规范。

在包含OpenFlow交换机的运营环境下，除 OpenFlow 协议之外的接口配置和管理协议规范，控制器和变换机之间目前采用 NETCONF 协议进行传输，如图 2-3 所示。同时，OF-CONFIG 规范定义了 OF-CONFIG 协议和OpenFlow 协议组件之间的关系。ONF 技术委员会的 OF-CONFIG 小组负责维护 OF-CONFIG 协议。

在 OF-CONFIGv1.1.1 之后，OF-CONFIG 再无更新，产业使用的产品也稳定在 OpenFlow V1.3，并未替换到后续版本。

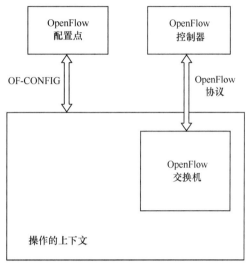

图 2-3　OF-CONFIG

4. ONOS/CORD

ONOS（Open Network Operating System，开放网络操作系统）是由 ATT、NTT、SKT 等运营商发起，由华为、爱立信、Intel、富士通、NEC、Ciena、思科等设备商以及最早创造发明 SDN 技术的斯坦福、伯克利等知名大学共同创立的非营利性开源软件社区组织。其目的是建立一个开源的 SDN 控制器（Controller），满足运营商对网络业务的电信级需求，斯坦福大学的 ON.Lab 负责 ONOS 内核的研发和项目的整体推动。中国联通是 ON.Lab 的白金成员和董事会成员，并引领推动 ONOS 的 E-CORD（Enterprise Central Office Re-architected as Data Center）等重要项目。通过推动 ONOS 发展，中国联通在 SDN/NFV 领域聚焦网络创新和业务创新，和产业界共同合作，引领 SDN/NFV 的发展。

ONOS 是一款专门为服务提供商打造的网络操作系统，其架构具备可扩展性、高可用性和高性能等优势。ONOS 开创性地引入了一个抽象层，并提供北

向和南向接口，采用模块化结构来轻松实现功能扩展与定制。ONOS 的系统架构从北向南，由北向接口、内核、南向接口组成，如图 2-4 所示。

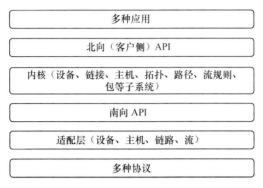

图 2-4　ONOS 的系统架构

价值应用层面，ONOS 主要面向 CO 重构的 CORD、MPLS Segment Routing 场景、SDN IPRAN 场景、SDN-IP 互通迁移场景，以及 IP+光场景等广域网场景发布了 5 个用户案例。2015 年，华为和 ONOS 联合推出了展示 IP+光和 Transport SDN 的应用，这也是业界首个采用面向运营商网络的 SDN 开源平台的应用。

业务 PoC 部署层面，AT&T 启动 CORD 计划，联合 ON.Lab 进行 ONOS 项目的概念验证实验。中国联通成功部署全球首个基于 ONOS 开源架构的 SDN IPRAN 商用局，打造"电商化"的精品企业专线。

在构建开源社区层面，ONOS 正式成为 OPNFV 开源项目集成的控制器选项，并加入 Linux 基金会。ON.Lab 将和 Linux 基金会协同工作，共同为服务提供商网络提供令人信服的开源解决方案。

ONOS 目前投入最大的项目是 CORD 项目。CORD 采用 SDN、NFV、Cloud 技术，试图基于商用硬件和开源软件打造一个面向未来的运营商 Central Office。目前，ONOS 已经拥有面对移动网络的 M-CORD、面对企业网络的 E-CORD 和面对固定网络的 R-CORD。CORD 将利用基于商用构建模块的架构为运营商中心局提供规模经济性和云计算的灵活性。新的开源参考协议基于商用芯片、白盒和诸如 ONOS、OpenStack、XOS 等开源平台，便于运营商为家庭用户、移动用户和企业用户提供创新服务。CORD 强调运营商用户所需的可升级性、高性能、可实现性和使用简便性。许多运营商以及方案提供商都在基于 CORD 开源协议进行测试，并希望就此尽快实现实际的应用部署。ONOS CORD 项目架构如图 2-5 所示。

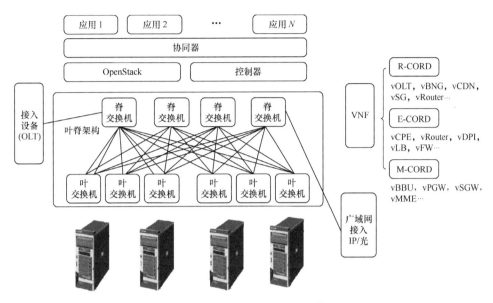

图 2-5　ONOS CORD 项目架构

CORD 的技术作用如下：

① SDN，实现网络设备控制面和数据面分离，使网络能力开放、可编程；

② NFV，实现网络功能虚拟化，降低 CAPEX 及 OPEX；

③ Cloud，利用云技术提升业务/网络伸缩性，使业务部署更便捷。

目前，CORD 已经作为一个 Linux 基金会的开源项目 OPEN CORD 独立存在，但仍由 ONOS 提供主要的支持能力。

|2.2　ODL|

2013 年 4 月 8 日，OpenDaylight 在 Cisco、IBM 等业内主要设备商的推动下成立。该开源联盟隶属于 Linux 基金会，旨在提供一个支持 SDN 的网络编程平台，并且为 NFV 及更多不同规模的网络创建一个可靠的基础平台。2018 年 1 月 1 日，Linux 基金会成立了 LF 网络基金会（LFN），这是一个新的实体，可提高跨网络项目的协作性和运营效率。LFN 整合了参与项目的治理，以提高卓越运营能力并减少会员参与度，但是每个技术项目都保留其技术独立性和项目路线图。LFN 的创始项目有 FD.io, OpenDaylight, ONAP, OPNFV, PNDA 和 SNAS。

OpenDaylight 的组织架构如图 2-6 所示，其中，TSC（技术指导委员会）负责规划发布日期、决定发布版本的质量标准、对项目进行技术指导、监控项目进度、协调项目间冲突、组织项目间合作；Board（理事会）负责定义政策、工作范围、未来发展方向并对 TSC 进行指导。另外，OpenDaylight 的核心项目需要根据贡献度由社区选举产生。

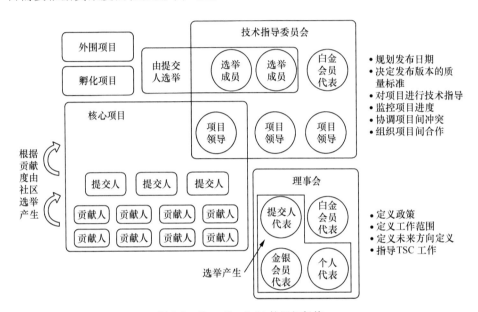

图 2-6　OpenDaylight 的组织架构

自成立以来，OpenDaylight 已发布 Hydrogen（氢）、Helium（氦）、Lithium（锂）、Beryllium（铍）、Boron（硼）、Carbon（碳）、Nitrogen（氮）7 个稳定版本，后续还将按元素周期表陆续推出新的版本。

以 Beryllium 版本为例，其总体架构如图 2-7 所示。

相较于 Lithium 版本，Beryllium 版本的主要更新如下。

① 此版本在性能、可扩展性、功能方面有很大的改善，新的网络服务在集群和高可用性上有很大提升，数据处理、消息传输方面也有很大的改进，提供了更好的网络模型抽象，实现了网络元素的管理并且对 GUI 进行了全新的改善，尤其是在复杂的大型网络中会有明显的体现。

② 此版本完全清除了 AD-SAL 的冗余代码，取消了 odl-adsal-*的功能，全部转向支持 MD-SAL 功能。

③ 此版本对 YANG UI 功能进行了修复，大大减少缺陷数量，用户可根据自己的喜好来使用 YANG UI 或者 POSTMAN。

④ 此版本在性能上有所提高，并且在 UI 设计上支持大型的复杂网络拓扑显示，增加了新的 NeXt 组件来支持复杂网络的可视化效果。

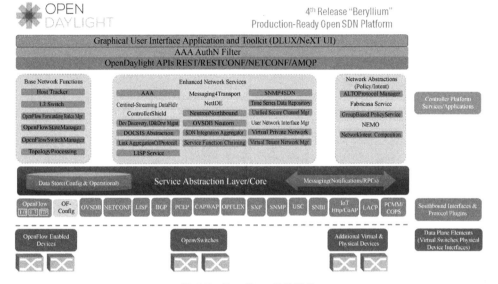

图 2-7　Beryllium 总体架构

⑤ 新添加了以下多个项目功能组件。

a. Centinel：为数据流的收集、汇总和分析提供分布式的可靠性架构的一种流数据处理程序。

b. Controller Shield：提供控制器安全信息给北向应用，包括从南向和东西向接口的攻击指标。

c. Fabric as a Service（FaaS）：创建一个物理层之上的常见抽象层，北向 API 应用可以更容易地被映射到物理网络上。

d. NetIDE：在单个网络中使用多控制器体系结构的用户端/服务器，允许 Ryu/Floodlight/Pyretic 等形式的应用通过启用可移植和协作性运行在 OpenDaylight-managed 架构中。

e. EMO：一种基于事务的北向 API，允许应用程序使用基于意图的策略，基于 DSL（Domain Specific Language）接口来抽象网络模型和表现操作模式。

f. NeXt：提供网络中心拓扑的 UI 组件，显示大的复杂网络拓扑，汇总网络节点、流量、路径、tunnel、group 等可视化效果，包括不同的布局算法、图像叠加以及用户友好的预设置交互，性能提高且 UI 功能丰富，能够与 DLUX 共同构建 ODL Apps。

g. Messaging For Transport：OpenDaylight 控制器基于允许 data、RPC 和通知建模的 MD-SAL 构成。

h. UNI Manager：启用网络元素中用户网络接口（User Network Interface）功能以及网络元素间连通性的配置管理。

i. OF-CONFIG：实现了 OF-CONFIG 协议，启用了 OpenFlow 逻辑交换机基本构件的配置，OpenFlow 控制器能够通过 OpenFlow 协议对 OpenFlow 逻辑交换机进行通信和控制。

| 2.3 ETSI |

2012 年 10 月 22 至 24 日，AT&T、英国电信、德国电信、Orange、Verizon、中国移动等 13 个顶级电信运营商在德国 Darmstadt 的 SDN 和 OpenFlow 世界大会上首次发布了 NFV 白皮书，同时，为了加快 NFV 产业进程和落地应用，7 家运营商在欧洲电信标准协会（European Telecommunications Standards Institute，ETSI）推动下发起成立网络功能虚拟化标准工作组——NFV ISG（Network Functions Virtualization Industry Specification Group）。ETSI NFV 的初衷是成为由运营商主导，通信设备、信息设备等厂商共同参与，推动 NFV 标准研究和产业进程的临时性组织（原计划组织的寿命为 2013—2014 年两年时间），该组织只针对网络功能虚拟化的场景、需求和架构进行研究，输出的相关文档并不具有标准或者规范的作用，但其制定的需求将以联络函的形式向其他标准化组织（ITU、3GPP、ONF、TMF 等）输出作为标准制定的依据。

2014 年 11 月，NFV 完成第一阶段（NFV Phase 1）工作，包括发布第 3 版 NFV 技术白皮书，阐述了电信领域引入 NFV 技术的优势，以及 ETSI NFV 的研究工作进展和计划；发布行业技术规范 17 份，涵盖 NFV 用例、架构框架、专业术语和关键技术等内容，梳理并澄清了 NFV 技术的概念和范围，积极推动 24 项 NFV 的概念验证 PoC，针对 NFV 的 9 个场景和架构、接口进行验证和测试，推动多厂商相关产品之间的接口兼容。

为了持续推动 NFV 标准工作的开展和应用部署，并将研究成果输出作为 NFV 产品开发指导，ETSI NFV 在 NFV 第 8 次全会上宣布正式启动 NFV 第二阶段（NFV Phase 2）研究工作。

NFV 第二阶段针对管理与编排（MANO）功能需求和接口、VNF 包、加速包、Hypervisor 域进行规范制定，同时对 NFV 基础设施节点架构、NFV 部署架构、虚拟化技术等进行研究，重点关注 NFV 架构中功能模块和接口的问题，继续推动 NFV 概念验证和互通测试，确保 NFV 能够高效兼容、可靠稳定，并实现自动化管理操作，降低网络复杂度。

ETSI NFV 是运营商主导的 NFV 标准化和产业化的"摇旗手"，吸纳了运营商、传统通信设备商、IT 设备商、通用芯片厂商等众多利益相关参与者。以欧美运营商 AT&T、西班牙电信、德国电信为代表，运营商为了降低网络建设和运维成本，改变传统网络设备由单一厂商提供的模式，积极推动 NFV 技术的成熟和产业化。受 NFV 技术影响，IT 通信设备商和通用芯片厂商（以 HP 和 Intel 为代表）将有可能进入电信设备领域，扩大市场份额，因此，其也在极力推动 NFV 技术研究和应用部署。传统设备商包括思科、爱立信等将成为影响最大的利益相关方，如不积极转型将有可能被市场淘汰，因此也被动地参与 NFV 技术探讨。

在经过 5 年以及超过 100 期的出版物后，ISG NFV 社区经过了多个阶段的演变，其出版物已从预标准化研究转移到了详细的规范（版本 2 和版本 3）。这个庞大的社区（300 多家公司，包括全球 38 家主要服务提供商）仍在积极努力开发 NFV 所需的标准，并分享他们在 NFV 实施和测试方面的经验。

| 2.4　IETF |

IETF（Internet Engineering Task Force，互联网工程任务组）成立于 1985 年年底，是一家为互联网技术发展做出贡献的专家自发参与和管理的国际民间机构。IETF 汇集了与互联网架构演化和互联网稳定运作等业务相关的网络设计者、运营者和研究人员，并向所有对该行业感兴趣的人士开放，因此，IETF 是松散的、自律的、志愿的民间学术组织，任何人都可以注册并参加它的会议。IETF 大会每年举行三次，规模均在千人以上。

IETF 是全球互联网行业最权威的技术标准化组织，主要任务是研发和制定互联网相关技术规范，当前绝大多数国际互联网技术标准均出自 IETF。早在 SDN 提出之前，IETF 就对很多类似 SDN 的方法和技术进行了探索研究，IETF 早期已经有两个与 SDN 相关的研究项目/工作组，分别是转发与控制分离工作组（Forwarding and Control Element Separation，ForCES）和应用层

流量优化工作组（Application-Layer Traffic Optimization，ALTO）。目前，IETF 以软件驱动网络（Software Driven Network）为出发点来研究 SDN，并提出了 IETF 定义的 SDN 架构，重点关注控制平面北向接口的规范，并未对于南向接口提出相关标准化建议。

ONF 中的 OpenFlow 协议强调的是设备控制与转发分离，以实现转发设备的标准化和开放化。与 ONF 相比较，IETF 的工作更多由网络设备厂商主导，如华为、Juniper、思科等，其代表的是传统网络厂商的利益，主要聚焦于 SDN 相关功能和技术如何在网络细节上实现。IETF 中定义的 SDN 架构重点强调设备的可编程性和开放 API，并关注怎样在现有网络设备的基础上平滑演进至集中控制的 SDN。

IETF 提出了软件驱动网络的概念，并提出了相关的 SDN 架构，对推动 SDN 发展具有积极的作用。

|2.5 ITU-T|

依据 2012 年 ITU-T WTSA(World Telecommunication Standardization Assembly）第 77 号决议，ITU-T SG13（ITU-T 第 13 研究组）自 2013 年起开始 SDN 相关研究，并承担起在 ITU-T 中研究 SDN 相关内容以及引领其他 SG 的角色。目前，ITU-T 中开展 SDN/NFV 相关标准化工作的研究组包括 SG13、SG11、SG15、SG16 和 SG17。

2014 年 6 月，由 SG13 Q14 组织开发的 ITU-T 首个 SDN 标准——Y.3300（Framework of Software-defined Networking）正式发布，该标准旨在明确 SDN 的基本需求和高层架构（如图 2-8 所示），后续 ITU-T SDN 相关标准需要在功能架构上与其保持一致。

为进一步协调 ITU-T 和其他 SDO/协会/论坛关于 SDN 及其相关技术的标准化工作，2013 年 6 月，ITU-T TSAG(Telecommunication Standardization Advisory Group）会议讨论通过并同意成立 JCA-SDN（Joint Coordination Activity on Software-defined Networking），TSAG 作为其上级组织，日本 NEC 和中国联通分别被任命为 JCA-SDN 主席和副主席成员单位。截至 2014 年 12 月，JCA-SDN 已经召开了四次工作会议，与业内相关 SDN/NFV 标准化组织和开源社区（包括 ATIS SDN/NFV FG、ETSI NFV ISG、BBF、3GPP TSG SA、TTA、ONF、CCSA、OpenDaylight、OpenStack 等）建立了联络函关系，目前正在致力于开发维护 SDN/NFV 标准化路标。

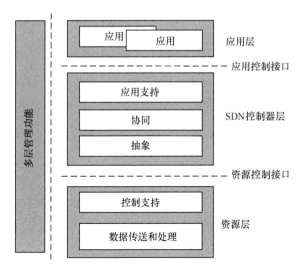

图 2-8　SDN 高层架构（来源：ITU-T Y.3300（2014））

|2.6　3GPP|

　　1998 年 2 月，来自各国和各地区的 ARIB、ETSI、T1、TTA 和 TTC 等标准化组织通过了 3GPP Third Generation Partnership Project 的章程，3GPP 正式宣告成立。3GPP 组织架构如图 2-9 所示，其中，PCG（Project Co-ordination Group，项目协作组）主要负责 3GPP 整体管理、时间计划制订、工作分配等工作，技术方面的工作则由 TSG（Technical Specification Groups，技术规范制定组）完成。为了使得技术活动顺利开展，技术规范制定组每年都会有一段时间将所有成员集中在一起探讨技术问题。

　　由于 NFV MANO 的需求相对明显和突出，3GPP 将以探索 3GPP 网关虚拟化的需求作为突破点，ETSI NFV 将分析 ETSI NFV 的 MANO 和 3GPP 网关虚拟化对 MANO 需求之间的差距，将此差距输出给 3GPP 以作为实现进一步标准化的素材。但是，目前网络虚拟化对 3GPP 网络架构及网元部署的长期影响尚待全面评估，关于 3GPP SA 则存在两种声音，其中，"激进派"倾向于面向未来网络虚拟化需求进行 3GPP 网络虚拟化架构的研究；"保守派"则倾向于从传统网络架构出发展开研究，短期内基于 3GPP 现有架构进行"修补式"研究，长期则进行全面、大范围工作。

　　3GPP 组织中，网络功能虚拟化（NFV）的研究主要集中在核心网虚拟化方面，目前，设备商在 3GPP 网络虚拟化进程的态度上出现分歧，一些设备商建议在 4G

网络架构基础上进行 NFV 研究，另一些设备商建议在 5G 网络架构中进行 NFV 研究，目前设备商之间存在的分歧导致 3GPP 只是从网管角度开始切入 NFV 的研究，并未从各个角度铺开 NFV 的研究。

项目协作组（PCG）			
TSG GERAN GSM EDGE 无线回传网	TSG RAN 无线回传网	TSG SA 服务和系统领域	TSG CT 核心网和终端
GERAN WG1 频谱领域	RAN WG1 无线 Layer1 规范	SA WG1 服务	CT WG1 MM/CC/SM(Iu)
GERAN WG2 协议领域	RAN WG2 无线 Layer2 规范 无线 Layer3 RR 规范	SA WG2 架构	CT WG3 和外部网络的互通
GERAN WG3 终端测试	RAN WG3 Iub、Iur、Iu 规范、 UTRAN 和 O&M 需求	SA WG3 安全	CT WG4 MAP/GTP/BCH/SS
	RAN WG4 无线协议和性能领域	SA WG4 编码	CT WG6 智能卡应用领域
	RAN WG5 移动终端一致性测试	SA WG5 电信管理	
		SA WG6 关键任务服务	

图 2-9　3GPP 组织架构

　　3GPP 涉及设备厂商的根本利益，不同厂商基于自身利益考虑采取不同态度，难以妥协，在 NFV 研究上整体保持相对谨慎态度，并不急于全面展开 3GPP 虚拟化演进的研究。

|2.7　BBF|

　　BBF（Broadband Forum，宽带论坛）是由全球 200 多个分属电信、资讯科技产业的公司组成的跨国组织，会员包括有线服务业者、宽带设备业者、咨询机构、独立的测试实验室，该组织致力于多业务宽带网络架构、互通、网络管理方案的标准化。

　　BBF 成立了以下工作组：Broadband Home（宽带家庭）、End to End

Architecture（端到端架构）、Fiber Access Network（光纤接入网络）、IP/MPLS & Core（IP/MPLS 网络和核心网）、Metallic Transmission（金属传输，传统电话线传输）、Network Operations & Management（网络的操作和管理）、Service Innovation & Market Requirements（业务创新和市场需求）。

由于接入网缺乏虚拟化的标准，BBF 在 End to End Architecture 工作组和 Service Innovation & Market Requirements 工作组开展了关于接入网领域虚拟化的需求和技术架构的研究，主要涉及以下尚在进行的研究课题。

WT-317 "Network Enhanced Residential Gateway（NERG）" 提出了家庭网关虚拟化方案，在用户侧只部署简化的桥接式网关（BRG），将家庭网关的三层功能虚拟化后分布在网络侧的虚拟网关（vG）上，如图 2-10 所示。其在此基础上讨论了 NERG 的功能分布，IPv4 地址的管理和迁移到 IPv6 的作用，现有的家庭业务和新业务的要求（互联网接入、IPTV、网络电话、视频点播、无线网络、M2M、云存储等），服务质量，安全等。

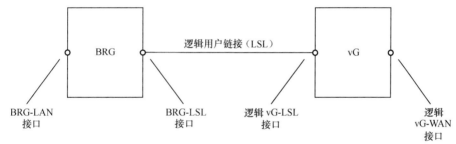

图 2-10 NERG 架构

WT-345 "Broadband Network Gateway and Network Function Virtualization" 主要探讨宽带网关（BNG）的虚拟化方案，包括基础架构和拓扑、BNG 的需求、NFVI（NFV Infrastructure）部署的意义、NFV 接口需求等。图 2-11 是 EDGE BNG 映射到 NFVI 的示意。

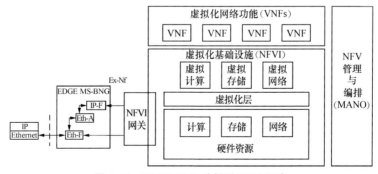

图 2-11 EDGE BNG 映射到 NFVI 示意

SD-313 "High Level Requirements and Framework for SDN in Telecommunication Broadband Networks"提出宽带网络的 SDN 需求，包括宽带网络化 SDN 的场景/用例、宽带网络化 SDN 的需求、宽带网络向 SDN 过渡的策略、SDN 的市场驱动力和商业价值、SDN 安全等。图 2-12 是 BBF 给出的 SDN 系统架构，该架构是对 ONF 组织提出的 SDN 系统架构的进一步细化。

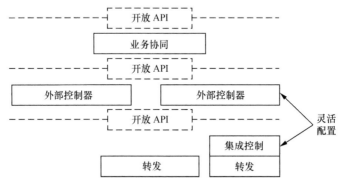

图 2-12　BBF 定义的 SDN 系统架构

图 2-13 是基于 SDN 的家庭网络示意，在该场景中，虚拟化家庭网络的转发平面由位于运营商网络中的 SDN 控制器控制。

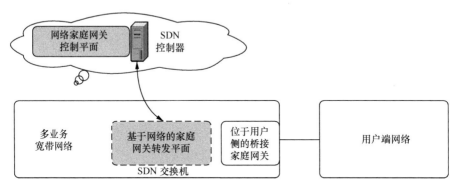

图 2-13　基于 SDN 的家庭网络

|2.8　CCSA|

中国通信标准化协会（China Communications Standards Association,

CCSA）是负责制定国内通信行业标准的主要组织。CCSA 紧跟国际前沿技术的发展趋势，于 2012 年开始进行 SDN 与电信网络结合的标准研究工作，并在 2013 年年初联合 IP 与多媒体通信技术工作委员会（TC1）专门成立了"未来数据网络（FDN）"任务组（SWG3），推进 SDN 相关标准的制定工作。随着 SDN 技术的逐渐成熟和推广，各个通信领域都已展开对引入 SDN 技术的讨论和研究。为此，CCSA 各有关技术工作委员会，也相应展开对本领域 SDN 相关的理论研究和标准制定工作。

2014 年，CCSA 推动成立了 SDN/NFV 产业联盟。SDN/NFV 产业联盟由中国信息通信研究院（CAICT）联合业界 15 家单位共同发起，2014 年 11 月 4 日正式宣布成立。联盟秉承"开放、创新、协同、落地"的宗旨，由来自全球的多个成员组成，共同聚焦 SDN、NFV 商用实践，推动 SDN 产业不断发展。

SDN/NFV 产业联盟关注产业共同诉求，汇聚产业链力量，共建 SDN/NFV 产业生态，推动 SDN/NFV 商用化进程，解决现有网络如何向 SDN/NFV 演进、网络如何支撑新型业务创新和灵活部署、超大规模网络如何运维等关键问题。

SDN/NFV 是一项全局性、颠覆性技术，不仅涉及新的架构、新的方法、新的生态系统，而且涉及移动网、承载网、传送网、接入网、家庭网、业务网等网络的每一部分，是电信业和互联网产业发展的重要契机。

SDN/NFV 产业联盟组织架构如图 2-14 所示。

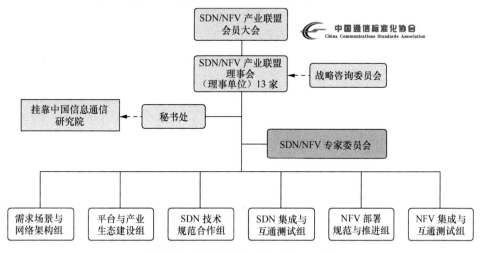

图 2-14 SDN/NFV 产业联盟组织架构

联盟当前的理事会成员有：中国信息通信研究院、中国电信、中国移动、中国联通、百度、腾讯、华为、中兴、上海贝尔、烽火、大唐、华三、迈普 13 家单位。

2018 年 5 月，"SDN/NFV 产业联盟"更名为"中国通信标准化协会 SDN/NFV 技术与产业推进委员会"。

|2.9 ONAP|

网络自动化是运营商始终追求的目标，ONAP（Open Network Automatic Platform，开放网络自动化平台）是帮助网络实现自动化的开源项目。运营商为了提供新的业务，从安装新的数据中心设备到（某些情况下）升级用户现场设备等一系列工作都需要进行大量的人工调整工作。这种人工模式的规模和成本对运营商提出了重大挑战。许多运营商都在寻求利用 SDN 和 NFV 技术，提高业务创新速度，简化设备的互操作性和集成难度，降低整体的资产投入和运营成本。另外，目前高度分散的管理场景也使得端到端级别的业务质量难以得到监控和保障。

ONAP 通过为物理和虚拟网络设备提供全局的、大规模的（多站点和多 VIM）编排功能来解决这些问题。它通过提供一套通用的、开放的、可互操作的北向 REST 接口，以及支持 YANG 和 TOSCA 数据模型来提高业务敏捷性。ONAP 的模块化和分层特性有助于提高互操作性并简化集成过程，它能够通过与多个 VIM、VNFM、SDN 控制器甚至与传统网络设备的集成来支持多个 VNF 环境。ONAP 对 VNF 的整体要求发布将助力符合 ONAP 标准的 VNF 的商业部署。这样既可以帮助网络和云业务运营商优化物理和虚拟基础设施，以降低成本、提高性能；同时，ONAP 采用标准模型，又降低了异构设备的集成和部署成本，并最大限度地减少了管理的碎片化。

ONAP 的目标是打造全球最大的 NFV/SDN 协同与编排器开源社区，面向物联网、5G、企业和家庭宽带等场景，打造网络全生命周期管理平台，使运营商业务开发更灵活、业务上线更快捷、网络运维更高效。

在 ONAP 平台上，终端用户组织及其网络/云业务提供商可以在一个动态、闭环过程中进行协作，实例化网络设备和业务，并对操作类事件进行实时响应。设计、实施、规划、计费和保障这些动态业务，主要通过以下三个方面的要求实现。

① 一个健壮的设计框架，可以在各个方面对业务进行规范，包括：对组成业务的各类资源和关系进行建模，制订指导业务行为的策略规则，制订业务弹性管理所需的应用、分析和闭环事件。

② 一个流程/策略驱动的编排和控制框架（业务编排器和控制器），在必要时提供自动的业务实例化，并能够弹性管理业务需求。

③ 一个分析框架，可以根据指定的设计、分析和策略，密切监控整个业务生命周期中的行为，实现控制框架所要求的响应，从而可以针对设备自愈、根据需求变化对资源进行扩缩容调整等各种情况进行处理。

为此，ONAP 将特定业务和技术细节从通信信息模型、核心编排平台和通用管理引擎（用于发现、配置和保障等）中分离出来；此外，它将 DevOps/NetOps 方法的效率和模式与运营商引入新业务和技术所需求的正式模型和过程相结合，利用包括 Kubernetes 在内的云原生技术来管理和快速部署 ONAP 及相关组件。传统的 OSS/管理软件平台架构会对业务和技术进行硬编码，在整合变化时需要很长的软件开发和集成周期，ONAP 与之形成了鲜明对比。

2.10 LFN

开源技术正在改变网络，但是由于项目多、协调性差，整个网络生态系统存在一定的不协调。2018 年，Linux 基金会牵头，将 ONAP（开放网络自动化平台）、NFC（OPNFV）开放平台、OpenDaylight、FD.io、PNDA 和流媒体网络分析系统（SNAS）6 个开源组织整合在一起，创立了跨项目合作的 LF Networking Project(LFN，Linux 基金会网络互连项目)。

在 LNF 下，每个项目都将继续按照现有的章程运作，保持技术的独立性、社区的亲和力、项目的发布路线图以及网站的存在。

LFN 需要做的是提供项目之间的合作渠道，以及相关项目和整个社区的生态系统平衡。LFN 平台将弥补方案之间的差距，促进跨项目协作。

LFN 长远的目标是形成涵盖网络协议栈、数据平面和控制平面的，包括编排、自动化、端到端测试等功能的开源网络功能集合。

本章参考文献

[1] 赵河，华一强，郭晓琳，等. NFV 技术的进展和应用场景[J]. 邮电设计技术，2014(6): 62-67.

[2] 雷葆华，王峰，王茜，等. SDN 核心技术剖析和实战指南[M]. 北京：电子工业出版社，2013.

[3] Thomas D.naduau, Ken Gray. 软件定义网络[M]. 北京：人民邮电出版社，2014.

[4] ITU-T. Framework of software-defined networking Y.3300 [S], 2014.

[5] 3GPP TS 22.101 Technical Specification Group Services and System Aspects；Service aspects；Service principles [EB/OL]. [2016-03].

[6] 3GPP TS 23.401. General Packet Radio Service (GPRS) enhancements for Evolved Universal Terrestrial Radio Access Network [EB/OL]. [2016-03].

[7] 3GPP TS 33.401. Technical Specification Group Services and System Aspects；3GPP System Architecture Evolution (SAE)；Security architecture [EB/OL] [2016-03].

[8] ONOS. A new carrier-grade SDN network operating system designed for high availability, performance, scale-out [EB/OL].

[9] 中国通信标准化协会. SDN/NFV 技术与产业推进委员会（SDN/NFV 产业联盟）[EB/OL].

第 3 章
关键技术和关键问题

本 本章聚焦 SDN/NFV 技术的关键技术,如 SDN 架构、Openflow
原理、NFV 的架构等,并阐述了 SDN 和 NFV 的关系。

| 3.1 SDN 架构技术 |

3.1.1 SDN 架构总览

　　SDN 是一种新型的网络架构，其设计理念是将网络的控制平面与数据转发平面进行分离，并实现可编程化控制。根据 ONF 的定义，SDN 架构可自下而上划分为三个层面，如图 3-1 所示，分别是基础设备层、控制层和应用层。其中，基础设备层只需要关注设备的硬件性能，实现数据的高速转发，无须具备任何智能性。控制层负责全部网元的集中式控制，实现路径计算、带宽分配等功能；控制层需要集成网络操作系统，负责处理数据平面资源的编排，维护网络拓扑、状态信息等；控制层和基础设备层之间一般通过 OpenFlow 或其他南向接口协议进行通信，该协议规定了设备按照流表转发的多种匹配规则，致力于满足网络各方面的功能需要。控制层之上是应用层，网络运营者可以设计各种面向业务的应用（Application），来对网络进行有针对性的运维和管理。应用层和控制层之间的北向接口形式目前仍在讨论中，预计会支持多种实现方案。

　　除了上述的功能模块以外，控制器通过北向接口，以 API 的形式连接上层应用，北向接口是各种网络应用和控制器交互的接口。同时，基于网络虚拟化层功能以及 SDN 转发设备提供的网络资源服务，用户能够通过北向接口开放不同权限，进行端到端的全网业务监控、流量分析和端口监控。

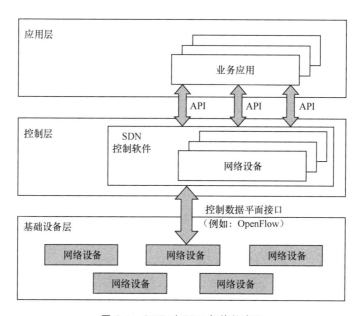

图 3-1　ONF 对 SDN 架构的定义

3.1.2　基础设备层

在 SDN 架构中，转发节点负责数据流的转发，一般由数据平面模块、控制代理模块、管理代理模块组成，转发节点系统架构如图 3-2 所示。在该架构中，转发节点的控制面已经上移到控制器。管理代理模块接收来自网管的配置信息，提供面向网管的设备端口、电源/电压和环境监控等信息；控制代理模块负责接收从控制器下发的外部信令信息和转发信息，经过控制器的信令和转发适配等模块处理后，结合自身的信令与转发信息，将必要的转发信息下发给数据平面模块，实现对数据平面模块的控制；数据平面模块完成数据的转发，同时发送转发状态信息到控制代理模块，实现对控制代理模块相应模块的查询、响应和反馈；控制代理模块将需要传送到外部的转发状态信息通过信令通信接口发送给控制器。

1. 数据平面模块

数据平面模块由接口业务适配、分组转发、QoS、OAM、保护、分组、同

步处理模块组成，提供分组转发、OAM、QoS、保护、同步等功能，通过接口业务适配模块实现 UNI 侧各类业务的接入处理，以及实现 NNI 侧业务出入或穿通 MPLS 隧道。数据平面模块还可以为控制代理模块和管理代理模块提供控制信息和网络管理信息传送的功能。

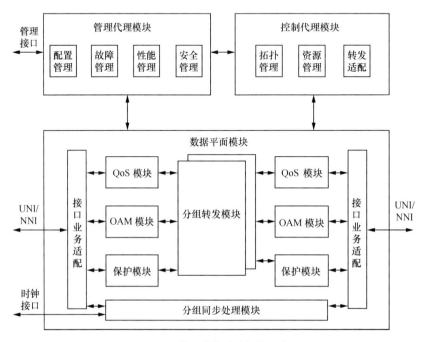

图 3-2　转发节点系统架构示意

2. 控制代理模块

　　控制代理模块的作用是建立标准的安全通道，并与控制器建立控制协议通道。OpenFlow 是可选控制协议之一，未来还可能有其他控制协议，如 I2RS。控制代理模块应该提供协议适配、对数据平面模块屏蔽协议之间的差异，并可扩展支持其他控制协议。控制代理模块为当前 OpenFlow 协议未支持的数据，提供上下双向的传输通道，并提供适配，以完成例如 OAM/QoS/APS 等功能数据的配置和设置。同时，控制代理模块应为管理代理模块提供服务响应和故障上报，包括对控制代理的信息查询响应和对转发信息、信令等控制参数的配置响应，以及向管理代理模块报告控制代理故障信息等。控制代理模块建立的连接可根据需要由管理代理模块拆除。另外，控制代理模块还应提供拓扑收集功能和资源管理功能，前者主要收集本地网络拓扑，并将网络拓扑信息上报给控制器，后者主要收集本地转发资源，如端口、标签空间等，并通过控制协议上报给控制器。

3. 管理代理模块

管理代理模块实施对数据平面模块、控制代理模块以及系统的管理，并提供完备的管理功能和辅助接口，确保各平面之间的协同，管理代理模块失效不应影响数据平面的正常工作。管理代理模块提供的功能主要包括配置管理、故障管理、性能管理和安全管理等；配置管理实现对子网、网元、端口、业务、路径、保护、OAM、QoS、同步等的配置；故障管理提供对告警的采集、显示、存储、处理、查询、同步等功能；性能管理实现对各层面对象（端口、隧道、伪线、段等）性能的监测、门限管理和数据处理（上报、查询、统计、存储等），对于支持 OpenFlow 的设备，基于流表的统计也可以通过 OpenFlow 协议上报；安全管理用于用户和日志管理以及权限控制。

3.1.3　控制层

1. NOX

NOX 是针对 SDN 架构下网络控制器的一种开源实现，支持 C++/Python，主要由 Nicira 公司支持。图 3-3 为 NOX 架构，NOX 作为一个软件模块部署在 PC Server 之上，从广义的角度来看包括 NOX Controller、Network View 和 App。

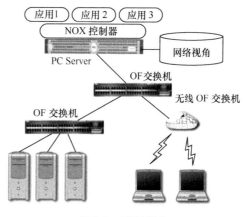

图 3-3　NOX 架构

① NOX Controller：作为 NOX 的核心模块，它为上层 App 提供平台服务，例如应用加载和维护、消息服务、事件注册以及回调机制、网络拓扑发现等。

② Network View：在 SDN 架构下，网络的拓扑以及相应的链路状态信息统一保存在网络控制器中，即由网络控制器进行拓扑发现、链路状态检测。

③ App：基于 Controller 以及 Network View，App 提供传统交换机/路由器控制器所提供的功能，包括基本功能（维护转发流表（二层）、路由表（三

层))、高级功能 (QoS/VLAN 设置、ACL)、网管功能 (SNMP Agent、WebService 等)。

2. Floodlight

Floodlight 是由 BigSwitch 公司赞助支持的一个开源 OpenFlow 控制器实现，主要通过 Java 语言进行功能扩展，其架构如图 3-4 所示，其中也包含了 NOX 所涵盖的功能。

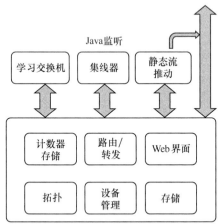

图 3-4 Floodlight 架构

Floodlight 内核包含的功能包括以下几项。

① 拓扑管理：维护整网的拓扑数据，并对外提供访问拓扑数据的服务。

② 设备管理：维护并跟踪网络中设备的信息，例如 OpenFlow 交换机(端口、ID 等)，主机/虚拟机 (例如 IP 地址、MAC 地址等)。

③ 存储：控制器核心模块，对相关数据进行保存。

④ Counter Store：负责流表管理、状态管理。

⑤ 路由/转发：计算路径以及下发流表的核心模块。

⑥ Web：Floodlight 内支持 HTTP RESTful 接口的核心模块。

3. OpenDaylight

OpenDaylight 是由行业领先的供应商和 Linux 基金会的一些成员建立的开源项目，其目的在于通过创建共同的供应商支持框架来进一步推动 SDN 的部署和创新。目前，OpenDaylight 项目的主要成员包括 Brocade、Cisco、Citrix、IBM、Juniper、Microsoft、RedHat、爱立信、NEC、VMware、Dell、HP、Intel、华为等行业内的领先企业。OpenDaylight 是一套以社区为主导的开源框架，旨在推动创新实施以及 SDN 透明化。面对 SDN 型网络，开发者需要合适的工具帮助自己管理基础设施，这正是 OpenDaylight 的专长。作为项目核心，OpenDaylight 拥有一套模块化、可插拔且极为灵活的控制器，这使其能够被部署在任何支持 Java 的平台之上。这款控制器中还包含一套模块合集，能够执行需要快速完成的网络任务。OpenDaylight 最新的组织架构如 2.3 小节中的图 2-6 所示。

OpenDaylight 整体设计思想是南向支持多种协议，OpenFlow 则体现创新力量，OpenDaylight 的其他协议由传统厂商提供从而支持现有设备和海量现网存量设备。OpenDaylight 架构将网络价值向服务和软件转型，实现其向 IT 转型的战略意图，意在形成 SDN 系统和架构的事实标准，建立 SDN 生态链。OpenDaylight 架构的主要特点如下。

① 开源：降低使用门槛，培养用户，形成事实标准。EPL 版权模式还可以保持商业利益。

② SAL：对上提供设备能力抽象，对下支持多种南向接口，支持现网设备，弱化 OpenFlow。

③ 开放编程接口：支持 RESTful、OSGi 等北向接口。

4. ONOS（开放网络操作系统）

2014 年年底，AT&T 联合斯坦福大学 ON.Lab 推出了另一种开源的 SDN 操作系统 ONOS，意欲取代由设备商驱动的 OpenDaylight 系统。ON.Lab 的开放网络操作系统（ONOS）的设计理念是能在任何硬件（包括白牌机）上灵活地创建服务并且实现大规模部署，从而降低运营开支、促进服务加速和增加收入，以及提供在运营商（服务提供商）看来具有核心价值的白盒硬件等。

与 OpenDaylight 主要由电信设备厂商主导的情况不同，ONOS 集聚了知名的服务提供商（AT&T、NTT），高标准的网络供应商（Ciena、Ericsson、Fujitsu、华为、Intel、NEC），网络运营商（Internet2、CNIT、CREATE-NET），以及其他合作伙伴（SRI、Infoblox），并且获得 ONF 的鼎力支持，通过一些真实用例来验证其系统架构。目前在 ONOS 中讨论的用例主要包括以下几方面：

① 跨分组光核心的多层优化和流量工程；

② SDN 孤岛与互联网的无缝对等；

③ 具有分段路由的基于 SDN 的 WAN 控制；

④ 带宽日历；

⑤ 带宽和网络配置；

⑥ 各种配置、管理和控制应用程序。

ONOS 从服务提供商的角度开展架构设计，具备高可用性、可扩展以及性能良好等基本性能，并且还有强大的北向接口抽象层和南向接口。截至目前，ONOS 内部已经衍生出了 CORD（Central Office Re-architected as Data Center）等项目，关注运营商在面向 SDN/NFV 转型过程中的切实需求。ONOS 发布的白皮书对 SDN 架构的描述如图 3-5 所示。

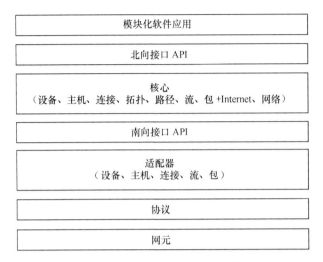

图 3-5 ONOS 定义的 SDN 架构

在此架构中，核心的理念包括以下 4 项。

① 分布式核心平台，提供高可扩展性、高可用性以及高性能，实现运营商级 SDN 控制平面特征。ONOS 以集群方式运行的能力使得 SDN 控制平台和服务提供商网络具有类似 Web 风格的灵活性。

② 北向接口抽象层/APIs，将网络和应用与控制、管理和配置服务的发展解耦。这个抽象层也是 SDN 控制平台和服务提供商网络具有类似 Web 风格灵活性的因素之一。

③ 南向接口抽象层/APIs，通过插件式南向接口协议可以控制 OpenFlow 设备和传统设备。南向接口抽象层隔离 ONOS 的核心功能和底层设备，屏蔽底层设备和协议的差异性。南向接口是从传统设备向 OpenFlow 白牌设备迁移的关键。

④ 软件模块化，使 ONOS 像软件系统一样，便于社区开发者和提供者进行开发、调试、维护和升级。

3.1.4 业务协同平台与应用层

1. 业务协同平台

从网络运营者的视角来看，由于网络组成的复杂性，目前很难采用单一类型的 SDN 控制器实现对全网的控制；同时，考虑到网络分域组织的情况，运营商的大网中往往存在多厂商组网的情形。因此，SDN 的引入有两种方式；第一种方式是参照 OpenFlow 协议，采用标准的南向接口，实现控制器和各厂商转发设备之间的完全解耦，同时运营商需要具备对 SDN 控制器的绝对控制权；第二种方式是暂时不开放南向接口，采用各设备厂商控制器搭配转发设备，南向接口可以采用私有协议或者公有协议的扩展实现，但是运营商在各厂商控制器之上搭建统一的协同层，实现对跨厂商域业务的管理和调度。目前来看，第二种方式是运营商近期引入 SDN 的主要选择。

若采用第二种方式，运营商则需要对各厂商北向接口的规范进行统一。业务协同层需要处理跨厂商间业务的资源获取、能力抽象和路由计算等工作，同时具备与运营商内部人员或者其他大型租户网络管理人员的操作接口，通过友好界面形式呈现管理多域网络所需要的功能。这里参考跨数据中心的广域网连接场景，对业务协同平台总体架构的设计方法进行了描述。

图 3-6 所示为业务协同平台总体架构，按照与设备和 SDN 控制器的关系，其被划分为资源管理层、核心功能层和系统集成层，并且具备外部接口，实现网络管理功能的可视化并支持外部算法导入。资源管理层的主要功能是将 SDN 控制器和 IT 设备的能力进行资源抽象，包括网络资源、计算资源和附属资源三个方面的抽象。资源管理层将统计信息反馈给核心功能层，该层是业务协同平台最核心的部分，负责路由、保护等功能的计算，并将计算资源池组化，分配给有需要的设备和网络实体。核心功能层外部有算法重构模块，可以引入各种简单或复杂的路由算法、资源分配算法等，并且可以通过修改软件程序进行

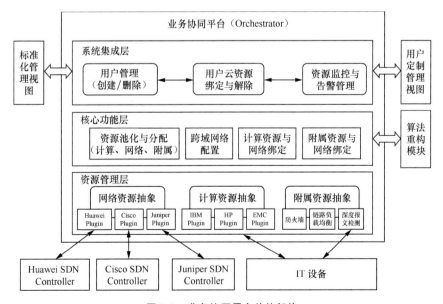

图 3-6　业务协同平台总体架构

算法升级，整个过程不被其他层所感知。在核心功能层之上是系统集成层，核心功能层将计算结果和将要执行的动作的消息发送给系统集成层，该层收集这些信息，并通过网络管理接口，集成绑定或解除用户功能等。当用户另外定制管理功能项时，新添加的管理功能也要通过系统集成层下达请求，并且由其他层进行实现。系统集成层一般采用网页页面的形式呈现，当有新的功能上线时，用户需要在服务器端对系统进行升级。

2. 应用层

应用层位于 SDN 架构最上层，它基于控制器提供的 API，实现和网络业务相关的管理、安全等应用，还能根据用户需求定制其他网络业务。目前，SDN 应用主要包括以下三种类型。

① 资源管理平台：面向云计算资源统一管理和调度的平台，目标是实现池化的计算、存储、网络等资源的灵活交付，按需满足云计算的业务资源需求。

② 软件定义的应用交付：基于 SDN 理念改造负载均衡、访问控制、应用加速等应用交付技术，使之能替换或者扩展此前在传统网络中需要利用专用硬件实现的功能。

③ 创新网络业务：主要指在传统的静态网络中难以实现，但在 SDN 环境下能够获得良好支持的新兴业务，这类应用具有非常大的创新性，将来会成为未来 SDN 应用发展的主流。

这三类主流的 SDN 应用中，资源管理平台和软件定义的应用交付是基础，通过直接调用 SDN 控制器提供的北向接口 API，可根据应用需求直接驱动控制器调用底层的 SDN 能力。同时，这两类 SDN 应用还会在扩展和封装控制器北向接口的基础上，为多样化的创新网络业务（例如，云计算的虚拟主机资源分配、多租户按需组网等业务）提供功能更全面、更易于使用的应用编程接口，供业务便捷地调用网络能力。

3.1.5　SDN 的整体架构及协议、接口问题

SDN 作为一种新的网络架构被提出，但其是否能够成为未来网络的发展方向仍然是研究的问题之一。

此外，在局部应用场景中，SDN 技术的应用仍存在一些关键问题，主要是协议、接口的问题。

SDN 将控制功能从传统的分布式网络设备迁移到可控的计算设备中，使得底层的网络基础设施能够被上层的网络服务和应用程序所抽象，最终通过开放

可编程的软件模式来实现网络的自动化控制功能。SDN 将网络架构分为基础设施层、控制层和应用层。基础设施层表示网络的底层转发设备，包含特定的转发面抽象（如 OpenFlow 交换机中流表的匹配字段设计）。中间的控制层集中维护网络状态，并通过南向接口（控制和数据平面接口，如 OpenFlow）获取底层基础设施信息，同时为应用层提供可扩展的北向接口。应用层根据网络不同的应用需求，调用控制层的北向接口，实现不同功能的应用程序。通过这种软件模式，网络管理者能够通过动态的 SDN 应用程序来配置、管理和优化底层的网络资源，从而实现灵活、可控的网络，这也是 SDN 开放性和可编程性最重要的体现。

数据网络中的控制平面与数据平面分离后，二者之间的信息交互接口即为南向接口。目前，ONF 的 OpenFlow 协议和 IETF 的 Forces 协议都是工作在这个层面的，两种协议都是定义控制平面与数据平面分离后，二者之间的通信协议。OpenFlow 与 Forces 协议的不同点在于：OpenFlow 协议所面对的转发设备硬件假设只支持十元组，OpenFlow 协议可以针对十元组进行各种转发规则的配置，以流表的方式转发数据流；而 Forces 协议假定所面对的转发设备硬件是协议无关的，Forces 协议可以以 XML 语言的格式来任意定义底层转发设备的处理逻辑。此外，为了实现可维护性及检测功能，一些设备厂商也开发了私有的南向接口。

SDN 北向接口是通过控制器向上层业务应用开放的接口，其目标是使业务应用能够便利地调用底层的网络资源和能力。通过北向接口，网络业务的开发者能够以软件编程的形式调用各种网络资源；同时，上层的网络资源管理系统可以通过控制器的北向接口全局把控整个网络的资源状态，并对资源进行统一调度。北向接口是直接为业务应用服务的，因此，其设计需要密切联系业务应用需求，具有多样化的特征；同时，北向接口的设计是否合理、便捷，以及是否能被业务应用广泛调用，会直接影响 SDN 控制器厂商的市场前景。

对于北向接口，业界还缺少公认的标准，因此，北向接口的协议制定成为当前 SDN 领域竞争的焦点。不同的参与者或者从用户角度，或者从运营角度，或者从产品能力角度出发提出了很多方案。目前，业界针对北向接口的标准还很难达成共识，但是充分的开放性、便捷性、灵活性将是衡量接口优劣的重要标准。部分传统的网络设备厂商在其现有设备上提供了编程接口供业务应用直接调用，这种接口也可被视作北向接口之一，其目的是在不改变现有设备架构的条件下提升配置管理灵活性，应对开放协议的竞争。

除了南、北向接口，SDN 发展中面临的另一个问题就是控制平面的扩展性问题，也就是多个设备的控制平面之间如何协同工作，这涉及 SDN 中控制平

面的东、西向接口的定义问题。如果没有定义东、西向接口，SDN 充其量只是一项数据设备内部的优化技术，不同 SDN 设备之间还是要还原为 IP 路由协议进行互联。如果能够定义标准的控制平面的东、西向接口，SDN 设备可以在更大范围内实现互联互通。目前，对于 SDN 东、西向接口的研究还刚刚起步，IETF 和 ONF 均未深入涉及这个研究领域。

3.1.6　SDN 的硬件问题

在硬件方面，SDN 颠覆了传统的报文处理流程，传统芯片中报文的处理流程如图 3-7a 所示，SDN 报文处理流程如图 3-7b 所示。

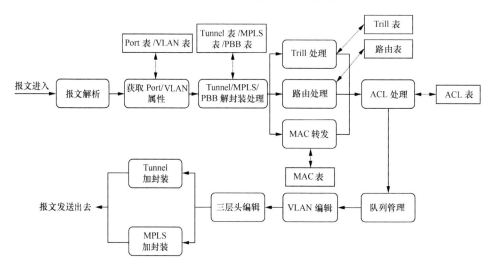

图 3-7a　传统芯片中报文的处理流程

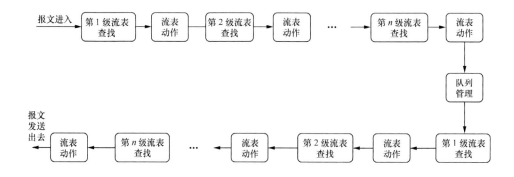

图 3-7b　SDN 报文处理流程

因此，SDN 不能直接采用传统设备硬件（尤其是芯片）实现。目前，在 SDN 硬件研发方面有服务器通用硬件和 SDN 专用硬件两种解决方案。服务器通用硬件方案是指向通用服务器中加载新的软件处理程序实现 SDN 功能的方案，这种方案的优势在于实现简单、灵活性强，可以随时根据需要增加或修改功能和实现细节。目前，各主要厂商（如华为、中兴等）大部分产品采用的都是这种方案。该方案的缺点如下：由于无法最大限度地利用硬件本身的处理能力，例如通用芯片针对 SDN 优化性能低，流表数等性能无法满足大网需求；同时，通用服务器目前在处理性能、功耗、设备体积、性价比等方面与传统网络设备相比并没有明显优势。

与之相对，SDN 专有硬件方案是专门针对 SDN 开发这种硬件，硬件包括专用芯片、专用服务器等。这种方案的优点是充分利用了硬件在处理性能方面的优势，如专用于 OpenFlow 的 ASIC 芯片的性能高、体积小、功耗低的优势。但该方案的缺点也很明显，即修改困难、通用性差，且研发、生产成本高昂；在 SDN 协议标准化尚不完善的今天，该方案存在较大风险，因此很少被厂商采用。

3.1.7 SDN 与其他技术的协调发展问题

1. SDN 与大数据技术

SDN 最重要的意义是减轻手动配置网络的负担，降低网络负载调配的成本，实现网络的自优化。然而，要达到这一目标，用户需要进行充足的数据收集和处理过程，即需要大数据技术（通过对网络数据、业务数据、用户数据的精准分析与挖掘，实现精准营销和新的业务开发）的支持。对 SDN 的动态管理需要 SDN 具备高度灵活的响应，无论是对于当前网络状况的分析还是对于相应突发情况的应对，SDN 都应能够基于当前网络状况做出更有意义的决策响应，而大数据就是保证正确响应的源泉。

长期来看，一方面，SDN 与大数据技术的结合具备很多挑战，但仍然具有重要的意义；另一方面，行业对于 SDN 的认识必须考虑大数据的相关因素，以防止 SDN 架构固化形成大数据推进的障碍。

2. SDN 与云计算技术

SDN 架构可以加快云计算技术的发展。这主要是因为云计算的快速发展使得移动应用的需求不断增加，从而使得对于网络数据和流量的管控变得更为复

杂，尤其是数据中心，需要更加灵活敏捷的、面向工作负载的端到端网络资源调度响应，而传统的分布式网络架构已经无法应对这些挑战。SDN 允许网络工程师控制和管理自有网络，以便最好地服务他们各自的需求，从而增加网络功能并降低运营网络的成本。在云服务中，SDN 可以应用于超大规模数据中心、灾难备份和多租户环境，还能集成和控制不同厂商的设备并提供标准的管理 API。

同时，云计算对于 SDN 的发展也大有裨益。云计算平台与 SDN 北向接口的配合，可以实现真正的网络资源高效调度，业务灵活开发与开放。

3. SDN 与硅光子技术

硅光子技术是一种基于硅光子学的低成本、高速度的光通信技术，用激光束代替电子信号传输数据。硅光子技术利用标准硅实现计算机和其他电子设备之间的光信息发送和接收。硅光子技术最大的优势在于拥有相当高的传输速率，可使处理器内核之间的数据传输速度比目前快 100 倍甚至更高。

该技术可以大幅度提升基础设施的能力，降低基础设施能耗并节约基础设施体积，使网络向全光网方向发展。目前，业界仅有硅光子技术承诺将提供比 10Gbit/s 和 40Gbit/s 网络更具成本效益的 100Gbit/s 网络。

硅光子技术可以满足 SDN 高速率传输的需求，并可同时降低其网络部署和维护成本，大大增加了 SDN 技术的可行性。

3.1.8 网络平滑演进的问题

在现有网络中，实现流量的控制和转发都依赖于网络设备，且设备中集成了与业务特性紧耦合的操作系统和专用硬件，这些操作系统和专用硬件由各个设备商自主设计开发。在 SDN 中，网络设备只负责单纯的数据转发，可以采用通用的硬件，而原来负责控制的操作系统将转变为独立的网络操作系统，负责不同业务的适配，且网络操作系统和业务特性以及硬件设备之间的通信都可以通过编程实现，现有网络设备形态向 SDN 设备形态的转变如图 3-8 所示。

目前，有关 SDN 的研究还聚焦于原有的网络架构下的局部 SDN 应用。分区域、分步骤引入 SDN 需要解决与传统网络设备、网络管理系统之间的协同问题。

SDN 架构下，SDN 控制层承上启下，控制层的 SDN 控制器（Controller）是关键设备，提供统一的转发控制。承载控制层细分为承载协调和承载控制两个子层，控制器设备分布式部署，控制不同的承载网络层网。图 3-9 为 SDN 化前后网络的整体架构演进。

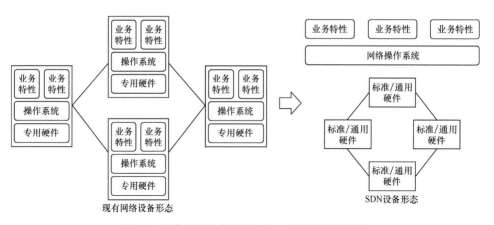

图 3-8 现有网络设备形态向 SDN 设备形态的转变

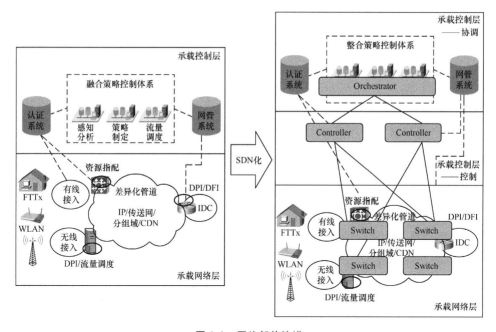

图 3-9 网络架构演进

　　虽然 IETF 中很早就有人提出控制与转发分离的概念,但其从未像 SDN 这样受到如此广泛的关注。SDN 是一个新兴的网络架构,其引入的接口、协议、芯片以及对后向兼容的需求改造都需要逐步成熟。SDN 如何应用到现网各个领域正逐步被挖掘,且相关的研究逐步推进,现网如何平滑演进及与 SDN 互联互通也存在不同的方案。总之,SDN 技术正在逐渐成熟,应用场景及演进思路也不断明确。

SDN/NFV 重构下一代网络

|3.2　SDN 关键技术|

3.2.1　OpenFlow 原理

从 SDN 的起源可以看出，OpenFlow 协议是 SDN 实现控制与转发分离的基础。OpenFlow 协议是用来描述控制器和 OpenFlow 交换机之间交互信息的接口标准，核心是 OpenFlow 协议信息的集合。业界为了推动 SDN 发展并统一 OpenFlow 标准，组建了标准化组织开放网络基金会（Open Networking Fundation，ONF）。目前，ONF 已成为 SDN 标准制定的重要推动力量，其愿景是使基于 OpenFlow 协议的 SDN 成为网络新标准。ONF 先后发布了 1.0 至 1.5 等版本。

OpenFlow 协议的发展演进一直都围绕着两个方面：一方面是控制面增强，使系统功能更丰富、更灵活；另一方面是转发层面的增强，可以匹配更多的关键字，执行更多的动作。每一个后续版本的 OpenFlow 协议都在前一版本的基础上进行了或多或少的改进，但自 OpenFlow1.1 版本开始，后续版本和之前版本不兼容，OpenFlow 协议官方维护组织 ONF 为了保证业界有一个稳定发展的平台，把 OpenFlow1.0 和 1.3 版本作为长期支持的稳定版本，因此，一段时间内，后续版本发展要保持和稳定版本的兼容。

OpenFlow 协议支持三类消息类型：Controller-to-Switch、Asynchronous 和 Symmetric，每一种类型都有多个子类型，其中，Controller-to-Switch 消息由控制器发起，用来管理或获取 OpenFlow 交换机的状态；Asynchronous 消息由 OpenFlow 交换机发起，用来将网络事件或交换机状态变化更新到控制器；Symmetric 消息可由交换机或控制器发起。控制器和交换机之间通过这三类消息建立连接、下发流表和交换信息，实现对网络中所有 OpenFlow 交换机的控制。

OpenFlow 运行原理如图 3-10 所示。

一个 OpenFlow 交换机包括一个或者多个流表和一个组表，流表中的每个流条目包括以下三个部分。

① 匹配：根据数据包的输入端口、报头字段以及前一个流表传递的信息，匹配已有流条目。

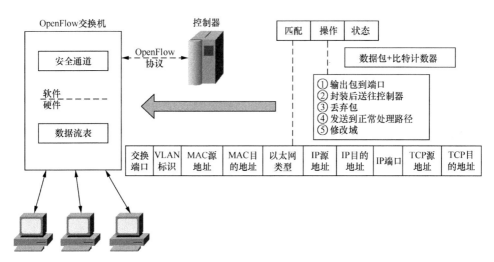

图 3-10　OpenFlow 运行原理

② 计数：对匹配成功的包进行计数。

③ 操作：包括输出包到端口，封装后送往控制器，丢弃等操作。

SDN 交换机接收数据包后，首先在本地的流表上查找是否存在匹配流条目。数据包从第一个流表开始匹配，可能会经历多个流表，这叫作流水线处理。流水线处理的好处就是允许数据包被发送到接下来的流表中进行进一步处理，或允许元数据信息在表中流动。如果某个数据包成功匹配了流表中某个流条目，则更新这个流条目的"计数"，同时执行这个流条目中的"操作"；如果没有则将该数据流的第一条报文或报文摘要转发至控制器，则控制器决定转发端口。

3.2.2　OpenvSwitch

SDN 基础设施层的数据转发设备可以有硬件、软件等多种实现形态。其中，软件形态的虚拟交换机由于开发的灵活性，且符合服务器虚拟化需求的特性，非常适合用作部署 SDN 改造的网络设备。

OpenvSwitch（OVS）是一款基于软件实现的开源虚拟交换机，它遵循 Apache 2.0 许可证，其逻辑功能如图 3-11 所示。它能够支持多种标准的管理接口和协议，例如 NetFlow、sFlow、SPAN、RSPAN（Remote Switched Port Analyzer，远程交换端口分析器）、CLI（Command Line Interface，命令行接口）、LACP、802.1ag 等，还可以支持跨多个物理服务器的分布式环境（类似于 VMware 的 vSwitch 或 Cisco 的 Nexus 1000V）。OVS 提供了对 OpenFlow 协议的支持，并且能够与众多开源的虚拟化平台相整合。

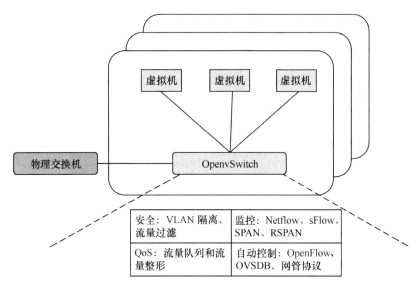

图 3-11　OpenvSwitch 逻辑功能示意

1. 工作原理

OVS 是软件实现的虚拟交换机，当前可以和 KVM、Xen 等多种虚拟化平台相整合，为虚拟机提供灵活的网络互联能力。虽然是虚拟交换机，但其工作原理与物理交换机类似:虚拟交换机两端分别连接着物理网卡和多块虚拟网卡，同时，虚拟交换机内部会维护一张映射表，根据 MAC 地址寻找对应的虚拟机链路进而完成数据转发。

虚拟交换机工作原理如图 3-12 所示，数据包从虚拟机被发出后，首先将通过虚拟机上配置的虚拟网卡。虚拟网卡会根据一些既定的规则决定如何处理数据包，例如放行、阻隔或者修改。数据包在被网卡放行后将被转发至虚拟交换机，与其他虚拟交换机不同的是，OVS 提供了 OpenFlow 支持能力，将根据自身保存的流表对数据包进行匹配，如果匹配成功则按照相应的指令进行数据包操作,如果匹配未成功则将数据包发送给控制器等待相关流表的指定和下发。当数据包需要通过物理网卡转发时，它将会被发送到与虚拟交换机相连的物理网卡上，进而被转发给外部网络设备。

从上述分析可知,支持 OpenFlow 的 OVS 核心架构主要包括 OpenFlow 协议支持和数据转发通路两个部分。OVS 的数据转发通路主要用于执行数据交换工作，即负责从设备入端口接收数据包并依据流表信息对其进行管理，例如将其转发至出端口、丢弃或者进行数据包修改;而 OVS 的 OpenFlow 协议支持则

用于实现交换策略，即通过增加、删除、修改流表项的方式告诉数据转发通路
针对不同的数据流采用不同的动作。另外，OVS 提供了两种数据转发通路：一
种是完全工作在用户态的慢速通道，另一种则是具备专用 Linux 内核模块的快
速通道。

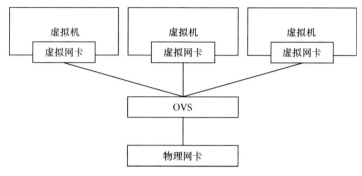

图 3-12　虚拟交换机工作原理

2. 实现原理

OVS 在实现中分为用户空间和内核空间两个部分，其中，用户空间拥有多
个程序组件，它们主要负责实现数据交换和 OpenFlow 流表功能，是 OVS 的核
心。同时，OVS 还提供了一些工具用于交换机管理、数据库搭建，以及与内核
组件的交互。

对于支持 OpenFlow 的 OVS 而言，支持集中部署的控制器并对其进行远程
管理和监控，才是它所体现出的软件定义网络的核心。在 OVS 实现中，OpenFlow
是用于管理交换机流表的协议。另外，OVS 还提供了 sFlow 协议用于数据包的
采样和监控，用户可以通过额外的 sFlowTrend 等软件（未包含在 OVS 软件包
中）驱动该协议。

OVS 交换机负责数据流发送的相关流程如下。

① OVS 定义的 port 结构在内核态观察到 OVS 链接的某块虚拟网卡上有
数据包发出时，会将其传递给一个名为 internal_dev_xmit() 的函数，该函数会
依次接收数据包。

② OVS 在内核状态下查看流表结构，观察是否有缓存的信息可用于转发
这个数据包，这项工作主要由 ovs_flow_tbl_lookup() 函数完成。该函数的运行
需要一个 key 值，key 值将从 ovs_flow_extract() 函数收集数据包 L2 至 L4 的
细节信息中得到，然后为相应的流构建一个独一无二的 key 值。

③ 假设数据包是从虚拟网卡上发出的第一个包，OVS 内核中将不存在相应的流表缓存，因此内核将不知道如何处置这个数据包。这时，内核会通过 genl（generic netlink）发送一个 upcall 给用户空间。

④ 位于 OVS 用户空间的 ovs-vswitched 进程收到 upcall 后，将检查数据库以查看数据包的目的端口是哪里，然后通过 ovs_action_attr_output 告诉内核应该将数据包转发到哪个端口，例如 eth0。

⑤ 最终，ovs_packet_cmd_execute 命令将使得内核执行用户此前设置的动作，即内核将在 do_execute_actions() 函数中执行 genl 命令，并将数据包通过 do_output() 函数转发给端口 eth0，进而将数据包发出。

OVS 接收数据包的流程与上述流程类似，它会利用 netdev_frame_hook() 函数为每个与外部相连的设备注册一个 rx_handler。因此，一旦这些设备在线上接收到了数据包，OVS 就把它转发到用户空间并检查它应该发往何处及应该对其采用何种动作。例如，如果这是一个 VLAN 数据包，那么 VLAN tag 就需要首先从数据包中被去除，然后数据包再被转发到正确的端口。

3.2.3 NOS

在 SDN 范畴中，NOS（Network Operating System，网络操作系统）特指运行在控制器上的网络控制平台，图 3-13 所示为其在网络中的位置。控制器的控制功能都是通过运行 NOS 来实现的。NOS 就像 OpenFlow 网络的操作系统，它通过操作交换机来管理流量，因此交换机也需要支持相应的管理功能。

从整个网络的角度来看，NOS 应该是抽象网络中的各种资源，为网络管理提供易用的接口，是建立网络管理和控制的应用基础。因此，NOS 本身并不完成对网络的管理任务，而是通过在其上运行的各种应用来实现具体的管理任务。管理者和开发者可以专注于应用开发，而无须花费时间对底层细节进行分析。为了实现这一目的，NOS 需要提供尽可能通用的接口，来满足各种不同的管理需求。

流量经过交换机时，如果发现没有对应的匹配表项，则被转发到运行 NOS 的控制器并触发判定机制，判定该流量属于哪个应用。NOS 上运行的应用软件通过流量信息来建立 Network View 并决策流量的行为。正是因为有了 NOS，SDN 才具有了针对不同应用建立不同逻辑网络并实施不同流量管理策略的能力。此外，NOS 上还可以运行 Plug-n-serve、OpenRoads 以及 OpenPipes 等应用程序。目前，较为流行的 NOS 有 NOX、ODL、ONOS 等。

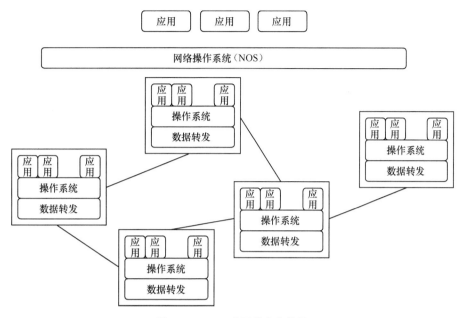

图 3-13 NOS 在网络中的位置

需要特别说明的是，尽管 NOS 能够对所有的流表实施控制，但并不排斥其他技术控制流表。因此，OpenFlow 只是提供了一个通用开放 Flow 的转发平台，并且成功地实现了控制平面和转发平面的去耦。

无疑，OpenFlow 是目前受业界广泛支持的南向接口协议，并成为了 SDN 领域的事实标准，例如，OVS 能够支持 OpenFlow 协议。但 OpenFlow 并不是南向接口的唯一选择，后续可能还会有很多的南向接口（例如 ForCES、PCE-P 等）被陆续应用和推广。

OpenFlow 协议是为 SDN 而生的，因此它与 SDN 的契合度最高。

| 3.3 NFV 关键技术 |

3.3.1 概念及定义

如图 3-14 所示，网络功能虚拟化（NFV）技术是指借助于标准的 IT 虚拟化技术、传统的专有硬件设备（如路由器、防火墙、DPI、CDN、NAT 等），

通过采用工业化标准大容量服务器、存储器和交换机承载各种各样软件化的网络功能（Network Function，NF）的技术。NFV 技术除了可实现网络功能软件的灵活加载与实例化，在数据中心、网络节点及用户驻地网等各个位置灵活地部署配置，降低业务部署的复杂度，还可向运营商提供管理和编排功能以实现网络部署的自动化、灵活性和敏捷性，提高网络设备的统一化、通用化及适配性。

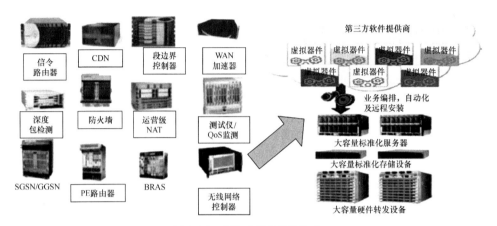

图 3-14 网络功能虚拟化技术

3.3.2 价值分析

NFV 技术的诞生从根本上来说是为了解决运营商网络演进的痛点，将 IT 运用到 CT 领域是 ICT 融合的必然趋势。NFV 应用无疑会颠覆传统电信行业的设备交付模式和产业格局。

目前，产业界认为 NFV 技术至少会给运营商网络带来以下好处。

① 通过利用标准商用现成品（Commercial-Off-The-Shelf，COTS）服务器承载网络功能摆脱专有硬件设备厂商的束缚，将网络功能虚拟化，能够实现多租户共享硬件资源，减少硬件设备采购和能源成本的目的。

② 提高网络灵活性和可扩展性，允许业务在合适的地理位置进行部署，同时还可以根据需要快速扩张或收缩，能使不同物理区域以及用户群的业务个性化。如非高峰期间，NFV 可以通过虚拟技术把小服务器上的负荷集中处理，这样其他的服务器就可以关闭或处于节能状态，基于实际流量、移动特征和业务需要，实时地对网络配置、拓扑就近加以优化。例如，就近实时地对资源加以优化，自动分配给网络功能，可以提供容错保护，而没有必要进行完全的 1+1 可靠性工程备份。

③ 利用更先进、更具统一化的服务器平台和自动管理编排功能提升网络的运营效率。通过设备合并发挥 IT 的规模经济效应，通过自动化管理与编排功能减少人工维护成本，降低设备的建设和维护费用，减少网络运营商的整体拥有成本（Total Cost of Ownership，TCO）。

④ 相对于传统电信业务模式，基于软件的网络部署能够缩小网络运营商的业务创新周期和上线时间。传统基于硬件的投资模式不再适用于基于软件开发的部署形式，后者在特征演进模式上更具敏捷性，在同样的基础设施上实现产品运行、测试或相关能力，可以提供更高的测试/集成效率，减少开发成本并缩短上市时间，极大地缩短网络运营商业务的部署周期。加速业务部署，缩小创新周期包括：提升测试与集成效率，降低开发成本；软件的快速安装取代新的硬件部署；网络应用能实现多版本及多租户；支持不同的应用、用户、租户共享统一的平台。

⑤ 更广阔多样的、鼓励开放的生态系统。虚拟网络功能、基础设施和管理与编排功能之间的标准、开放接口使得通信产业向虚拟化设备厂商、纯软件开发商和设备集成商等角色开放，开放设备虚拟化的市场，使网络开放、业务创新，释放了通信行业的创新活力，以更低的进入门槛引入新的竞争者，可能孵化新的利润增长点。

3.3.3　应用场景

ETSI NFV 公布的 NFV 小组规范（Group Specification，GS）用例文档，涵盖了数据中心、核心网、无线接入、固定接入、CDN 等 9 类场景，图 3-15 所示为 NFV 适用的场景全图，图中涵盖了以下 9 个场景。

① Network Functions Virtualization Infrastructure as a Service（网络功能虚拟化基础设施作为服务）。

② Network Functions Virtualization Function as a Service (VNFaaS，网络功能虚拟化功能作为服务)。

③ Network Functions Virtualization Platform as a Service (VNPaaS，网络功能虚拟化平台作为服务)。

④ VNF Forwarding Graphs（虚拟网络功能转发图）。

⑤ Virtualization of Mobile Core Network and IMS（移动核心网和 IMS 虚拟化）。

⑥ Virtualization of Mobile Base Station（移动基站虚拟化）。

⑦ Virtualization of the Home Environment（家庭环境虚拟化）。

⑧ Virtulisation of CDNs (vCDN，CDN 虚拟化)。

⑨ Fixed Access Network Function Virtualization(固定接入网络功能虚拟化)。

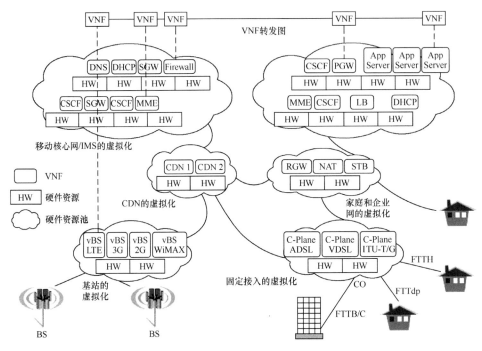

图 3-15　NFV 场景全景

不同场景对于 NFV 的需求各不相同，因此，我们需要分别对不同场景下的 NFV 的需求和关键技术展开研究。

3.3.4　架构

在传统的网络中，非虚拟化网络节点或者网元的实现是设备商专有的硬件平台和软件的集合，传统非虚拟化网元架构如图 3-16 所示，它包括专有硬件平台、操作系统（OS）和网络功能软件（如路由器、DPI、防火墙等网元）三层。其中，设备厂商根据网络功能的需求设计相应的专有硬件平台和专有软件，网络功能与专有硬件平台绑定通常由同一设备厂商提供。同一专有硬件平台通常只提供单一的网络功能，不同网络功能的专有硬件平台无法共享。

图 3-16　传统非虚拟化
网元架构

网络功能虚拟化将网络功能以软件的形式运行在网络功能虚拟化基础设施之上。网络功能虚拟化概念架构如图 3-17 所示,其主要包括三个域。

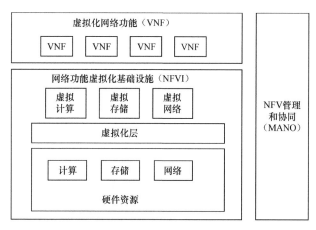

图 3-17 网络功能虚拟化概念架构

① 虚拟化网络功能(Virtualised Network Function,VNF),负责网络功能的软件实现,运行在 NFVI 之上。

② 网络功能虚拟化基础设施(NFV Infrastructure,NFVI)包括物理的计算、存储和网络资源及其虚拟化资源,以及虚拟化层。NFVI 支持虚拟网络功能运行。

③ 管理与编排(Management and Orchestration,MANO)负责物理/虚拟化资源的生命周期管理与编排以及 VNF 的生命周期管理。NFV MANO 重点承担 NFV 架构中虚拟化相关的管理任务。

NFV 架构允许动态构建和管理 VNF 实例及 VNF 之间的连接。为了实现上述目的,NFV 架构支持如下观点:

① VNF 的部署和上线实质上是虚拟机(Virtualized Machine,VM);

② 厂商开发的网络功能软件环境实质上是基于内部连接的虚拟机和描述它们属性的模板;

③ 运营商管理和运营对象实质上是基于厂商开发的网络功能软件。

为了更加准确清晰地描述 NFV 过程中对网络的改变,NFV 参考架构重点关注 NFV 内部的不同功能模块和模块之间的主要参考点,NFV 参考架构如图 3-18 所示,其描述了 NFV 的分层功能,并不提出任何特定实现。

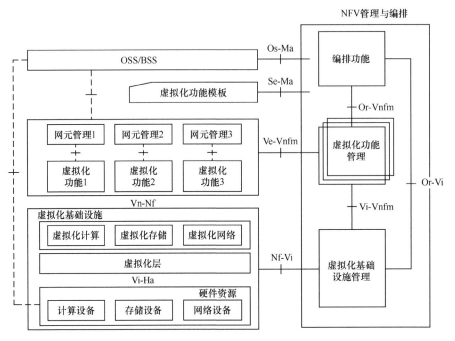

图 3-18　NFV 参考架构

3.3.5　概念模块与接口

　　NFV 参考架构部分功能模块已经存在于当前的网络部署中，而其他的功能模块则需要必要的增强以支持虚拟化操作。NFV 参考架构的主要功能模块说明如下。

　　① Virtualised Network Function（虚拟化网络功能，VNF）对应于传统网络中网络功能的软件实现。

　　② Element Management System（EMS）：网元管理系统，一般简称为网管系统，可以管理一个或多个 VNF，可使用原网管系统统一管理虚拟化和非虚拟化网元，对应于传统网络中的设备网管。

　　③ NFV Infrastructure（NFV 基础设施，NFVI）包括物理资源、虚拟化层和虚拟化资源。物理资源和虚拟化资源统一分类为计算、存储和网络三类资源，对应于传统网络中的硬件平台。

　　④ Virtualised Infrastructure Managers（虚拟化基础设施管理，VIM）负责对物理硬件虚拟化资源进行统一的管理、监控和优化，如 OpenStack。

　　⑤ VNF Managers（VNF 管理）负责 VNF 的生命周期管理。一个 VNF Manager 可以管理一个或多个 VNF。注意，这里不是指 EMS 上网元的业务管理，而是指对 EMS 和 VNF 提供包括部署/扩容/缩容/下线等自动化能力。

⑥ Orchestrator（编排器）负责 NFV 的基础资源和 VNF 的编排和管理，对外提供网络服务。编排能力可以根据业务的需求，调度基础设施以及各 VNF 所需要的资源，在各机柜、机房、地域之间迁移 VNF 等，是网络功能虚拟化自动化的核心能力。

其中，Orchestrator、VNF Managers、Virtualised Infrastructure Managers 这三部分，共同组成 NFV Management and Orchestration（NFV MANO）。

⑦ Service, VNF and Infrastructure Description（业务、VNF 和基础设施描述模板）负责基于模板对网络业务、VNF 和基础设施的属性描述，是 NFV MANO 对业务、VNF 和基础设施生命周期管理的依据。

⑧ OSS（运营支撑系统）/BSS（业务支撑系统）需要最大限度减少对现有 OSS/BSS 的影响。为了适应 NFV 趋势，运营商 OSS/BSS 本身要支持在云计算平台上运行，同时支持与 VNF Managers、Orchestrator 的互通。

NFV 参考架构的主要参考点和执行参考如图 3-18 所示中的实线，将成为未来标准化的目标。点线参考点已经存在于目前的网络部署中，但在网络功能虚拟化过程中需要扩展，并不在 NFV 重点关注范围内。

NFV 参考架构中的参考点/接口说明如下。

（1）Virtualization Layer–Hardware Resources（Vi–Ha）

① 虚拟化层申请硬件资源；

② 收集相关的硬件资源状态；

③ 不依赖于任何硬件平台。

（2）VNF–NFV Infrastructure（Vn–Nf）

① 表示 NFVI 提供给 VNF 执行环境；

② 不承担任何特定的控制协议；

③ 保证硬件独立的生命周期，以及 VNF 所需的性能和便携性要求。

（3）Orchestrator–VNF Manager（Or–Vnfm）

① VNFM 向 Orchestrator 的资源请求，包括鉴权、确认、保留、分配，以确保 VNF 能按要求获取资源；

② 发送配置信息到 VNFM，确保 VNF 能被正确配置；

③ 收集 VNF 的状态信息，进行生命周期管理。

（4）Virtualised Infrastructure Manager–VNF Manager（Vi–Vnfm）

① 资源分配申请；

② 虚拟化硬件资源配置；

③ 状态信息交互。

（5）Orchestrator–Virtualised Infrastructure Manager（Or–Vi）

① 资源保留请求；

② 资源分配请求；

③ 虚拟化资源配置；

④ 状态信息交互。

（6）NFVI–Virtualised Infrastructure Manager（Nf–Vi）

① 虚拟化资源分配；

② 推送虚拟化资源状态信息；

③ 硬件资源配置；

④ 状态信息交互。

（7）OSS/BSS–NFV Management and Orchestration（Os–Ma）

① 服务生命周期管理请求；

② VNF 生命周期管理请求；

③ 推送 NFV 相关的状态信息；

④ 策略管理交互；

⑤ 数据分析交互；

⑥ 推送 NFV 相关计费和使用记录；

⑦ 容量和存量信息交互。

（8）VNF/EMS–VNF Manager（Ve–Vnfm）

① VNF 生命周期管理请求；

② 配置信息交互；

③ 服务生命周期管理所需的状态信息交互。

（9）Service, VNF and Infrastructure Description–NFV Management and Orchestration（Se–Ma）

① 检索 VNF 部署模板、VNF 转发图、网络业务相关信息和 NFV 基础设施信息模型；

② 为 MANO 的执行提供信息。

网络功能虚拟化概念架构和参考架构为网络功能虚拟化的实现提供了统一的研究思路，为网络功能虚拟化的关键技术研究和接口标准化奠定了基础。

3.3.6　关键技术

1. NFVI

NFVI 需要支持所有的场景用例和应用领域，并提供稳定的虚拟网络功能生态系统的演进平台。NFVI 由硬件、软件组件构成，部署虚拟网络功能的环境，集合地实现 VNF 的公共执行环境并支持对 VNF 的部署、互联和管理。NFVI 提供了一个支持多租户的基础设施环境，并通过标准的 IT 同时支持多个场景用例和应用领域。NFV 工部署在各种分布式 NFVI 节点，支持不同场景用例和应用领域的本地化和低时延目标。NFVI 局点可包括一个或者多个 NFVI 节点，也可包括其他的网元。业务提供商 NFVI 节点的数量取决于这些节点的容量、负载与应用领域。虚拟网络功能可以按需在 NFVI 节点的容量限制内动态地部署在 NFVI 上。NFVI 根据功能可进一步划分为计算域、Hypervisor 域和基础设施网络域三部分。

① 计算域：涉及处理器/加速器、网络接口和存储硬件三类资源，包括计算域与 NFVI 其他域之间的接口及由计算域直接支持连接 NFVI 外部的接口。

② Hypervisor 域：提供了支持多租户 VNF 部署和执行的环境。NFVI 使用 VMware vSphere、KVM、XEN 或者其他 Hypervisor 技术作为方案的实现。

③ 基础设施网络域：包括虚拟网络、其他虚拟层选项、网络资源、控制和管理代理以及 OAM 的南、北向和东、西向接口等。

2. 虚拟网络功能

如何从网络功能提供角度实现虚拟化是 NFV 的关键技术之一，基于硬件实现向基于软件实现过渡是 NFV 的重要课题。

作为虚拟网络功能的一般方法和公共软件的设计模式。ETSI 提出了 VNF 组件（VNF Component，VNFC）的概念，VNFC 是 NFV 中 VNF 的内部组件，可映射到一个单一的容器接口并提供 VNF 的功能子集，即 VNF 细分成细粒度的 VNFC，如图 3-19 所示。

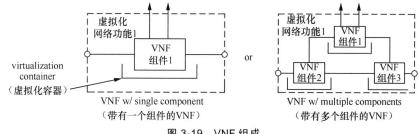

图 3-19　VNF 组成

3. 管理与编排

NFV 技术通过虚拟化层从计算、存储和网络资源中解耦了网络功能的软件实现。这种解耦需要一套新的管理与编排功能以满足软硬件之间的独立性，因

SDN/NFV 重构下一代网络

此，需要通过标准的接口、通用的信息模型以及信息模型与数据模型之间的映射来实现。

NFV 技术的优点之一是灵活性，即设备容量可以快速扩展、网络新功能可以快速部署。为了利用 NFV 技术的灵活性，高级的自动化功能需要通过虚拟网络功能的部署、配置和性能测试体现。NFV 管理与编排可以分为虚拟化资源、虚拟化网络功能和网络业务的管理与编排三个粒度。其中，网络业务是指 VNF 和物理网络功能的串联。

虚拟化资源的管理与编排包括提供给 VNF 和网络业务资源的所有功能。虚拟化资源与虚拟化容器相关联，可以分为计算、存储和网络三类，并向上层应用提供调用接口。

VNF 的管理与编排包括传统的错误管理、配置管理、计算管理、性能管理和安全管理，以及和 VNF 生命周期管理相关的功能，包括但不限于 VNF 上线、VNF 初始化、扩展 VNF、更新 VNF 和终止 VNF。

网络业务的管理与编排负责协调 VNF 生命周期的管理以实现网络业务。网络业务的编排功能包括上线网络业务、管理网络业务使用的资源、管理不同 VNF 生命周期之间的依赖性、管理 VNF 之间的转发图和转发路径。

NFV 架构包括 NFV 编排器（NFV Orchestrator，Orchestrator）、VNF 管理器（VNF Manager，VNFM）和虚拟化基础设施管理器（Virtualized Infrastructure Manager，VIM）三个主要功能模块。NFV Orchestrator 执行跨多个 VIM 之间的 NFVI 资源的编排功能，VNFM 执行 VNF 的管理与编排功能，VIM 执行在一个局点的 NFV 资源管理与编排功能。NFV Orchestrator 与 OSS/BSS 交互实现部署、配置、性能管理和基于策略的管理等。VNFM 与设备管理和 VNF 交互实现部署、配置和错误与报警管理。VIM 与 NFVI 交互实现对虚拟化资源的管理与编排。

网络业务的管理与编排需要通用的信息模型，描述模板需要在 VNF 上线之前进行定义，包括 VNF 描述器、网络业务描述器、VNF 转发图描述器和虚拟链接描述器等。描述器是描述对资源和组件要求的部署模板。编排功能则利用描述器分配虚拟化资源并执行生命周期管理。

4. 可用性与可靠性

NFV 技术可用性与可靠性涉及 NFV 架构的多个方面：NFVI、VNF、MANO 以及业务可用性、错误管理、故障避免、检测和恢复等。NFV 在可用性方面应至少与传统设备保持相同的标准。为了满足可用性需求，NFV 组件在如下方面应该提供相同或者更好的指标：失败率、检测时间、恢复时间、检测和恢复的成功率、故障影响等。因此，VNF 的设计应考虑硬件和多个软件层（如 Hypervisor 和 Guest OS）等方面。

业务的可用性取决于底层 NFVI 和 VNF 内部的可用性。VNF 的可用性一方面依赖于管理与编排功能对虚拟化应用本身的管理，另一方面依赖于管理与编排功能的错误检测和恢复等功能。NFV 管理与编排功能在维护业务可用性方面（如快速创建业务、动态负载均衡、过载保护等）发挥重要作用，因此它需要首先被保证高度可用。

NFV 故障或者 VNF/业务重定向条件下的端到端业务恢复可以在三个层面上实现：业务层面（如 EPC 业务恢复）、VNF 层面（如主备模式）和 NFV 管理与编排组件层面。由于资源灵活性、VNF 迁移和跨厂商的软硬件互操作等原因引入的复杂度，NFV 环境中的故障模型和故障频率不同于传统网络。为了保证在各种配置和负载下实现错误隔离，Hypervisor 需实现基于策略灵活的资源分配机制。为了达到对虚拟机的容错，编排器限制特定资源仅提供给单个虚拟机使用，降低对其他虚拟机的影响。

5. 性能

NFV 的目标是通过标准的 IT 虚拟化技术在工业标准化服务器上部署和运营网络。NFV 方法适用于固网和移动网络中任何数据面的包处理和控制面的功能。鉴于高容量服务器的通用层之上提供不同的网络功能，如何在虚拟化网络设备上实现高性能并且在不同的服务器和 Hypervisor 上移植成为 NFV 的技术挑战之一。

NFV 技术应保证中间的软件层（包括 Hypervisor）不成为性能瓶颈，因此，业界应继续研究应对处理器、Hypervisor 和 VIM 的性能缺陷，促进在以 IT 为核心的 NFV 场景中虚拟化软件和工具的进一步优化。

6. 安全

NFV 是云计算和组网技术的结合，因此，NFV 安全领域囊括了上述二者之间的安全问题。NFV 涉及的潜在安全问题包括拓扑验证、引导安全、系统崩溃安全、性能隔离、用户/租户鉴权、授权和计费、时间服务、克隆镜像的私有密钥、虚拟化测试和监控的后门管理以及多管理者隔离等。上述所列安全问题中部分已经相对成熟，部分涉及工程实现。当然，即使这样也无法穷尽所有可能的安全问题。

3.3.7 SDN 与 NFV 的关系

SDN 概念根据内涵可以分为狭义 SDN 和广义 SDN。

狭义 SDN 特指基于 ONF 组织发布的 OpenFlow 标准协议构建的 SDN,它由软件 Controller、OpenFlow 交换机组成,通过将网络设备控制面与数据面分离实现对网络流量的灵活控制。其最初起源于斯坦福大学 Clean Slate 研究组提出的一种新型网络创新架构,核心技术是 OpenFlow。狭义 SDN 设备形态主要是交换机,在运营商网络中主要应用在数据中心等场景。

狭义 SDN 的目的是通过控制与转发分离生成网络的抽象,且能够快速创新,体现在集中控制、开放协同和网络可编程方面。NFV 的目的是通过软硬件解耦实现网络功能虚拟化,从而实现自动化管理和运维,体现在工业服务器硬件标准化和网络功能软件化方面。SDN 与 NFV 关注网络角度不同,虽然二者之间是互补的关系,但是相互独立,并无直接依赖关系。NFV 技术可以在没有 SDN 的前提下独立部署,反之亦然。狭义 SDN 与 NFV 的关系如图 3-20 所示。

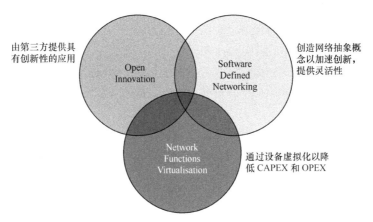

图 3-20　狭义 SDN 与 NFV 的关系

狭义 SDN 与 NFV 的对比见表 3-1,NFV 通过硬件和网络服务的解耦,带来设备硬件归一化,降低了网络的组网成本;SDN 控制层的软件化,带来了网络的智能性,实现了网络的抽象、简化,打破了设备厂商互通的壁垒,方便了网络设备的统一维护和管理,也大大提升了新的应用和网络服务部署的速度,主要偏重于对数据承载网的软件化。NFV 技术和 SDN 技术具有很大的相似性,都要求实现控制层和处理层的分离,且都强调了控制层的软件可编程性。实际上,SDN 和 NFV 的出发点是不同的:SDN 主要是为了实现承载网的抽象和简

化，从而使得网络更智能，使新应用和网络服务部署得更快；而 NFV 的主要
目标是减少网元固定资产的投入、减少运维。

表 3-1　狭义 SDN 与 NFV 的对比

对比项目	狭义 SDN	NFV
核心思想	控制与转发分离	软件、硬件分离
关注	多个网络设备的集中控制	单个网络设备虚拟化
控制点	控制平面	管理与编排
技术优势	集中控制、开放协同和网络可编程	降低 CAPEX 和 OPEX，实现自动化管理和运维
相关组织	ONF、OpenDaylight、IETF	ETSI NFV、OPNFV

　　SDN 从专有分布式网络交换机及路由器中解耦了网络控制，并将其转移到
集中软件。如果 SDN 充分发挥了潜能，未来网络将能够通过直观的图形软件
集中配置，而不需要使用晦涩难懂的命令行界面来对每个交换机及路由器进行
配置更改。集中控制使配置新服务及其网络需求，以及适应网络拥塞和其他挑
战变得更加容易快速。集中管理还可以帮助 IT 获得对整个网络的可视性，使
网络能够扩展和改变来适应新的环境和服务。

　　相比狭义 SDN，NFV 的本质在于解决电信运营商多年来高昂的网络成本
和封闭的网络功能问题。如果说 SDN 的主要目的在于推动网络控制功能与转
发功能的分离，实现控制功能的软件化，工作重点在于接口和协议过程的标准
化，那么电信运营商希望利用 NFV 以软件方式虚拟化 IT 资源，使虚拟化部署
能够提供重要的网络功能，而不再需要专业的物理设备。NFV 主要基于 x86
服务器上的软件实现网络功能，来取代专用的网元设备，它主要用来虚拟化四
至七层网络功能，如防火墙或 IDS，甚至包括负载均衡。其优点体现在两个方
面：一是标准设备价格低廉，能够节省巨大的投资成本；二是开放 API，能够
获得更灵活的网络能力。

　　广义 SDN 泛指基于开放接口实现软件可编程的各种基础网络架构。只要网络
架构满足控制与转发分离、逻辑集中控制、开放 API 这三个特征，其就属于广义
SDN 的范畴。广义 SDN 的南向接口不仅仅有 OpenFlow 协议，也可以实现其他
协议。广义的 SDN 除了包括狭义 SDN，还包括 NFV 技术。广义 SDN 的设备可
以是无线接入网、有线接入网、核心网、传送网、承载网、云计算和 IDC 等各个
专业领域的符合上述三个特征的设备，可以应用在运营商的整个网络的各个方面。
SDN 已成为目前公认的未来网络演进架构，可能影响甚至改变电信运营商的网络，

是目前产业界和学术界共同关注的热点技术之一。

| 本章参考文献 |

[1] Mckeown N, Anderson T, Balakrishnan H, et al. OpenFlow: Enabling Innovation in Campus Networks[J]. ACM SIGCOMM Computer Communication Review, 2008, 38(2):69-74.

[2] Curtis AR, Mogul JC, Tourrilhes J, et al. DevoFlow: Scaling Flow Management for High Performance Networks. In: Proc. of the SIGCOMM 2011[M]. Toronto: ACM Press, 2011, 254-265.

[3] 赵慧玲，冯明，史凡. SDN——未来网络演进的重要趋势[J]. 电信科学，2012(11).

[4] 王文东，胡延楠.软件定义网络：正在进行的网络变革[J]. 中兴通讯技术，2013(2).

[5] 赵联祥. SDN 架构下的 OpenFlow 原理探讨[J]. 电信技术，2013(2).

[6] 李海平，杨长城. 云计算数据中心的网络虚拟化[J]. 电信工程技术与标准化，2012(12).

[7] 郑毅，华一强，何晓峰. SDN 的特征、发展现状及趋势[J]. 电信科学，2013(9).

[8] 李锐，叶家炜，何东杰，等. 基于 OpenvSwitch 的虚拟网络访问控制研究[J]. 计算机应用与软件，2014(5).

[9] 孙琳程. 虚拟机 KVM 与 XEN 的性能分析[J]. 电脑知识与技术，2013(10).

[10] 张俊帅，杨昊. OpenFlow 交换机流表转发设计与实现[J]. 中国计量学院学报，2015(3).

[11] 陈克胜. 网络操作系统——网络的灵魂[J]. 中国电子商务，2000(16).

第 4 章

产业现状及对产业链的影响

电信运营商重构下一代网络，离不开产业界在 SDN/NFV 领域的投入和支持。本章介绍了 SDN、NFV 产业链概况，并评估 SDN、NFV 对产业链各类型厂商的影响。

|4.1 SDN 产业研究概况|

SDN 产业链包括芯片提供商、设备和方案提供商、互联网服务提供商和电信运营商等，其中，设备和方案提供商不仅包括传统的电信设备提供商，还包括 IT 设备商及一些新兴的公司。

4.1.1 通信设备商研究情况

比较有代表性的通信设备厂商包括 Cisco、Juniper、华为、爱立信（Ericsson）等公司，各厂商均高度重视 SDN 的研究，并提出了各自对 SDN 的认识和发展思路。

1. 思科 SDN 研究情况

作为传统互联网的主流设备提供商，Cisco 最初对 SDN 的战略一直不明朗。早在 2012 年年初，美国的网站还指出 Cisco 的 SDN 策略和部署可能是专有的，并不基于 OpenFlow 协议，并且 Cisco 一直在 IETF 标准组织推进在现有网络设备中增加 Plug-in 的演进型方案，以保持其在互联网组网和设备研发领域的技术领先优势。

随着 SDN 的不断升温和逐步实现商业化部署，思科提出了开放式网络环境（Open Network Environment，ONE）解决方案，该方案通过实现广泛和开放的网络可编程性，可提供灵活的应用程序驱动的网络基础设施定制，帮助用户快速实现网络资源的调用并支持各种业务创新。紧接着，思科通过收购的方式快速提升 SDN 的技术研发实力，思科以 1.4 亿美元收购 IP/MPLS 流量管理软件供应商 Cariden，以加快思科面向服务提供商用户发展基于 SDN 的流量工程功能几乎同时，思科又收购了提供策略控制和服务管理技术的公司 BroadHop，以增强其为运营商网络提供的产品功能。之后，思科推出了软件版本的 SDN 控制器，用于支持 OpenFlow 协议。目前，有 3 个 SDN 控制器的应用程序，分别是 Network Slicing、Network Tapping 和 Custom Forwarding。此外，思科也公布了将会支持 onePK API 或 OpenFlow 代理程序的硬体平台。onePK API 支持 ISR G2、ASR 1000 系列路由器，以及 Nexus 3000 系列交换器，后又陆续支持 Nexus 7000 系列交换器与 ASR 9000 系列路由器。

思科后续推出了以应用为中心的基础设施（ACI）、面向企业的思科 APIC（应用策略基础架构控制器）企业模块（APIC-EM）、适用于软件定义广域网（SD-WAN）的思科智能广域网（IWAN）以及思科软件定义接入（SD-Access）等解决方案。

思科以应用为中心的基础设施（ACI）可以在保证应用灵活性的同时，实现数据中心自动化。用户可以使用一致的策略模型构建多云网络。ACI 无处不在，用户可以灵活地无缝迁移应用，而不会影响高可用性，也不会形成单点故障域环境。

思科应用策略基础架构控制器（APIC）可通过思科 ONE 平台来部署以应用为中心的基础架构。借助思科 APIC 企业模块，思科 APIC 可以从数据中心扩展到广域网和接入网络。这将扩大思科 APIC 的应用范围，为思科 ONE 平台中的广域网和接入网络提供网络抽象和自动化功能。

思科 SD-WAN 采用传输独立设计，用户可以选择最适合的任何提供商和连接组合。智能路径控制将网络流量自动路由到最佳路径，以确保应用表现优异。应用优化添加广域网优化和缓存，以帮助应用更快运行。安全连接通过高度安全的 VPN 覆盖及强大的加密技术阻止攻击。

2. 阿朗 SDN 研究情况

与其他网络设备供应商一样，阿朗（阿尔卡特-朗讯，Alcatel-Lucent）一直试图在 SDN 市场占据一席之地。阿朗通过投资 Nuage Networks 公司进入 SDN 市场，并推出了面向数据中心网络的第二代 SDN 解决方案，以帮助企

业打破数据中心网络的各种限制，大力推广企业云计算服务。Nuage Networks 借鉴了企业互联使用的 MPLS VPN、规模部署的互联网和最具动态的移动网络特性，提供了纯软件解决方案虚拟化业务平台。同时，Nuage Networks 率先在欧洲和北美地区进行了虚拟化业务平台试点，参加试点的用户包括英国云服务提供商 Exponential-e、法国电信服务提供商 SFR、加拿大电信服务提供商 TELUS 及领先的美国医疗机构匹兹堡大学医疗中心。

此外，阿朗与 F5 在虚拟服务器负载均衡方面展开了合作，与 Palo Alto 在虚拟防火墙方面开展合作，与 Citrix 和 HP 在虚拟化计算方面开展合作，与 Openstack、Cloudstack 和 ONF 紧密合作为开源团体做出了自己的贡献。在此基础上，阿朗为云时代企业广域网发布全新软件定义 VPN 方案，为企业带来充满活力、更简便、更经济的网络连接，同时，帮助服务供应商降低 IT/OSS 的复杂性和成本。

3. Juniper SDN 研究情况

瞻博网络公司（Juniper Networks）成立于 1996 年，主要致力于提供 IP 网络及资讯安全解决方案，主要产品线包括广域网络加速、VF/E/J/M/T 系列路由器产品家族、SRX 系列防火墙、EX 系列网络交换机及 SDX 服务部署系统等。

早期，瞻博网络 Juniper 以 1.76 亿美元收购了制造 SDN 控制器的新兴企业 Contrail Systems，以便提升其在 SDN 领域的竞争力；同时，推出了商业版 Juniper Networks Contrail 和开源版 OpenContrail 这两款自己的 SDN 控制器。这两款产品建立在相同的代码基础上，具有相同的功能，以便用于创建由 SDN 控制器、虚拟路由器和分析引擎组成的虚拟覆盖网络。此外，Juniper 又进一步实现了 SDN 的应用落地，正式推出了成熟的 Contrail 解决方案，为服务提供商和企业用户创建虚拟网络，在向其提供简单、开放、灵活的解决方案服务的同时，实现物理网络与虚拟网络之间的无缝集成与整合。

Juniper 为用户提供了 Contrail、NorthStar Controller、WANDL IP/MPLSView、NFV Series Network Service Platform 等解决方案。从网络虚拟化和自动化到交钥匙式云管理平台，Contrail 为云和 NFV 提供了智能自动化，应用程序安全性和永远在线的可靠性。NorthStar Controller 是强大而灵活的流量工程解决方案，可在运营商网络中实现对 IP / MPLS 流量的精细可见性和控制。WANDL IP/MPLSView 用于 IP 和/或 MPLS 网络的多供应商、多协议和多层操作支持系统流量管理和工程解决方案。NFV 网络服务平台系列提供安全、符合标准的 CPE 设备，可简化网络服务的创建和交付。

4. 华为 SDN 研究情况

华为对 SDN 的研究十分积极，早在 SDN & OpenFlow 世界大会上，华为就展示了将 SDN 应用在端到端电信运营商网络中的 Carrier SDN 技术架构，并展示了基于 Carrier SDN 技术的系列原型样机，包括可以控制混合 SDN 组网的广义网络控制器原型样机、集成 SDN 控制器的 OLT 原型样机、基于 SDN 理念的 BNG 原型样机及传送网 SDN 控制器原型样机，并演示了该技术在接入网、城域网、传送网以及数据中心等具体场景的应用。早期，华为面向电信运营商发布了"SoftCOM"解决方案，该方案是华为基于云计算、SDN、NFV 以及网络开放等技术和理念提出的面向未来的端到端 ICT 网络架构。针对该解决方案，华为展示了 Netmatrix 软件系统，该软件系统旨在处理多个广域网网络层的"编排"，实现"按需流量感知的资源配置"功能。同时，华为第二届 ONF PlugFest 大会上展示了其 SDN 广义控制器 SOX 和交换机 SN-640，该控制器可以支持所有 OpenFlow 标准版本,具有全可控的广义网络控制器功能，已于 2014 年进行 SDN 设备的商用测试，并在 2015 年实现 SDN 的商业部署。

Agile Controller-Campus 是华为推出的新一代园区与分支网络控制器，支持网络部署自动化、策略自动化、SD-WAN 等创新方案，帮助企业降低 OPEX，加速业务上云与数字化转型，使网络管理更便捷、网络运维更智能。Agile Controller-Campus 可支持园区网络、SD-WAN、用户接入管理等多种应用场景。

Agile Controller-DCN 是华为推出的新一代数据中心 SDN 控制器，是华为 CloudFabric 云数据中心网络解决方案的核心组件，可实现对网络资源的统一控制和动态调度，快速部署云业务。

Agile Controller-Transport 是传送网络向 SDN 演进的关键部件，可应用于骨干、城域、企业接入等多种传送组网场景，提供资源实时可视、业务快速开通、网络自动运维等丰富的功能特性，来满足企业专线和 DC 互联对传送网络提出的创新业务体验和网络灵活高效的新要求。

Agile Controller-WAN 是华为 IP 广域网 SDN 场景解决方案的核心部件，使 IP 广域网全面云化，最大化网络价值。Agile Controller-WAN 控制器提供了强大、灵活的管控能力，可实现 WAN 领域的 VPN 业务快速部署发放；并可根据指定约束自动监控、规划和调整网络流量，提升网络资源利用率，提供差异化的 SLA 保障；同时，网络资源可视可管，数倍提升运维效率。Agile Controller-WAN 采用开放架构，支持网络基础服务及北向标准化，使网络北向开放，降低互通难度，为用户提供 ROADS 体验。

5. 爱立信研究情况

爱立信对 SDN 的研究比较积极，倡导开放式解决方案，重点关注如何基于行业标准定义，更好地满足全球运营商的需求。运营商软件定义网络概念由爱立信与电信运营商共同打造，在三个重要方面延展了行业定义，为运营商开辟了新的收入机会，同时降低了成本：①集成的网络控制，将软件定义网络控制从数据中心扩展到广域网，一直到无线接入网；②协调网络和云管理，在统一的控制平面整合现有的网管系统和新的管理系统；③开放服务，为应用开发者提供开放的网络接口。

爱立信在初始软件定义网络概念的发展上发挥了主导作用，在此基础上，运营商软件定义网络概念进一步扩展涵盖了整个电信领域。爱立信重点关注架构方面的演进，与网络运营商合作开发概念验证以及新的控制界面。其对运营商软件定义网络的展示和讨论要点主要集中在以下几方面：①运营商软件定义网络架构包括 OpenFlow 和 OpenStack；②面向高价值用户感知服务的服务链，与澳洲电信（Telstra）携手开展了概念验证；③虚拟网络系统在城域和回传网络中的高价值应用；④扩展控制接口，将业务支撑系统层包含进来，并提供计费和收费系统接口。

爱立信宣布在 2014 年第四季度推出首个商用运营商软件定义网络应用。首个应用是在 SSR 8000 系列智能服务路由器中运行的服务链。

2016 年年底，爱立信发布了其声称"经过验证的"网络功能虚拟化基础设施（NFVi）平台，该公司此前已经宣布与 Telstra、Swisscom、Telefonia 和 SoftBank 在内的多家运营商签署了 NFV 合同。同时，爱立信还加入了 ETSI 的 NFV 工作组，以及 OpenStack 社区。

2017 年 2 月，爱立信、华为、思科和诺基亚签署了一份谅解备忘录（MoU），以创建 NFV 互操作性测试计划。4 家公司签署的 MoU 旨在通过 NFV 互操作性测试支持业界的一般原则，并支持"特定用户需求"来促进多厂商环境中网络功能虚拟化的使用。

6. NEC 研究情况

NEC 公司推出的 ProgrammableFlow 产品是基于 OpenFlow 协议，针对数据中心网络虚拟化场景开发的软件定义的网络套件，是全球首个 SDN 商用产品，它成功实现了网络可视化和服务器虚拟化。用户可以设计、部署、监控和管理多租户网络基础设施，并迅速批量地编程控制业务流量，通过集中化网络配置和管理，简化网络机构和优化网络资源。该产品目前已经拥有超过 10

个数据中心的商用部署案例。NEC 后又在开放网络峰会上展示了 SDN 产品线
新功能，为数据中心基础设施新增加一个控制器（统一网络控制器）来管理其
他 NEC OpenFlow 控制器，目的是简化虚拟机迁移的步骤，以避免过多数据负
载集中在某一位置。

NEC 还与多家电信运营商和新兴设备商展开广泛合作。NEC 与西班牙电
信合作进行迁移方案研究，目的是虚拟化先进的 IP 网络元素，实现不同硬件平
台之间的自由移植。两家公司将合作研究如何将现有的 IP 边缘网络设备虚拟
化。NEC 还扩大与惠普公司的合作领域，利用开放标准，为企业用户提供软件
定义网络解决方案。此次合作，双方将推出具有创新基础架构和基于行业标准
的 SDN 解决方案，以满足云计算和大数据等行业发展带来的新 IT 时代的需求。

目前，NEC 的解决方案包括 Office 局域网优化解决方案（访客网络）、NEC
电信运营商 SDN 解决方案、自动网络攻击防御解决方案三大场景。NEC 电信
运营商 SDN 解决方案场景又细分为 NaaS 解决方案、传输 SDN 解决方案、虚
拟核心业务解决方案三个细化场景。NaaS（网络即服务）解决方案专注于帮
助服务提供商在企业和住宅市场创造新的收入。传输 SDN 解决方案可自动运
行于电信运营商的传输网络，并支持动态网络重新配置。虚拟核心业务解决
方案可以在虚拟平台上构建高效的核心网络业务，为新业务快速交付虚拟化
专用网络。

7. 通信设备厂商研究小结

在 SDN 架构下，硬件将实现通用化，通过降低网络交换机性能要求来降
低成本。在这种架构下，传统通信设备商大容量、高性能的技术门槛将大大降
低，这对于传统通信设备厂商而言是巨大的挑战。但对通信网络的理解以及技
术实力的积累也是通信设备厂商的优势。虽然对 SDN 持有保守的态度，各大
通信设备厂商在研究上还是积极投入，期望能在 SDN 产业链中保持重要的地
位。目前，各大设备厂商已经拥有了成熟的 SDN 解决方案，分别适用于不同
的业务场景，对运营商来说，网络向 SDN 方向演进已经有了足够的产品，但
是不同厂商的产品之间的互操作性、个性化设计仍然有所不足。

4.1.2　IT 及新兴设备厂商研究情况

SDN 的兴起很大程度上源于 IT 对通信的影响，因此，IT 厂商都表现出了
对 SDN 的浓厚兴趣，不仅惠普（HP）、IBM 等传统 IT 硬件厂商开始关注 SDN
领域，一些新的以 SDN 为核心的初创公司也纷纷成立，并迅速发展。目前影

响较大的公司包括 Nicira 和 Big Switch 等。

惠普公司作为最早参与 SDN 研究的公司之一，在 SDN 的研究和商业化方面都取得了不俗的进展。惠普提供了一款名为 HP ProCurve5400 的支持 OpenFlow 协议的设备，同时在 OpenNetSummit2011 上展示了基于 OpenFlow 中用户标识的 QoS控制方案。惠普还向其现有的 3800 系列增加了开源 SDN 协议，推出了 9 个以上OpenFlow 交换机，后续又推出了 16 个 OpenFlow 交换机。惠普在开放网络峰会上展示了一套整合式沟通及协同合作（UC&C）的软件定义网络应用程序。该应用程序集成在 SDN 控制器内，可使用微软 Lync API 优化 Lync 网络传输信息时所需的网络频宽，未来也可整合更多第三方的产品。

目前，H3C 旗下的 SDN/NFV 产品分为 SDN 控制器、NFV、Director 和vSwitch 四大方向。SDN 控制器主要是 H3C S1020V 虚拟交换机产品，NFV 产品包括 vBRAS（虚拟宽带远程接入服务器）、vFW（虚拟防火墙）、vLNS（虚拟 L2TP 网络服务器）、VSR（虚拟多业务路由器）、vLB（虚拟负载均衡）、vAC（虚拟无线控制器）、VNF Manager（虚拟网络功能管理软件）等虚拟化网络产品。Director 包括 H3C ADDC Director、H3C ADCampus Director、H3C Carrier Director。vSwitch 包括 H3C S1020V 虚拟交换机产品。

IBM 公司作为 OpenDaylight 的创始人之一，与思科联合发起 OpenDaylight项目，其主要目的是推动开源 SDN 控制器。IBM 的 SDN VE，是一款以服务器为中心的、进行多虚拟机管理的解决方案。SDN VE 提供了基于主机的网络虚拟化技术，获得了更强的网络抽象能力，能够在大规模多承租环境下支持应用程序级别的网络服务。SDN VE 由多个组件构成，这些组件在任何提供 IP 连接的物理网络上覆盖式地部署虚拟网络。该应用程序可为多供应商数据中心环境提供支持，IBM SDN VE VMware Edition 是其第一个版本。另外，IBM 发布了它的可编程网络控制器，从而成为第二个推出自有 OpenFlow 控制器的大型 IT供应商。IBM 的 OpenFlow 控制器软件基于 IBM 自主知识产权，并且运行在x86 服务器上。同时，IBM 与 NEC 合作开发了 OpenFlow 交换机和软件定义网络，提供了 OpenFlow 交换机 RackSwitchG8624，与目前 NEC 推出的OpenFlow 控制器组成完整的 SDN 数据中心解决方案，它支持 OpenFlow 1.0.0和最多 97000 个流实体。

目前，IBM 围绕 SDN/NFV/云提供了一系列的产品和解决方案：应用程序性能管理、带有 OpenStack 的 IBM Cloud Manager、IBM Cloud Orchestrator、IBM 动态云安全、IBM Flex 系列、IBM 网络操作系统、IBM 可编程网络控制器、IBM RackSwitch G8264、IBM RackSwitch 系列、适用于虚拟环境的 IBM SDN – OpenFlow 版本、适用于虚拟环境的 IBM SDN – KVM 和 VMware 版、

IBM 系统网络交换中心、IBM 虚拟结构、IBM VMready、沃森物联网等。

Big Switch 成立于 2010 年，在 VMware 收购 Nicira 公司之前，它一直被业界认为是 SDN 领域中排在 Nicira 之后的第二号创业公司。Big Switch 的创始人之一 Guido Appenzeller 曾经在斯坦福大学工作，负责 OpenFlow v1.0 及相关交换机和控制器的开发。Big Switch 提出了 Open SDN 架构，该架构主要包括三个层次：基于标准的南向协议、开放的核心控制器及北向开放的 API。其中，架构的核心是名为 Floodlight 的控制器，它已经获得了广泛的认可，拥有业界最大的 SDN 控制器开发社区支持。Floodlight 具有的模块化结构使得其功能易于扩展和增强，它既能够支持以 Open vSwitch 为代表的虚拟交换机，又能够支持众多 OpenFlow 物理交换机，并且可以对由 OpenFlow 交换机和非 OpenFlow 交换机组成的混合网络提供支持。

除控制器外，Big Switch 还提供网络应用平台 Big Network Controller 及运行在其上的网络虚拟化应用 Big Virtual Switch、统一网络监控应用 Big Tap 等产品。另外，Big Switch 推出了交换机软件平台 Switch Light，其能够便捷地为物理交换机和虚拟交换机提供 OpenFlow 支持。在自主研发的同时，Big Switch 与 SDN 领域的合作伙伴一起设计和开发了很多网络解决方案，使得网络资源能够像其他 IT 基础设施一样被灵活便捷地运用，例如向 OpenStack 提供的面向私有云数据中心的网络自动化管理方案，与 Palo Alto 公司合作提出的虚拟化安全方案，与 F5 公司合作提出的应用交付方案等。

和 Nicira 一样，Big Switch 也是开源社区的积极倡导者。Big Switch 为开源的 SDN 项目 Project Floodlight 提供了大力的支持。Project Floodlight 项目主要包括与 Big Switch 商业化产品同源的 Floodlight 控制器，用于为交换机提供 OpenFlow 支持的 Indigo，以及可以实施 OpenFlow 符合度测试的 OFtest 测试框架及套件。

目前，Big Switch 提供了 Cloud Fabric 用例，包括 VMware 网络、OpenStack 云网络、NFV 网络、集装箱网络、存储网络，同时提供了监控结构用例，包括 DMZ 安全工具链，多租户安全监控，10bit/s、40 bit/s、100 bit/s DC 可见度，4G / LTE 网络可视性，虚拟机/容器/云可见性，以及开源项目的开放网络 Linux（ONL）、白盒/ Brite-Box 切换、轻型操作系统等。

IT 厂商和新兴设备厂商都在积极参与 SDN 技术的研发和讨论，并且取得了很大进展，很多厂商已经推出了自己的 SDN 解决方案。但是，因为理念的差异，这些解决方案的侧重点各不相同。因此，运营商应该在 SDN 的发展方向上秉持自身特点，提出需求，从而引导相关厂商的技术走向，弥合分歧，加速推动 SDN 的技术演进。

4.1.3　芯片厂商研究情况

SDN 的硬件是其关键技术之一，而高性价比的通用芯片是硬件的核心。目前，支持 SDN 设备的芯片厂商主要包括盛科网络（苏州）有限公司（简称盛科）、博通、英特尔等。

盛科是一家以太网芯片厂商。盛科发布的第三代以太网交换芯片 GreatBelt 系列推出了一款多功能、高性能的 IP/Ethernet 交换芯片 CTC5162/CTC5163。该芯片增加了基于 Hash 的流表，以支持高达 32K 的流表以及 OpenFlow1.3 规格 2 级流表，V 系列 OpenFlow 交换机参考系统 V330/V350 基于此芯片的基础上搭建。

2017 年 10 月，盛科网络正式发布面向企业级安全和融合应用的第五代核心芯片DUET2（CTC7148）。在此之前，盛科已经成功研发从 40Gbit/s 到 1.2Tbit/s 的四代高性能以太网交换核心芯片，此次发布的 DUET2 支持高达 640Gbit/s 的交换带宽，完成了盛科在万兆芯片上的战略布局。

博通成立于 1991 年，是全球最大的有线和无线通信半导体解决方案公司之一，主要致力于为计算机和网络设备、数字娱乐和宽带接入产品以及移动设备的制造商提供业界一流的芯片和软件解决方案。博通推出的StrataXGS®Trident II 系列 10/40 GE 交换芯片可以满足云网络环境以及大型数据中心对带宽、速率、网络容量、可扩展性和效率等多方面的需求。同时，该芯片能够完成对网络流量的可视性和诊断，从而实现灵活的负载均衡，满足 SDN 的应用需求。博通公司还推出了 28nm 多核通信处理器 XLP900 Series，用于优化网络功能的部署，如硬件加速、虚拟化与深度包检测等。该处理器主要面向 4 个重点市场：安全市场、存储市场、传统的网络市场（路由器、交换机）和移动通信市场。XLP900 Series 处理器还可以支持 SDN 模式。

目前，博通和 Facebook 正在努力集成博通开放网络交换机库（OpenNSL）与 Facebook 开放式交换系统（FBOSS）。OpenNSL 提供了使 FBOSS 开放的基础技术。博通和惠普正在合作开展多项联网举措，共同目标是通过在开放源代码项目（如 OpenSwitch）中利用 BroadView 和 OpenNSL 来加速市场创新，OpenSwitch 是云网络和开源生态系统的重要项目。博通和微软正在合作开展多项开放式网络计划，包括支持 Switch Abstraction Interface 项目和 BroadView 开源项目。戴尔是第一家在其 N30xx 系列 1Gbit/s 以太网第三层交换机上集成博通 OF-DPA 解决方案的厂商。升级后，交换机中的第三层功能可以选择由可扩展性和性能优化的外部 SDN 控制器进行配置。博通和瞻博网络正在致力于网络计划，共同目标是通过利用 BroadView 和 OpenNSL 开源项目加速创新。瞻博网络将 BroadView 代理移植到其基于博通的交换机上。瞻博网络还在 Juniper 云分析引擎和瞻博网络 Contrail Networking 中实施 BroadView 用户端，以从瞻博网络和第三方网络平台收集遥测数据。中国移动率先开展了基于分组传输网络（PTN）的设计和实施，并积极引领在下一代超级 PTN 中引入 SDN 控制。中国移动和博通正在基于 OF-DPA 2.0 的芯片级技术进行传输网络合作，实现了多种现有交换机解决方案，可以快速部署以满足超级 PTN 应用需求，并可通过商业硅片充分发挥 OpenFlow 的能力。

英特尔（Intel）收购了以太网芯片制造商 Fulcrum Systems 和 SDN 服务商 WindRiver，建立了自己的 SDN 架构。2012 年，英特尔展示了 SDN 解决方案，该方案包括硬件、交换机以及支持 OpenFlow 的软件，其参考平台包含简化的 SeaCliff Trail 网络，网络系统则由 Fulcrum Microsystems 提供。与 SeaCliff Trail 配合的是一套 SDN 软件，由 WindRiver 提供。后来，英特尔陆续采取了一系列举措，包括在软件定义网络公司 Big Switch Systems 上投资 650 万美元，收购了网络软件公司 Aepona，以及成为 OpenDaylight 的创始成员之一。同时，在 2013 年的开放网络峰会上，英特尔发布了三项参考架构，分别是开放网络平台交换器设计架构、开放网络平台服务器设计架构和数据层开发套件（Intel Data Plane Development Kit，Intel DPDK）。前两者就是英特尔所提出的开放网络平台策略，以增强其网络能力并实现向 SDN 市场领域的积极扩张。

目前，英特尔的 SDN/NFV 解决方案包括移动接入和边缘，NFVI（硬件、OS /虚拟化等）、编排和网络管理（NFV 服务编排、OSS、BSS 和 EMS / NMS、SDN 控制器、虚拟化基础架构管理器（VIM）等），该方案已经成为有体系的研究方案。

目前，SDN 的芯片厂商既涵盖传统通信产业链也包括 IT 产业，这也是 SDN 的特点之一。随着芯片产业的成熟，芯片厂商与设备厂商通力合作，将提供更多丰富多样的 SDN/NFV 解决方案。

4.1.4　传统运营商研究情况

SDN 和 NFV 的目标是通过分离数据、控制平面，以及部署标准化网络硬件平台，为电信运营商提供更简单、更灵活和更具成本效益的网络运营，因此，SDN 自诞生以来一直受到传统运营商的高度关注。

德国电信是 ONF 组织的创始成员之一，其对 SDN 在运营商网络中的应用做了很多探索。德国电信尝试将 SDN 部署在云服务中心，试验一种崭新的由

软件定义的私有 IP 网络，被称为 Terastream 架构。德国电信还认为融合接入也是 SDN 的应用场景，后续会将 Terastream 架构继续扩展实验，开展新的工作。此外，德国电信还在 ONF 混合组网工作组贡献力量，推动 SDN 在广域网应用的相关研究的开展。目前，德国电信正在向全 IP 方向转型，转型全 IP 是部署 SDN 和 NFV 的先决条件。同时，德国电信也在部署 SD-WAN 原型。

NTT Communication 公司在 SDN 领域的相关工作也很积极，其自主研发了 Virtual Network Controller Ver2.0，主要用于多个数据中心的统一服务和按需配置。NTT 认为：SDN 能够使电信企业提升面对市场的响应速度，有助于提供差异化服务，降低 CAPEX 和 OPEX。NTT 在部署 SDN 方面的步伐很快，他们对 OpenFlow 进行了测试，通过 OpenFlow 控制器实现跨越日本和美国的 OpenFlow 交换机组网。2015 年，NTT 推出了 FY2015 产品，其新特性包括 Muti-cloud、Asset Light 和 Multi-client。企业用户可以使用 Multi-cloud 功能连接私有云上的服务，当然不仅仅是 NTT 的企业云，可以包含诸如 Microsoft Azure 或 Amazon 的 Web 服务。Asset Light 提倡"将代理移动到云端"，NTT 推出了网络功能云服务化，例如应用加速、安全 Web 网关、SSL VPN 等。全球用户可以使用 Multi-client 服务通过诸如 PC、智能手机和 Pad 等各种设备建立高度安全的连接访问企业网络，此外，该服务也同样向非 Arcstar 用户开放，当然也可以用于企业网使用 Internet 或第三方网络服务提供商。

美国的 Verizon 也对 SDN 给予了极大关注，其下属投资公司 Verizon Investment 投资了 SDN 的领先厂商 ConteXtream。ConteXtream 于 2013 年宣布，其 SDN 产品已进入美国一线无线运营商的网络，业界广泛认为该运营商即 Verizon Wireless。Verizon 于 2015 年推出了初步的 SDN 迁移计划，阿尔卡特朗讯、思科、爱立信、瞻博网络和诺基亚成为其 SDN 的五家初始供应商。2016 年，Verizon 部署了 SD-WAN 业务，目前已有超过 90 个活跃的 SD-WAN 应用和 16 个应用全面部署，有 30 个应用参加了全球 CPE 项目测试。

国内三家运营商积极开展了 SDN 方面的研究，中国移动开展了针对 IDC 方案的 SDN 实验室测试，目前 S-PTN 是其重点研究项目，主要还是改造其基于 PTN 技术的移动回传承载网络。中国电信则关注于 SDN 与智能管道的结合。

国内三家运营商均已确定未来网络的架构，即伴随着 5G 网络的部署将现有网络向未来网络迁移。

4.1.5 ICP（服务内容提供商）研究情况

由于 SDN 在数据中心网络虚拟化、流量优化和管理方面具有天然的优势，全球与数据中心相关的 ICP、ICP 企业都对 SDN 充满期待，部分巨头已经开始在自身的内部网络中部署 SDN。2012 年，谷歌宣布其骨干网络已经全面运行在 OpenFlow 上。谷歌使用 OpenFlow 协议，通过 10Gbit/s 网络连接分布在全球各地的 12 个数据中心，使广域线路的利用率从 30% 提升到接近 100%。除谷歌外，雅虎、微软、Facebook 等互联网企业也纷纷加入 ONF 阵营，在 SDN 研究、开发及试验部署方面加大了投入。Facebook 成立了开放计算项目，最初关注的重点是服务器设计，而后逐渐扩展到网络领域。2016 年年底，Facebook 宣布推出开放式 100Gbit/s 模块化交换机 Backpack，并且已经提交给了开放计算项目。

中国的大型互联网公司也在积极迎接 SDN 的浪潮。百度公司自主研发的全流量进网系统、流量清洗系统、负载均衡系统以及数据中心互联场景已经部分采用了基于 SDN 理念的相关技术。腾讯基于 SDN 实现了数据中心内的路由控制及流量调度，并在广域网中进行流量调度。阿里云采用自主研发的网络设备和自研控制器，部署虚拟交换机、虚拟路由器、虚拟 NAT 设备等抽象网络组建，为用户提供了快捷的云网服务。

4.1.6　小结

总览 SDN 整个产业链情况，我们可以看出，SDN 已经是整个产业关注的热点技术。各方都寄希望于能在 SDN 产业中获取最大利益，都开展了积极研究。从整个产业进展来说，目前 SDN 处于技术逐步成熟的阶段。传统运营商按照既定的节奏向着目标网络架构演进。ICP 认为 SDN 将是其提高创新能力的利器，而通信设备商、IT 厂商、芯片厂商都在寻找自己的切入点。

4.2　SDN 对产业链的影响评估

4.2.1　SDN 对网络运营商的影响

SDN 技术的推广对传统运营商来说既是机遇也是挑战：一方面，SDN 技术对运营商网络的价值体现在节省投入和运维成本上，在传统网络中，为了更好地提供服务和新功能，运营商需要不断升级和改造硬件平台，网络的复杂性

和成本随之增加，而部署 SDN 后，服务和新业务可以通过虚拟化和开放平台快速地添加到网络中。运营商的运营和维护也是基于软件控制，不需要做硬件更新，这将大大降低网络的复杂度和运维投入。同时，运营商在这个基础上也可以发掘新的业务模式和盈利模式。而另一方面，随着软件化的大规模推广，OTT 业务会更加广泛地开展，对于传统运营商而言，如何占领市场是一个不小的挑战。

传统电信运营商会在组网架构和运维模式上受到 SDN 的影响。现有基于网络硬件进行控制和转发的架构将发生改变，如何使 SDN 部署在现有架构上，并实现无缝融合是现阶段面临的问题。同时，网络的核心将向网络的操作系统转移，运营商对这些系统的控制和管理也是一个新课题。另外，运营商打破了以提供网络接入为主的运营模式，可以借助开放式平台与服务提供商合作，在云技术、移动互联网、社交网络以及视频等方面开展新兴业务和服务，发现新盈利模式。同样，基于用户软件定制化的网络业务也能够更加灵活地满足顾客的特殊需求。

4.2.2　SDN 对 ICP 的影响

对于谷歌、Facebook、腾讯等 ICP 来说，SDN 的影响主要有两方面。一方面，SDN 可以帮助 ICP 大幅降低其业务网络的建设和运维费用。目前，规模较大的 ICP 都采用租用运营商基础传输资源的模式，在此基础上根据自身业务需要进行适当整合来构建自己的业务网络。这一方式下，ICP 也需要像运营商一样在运维上投入大量的人力且效率低下。高昂的资源租金和运维费用对其拓展业务范围、提高服务质量构成了严峻的挑战。SDN 技术使他们看到了解决这一问题的曙光。SDN 最早的应用案例——谷歌的 G-scale 就是利用 SDN 来提高带宽利用率，降低传输成本。通过利用 SDN 的开放性和集中控制能力，ICP 充分发挥出了其在代码开发方面的优势，通过简化网络设备和网络协议、提高一体化管理程度等手段达到了提升运维效率、降低 OPEX 和 CAPEX 的目的。如国内的百度、腾讯都纷纷开发出专有的设备和传输协议，便于实施集中式的管理和控制。

另一方面，SDN 的开发性也使 ICP 将其业务应用与网络控制得以紧耦合。如果 SDN 控制器的北向接口全面开放，ICP 也就间接获得了网络控制的主导权，进而有能力将自身应用网络的运维与底层传输网络的运维相整合。这样不仅有助于其提高与运营商谈判的话语权，也有助于其提高服务质量、降低运维成本、加快新业务的普及速度。基于上述原因，ICP 也是 SDN 最有力的推动者。

4.2.3　SDN 对传统通信设备商的影响

SDN 作为一种潜在的技术变革，将会带来产业界利益的重新划分。电信行业是个相对封闭的产业链，而 SDN 本质是一个开放的生态链，其核心是网络的软件化，变革的推动力也来自于 IT 而非电信业。在这样的背景下，传统设备制造商面临的不仅是机遇，也有巨大的挑战。在 SDN 发展过程中，传统通信设备商也有着从观望到积极投入研究的过程，但传统通信设备商未必会完全跟随 ONF 的技术路线，这也导致了与 IT 更密切的 IDC 场景下 SDN 技术更迅速的发展，而传统电信领域则依然进展缓慢。但毋庸置疑，SDN 已经对传统通信设备商产生了重大影响。

4.2.4　SDN 对 IT 厂商的影响

IT 厂商正在积极推动 SDN 的发展，并且有可能涉及传统设备提供商的已有市场。一方面，新的以 SDN 为核心的初创公司纷纷成立，另一方面，SDN 的出现同样也使 IBM、惠普等传统 IT 厂商看到了进军网络设备产业、开创新业务模式的可能。因此，在对待 SDN 的态度上他们与初创公司一致，即支持基于 OpenFlow 协议的 SDN 通用架构。所不同的是，传统 IT 服务提供商更倾向于通过定制硬件设备加自主研发 SDN OS 的模式，快速提供全套 SDN 解决方案. 挤占传统网络设备厂商的市场空间。另外，许多规模较小的厂商也公布了自己的 SDN 战略，其中，有些公司计划对现有的产品线进行虚拟化，以获得更高效率，其他的则尝试进入新领域。例如，F5 网络泰科宣布进行信号控制器虚拟化，而 Amdocs 则宣布在虚拟化环境中实施计费和部署 PCRF 设备。

但是，由于对传统运营商网络缺乏了解，真正有能力进行全网部署的 IT 厂商并不多，运营商未来仍将在一定程度上与大型供应商合作，而不是与各种规模较小的专业公司签约，因此，传统网络领域的突破还需要时间。

4.2.5　产业格局的变化

除了新兴技术必然带来的产业影响外，SDN 的发展还将会进一步促进运营商的转型。在传统产业链中，设备厂商提供标准化的设备，运营商通过运营网络来提供基础业务。在 SDN 架构下，SDN Controller 将成为核心设备，无论是网络整体架构还是局部应用场景，SDN 都将成为网络的大脑或者心脏，在这

种情况下，自主研发 SDN Controller 似乎是运营商必然的选择。NTT、软银等已经开展了这方面的工作。然而，自主研发 SDN Controller 带来的不仅是运营商在产业链中的地位变化（与设备厂商成为竞争者），对运营商自身的持续研发能力更是巨大的挑战。

4.2.6　小结

随着网络虚拟化的推进和控制与转发解耦技术的日渐成熟，在进入 SDN 时代后，网络平台会变得更加开放，届时，网络相关的整个产业链都可能发生巨大变化。由于全软件控制技术的广泛应用，IT 软件商、IT 芯片商和其他 IT 企业可以发挥软件开发优势，参与多样化和模块化的网络应用建设和管理中；而 ICP 也可以借助开放平台来更加便捷和高效地开展和推广服务。由于业务模式和网络运营模式的变化，ICP 开始掌握技术话语权，通过软件开发定制掌握更多的网络细节和能力，实现业务的精细化，并逐渐成为网络新技术的引领者之一。SDN 技术的推广对网络运营商和传统通信设备商来说是机遇与挑战并存，它们将因为网络虚拟化的应用而被重新定义。这样一来，网络的结构将变得更加多元化并且更有活力。

|4.3　NFV 产业研究概况|

4.3.1　通信设备商的研究情况

1. 华为 NFV 研究情况

早在 2013 年，华为就制定了其 SoftCOM 战略，该战略通过对云计算、SDN、NFV 和大数据等新技术的研究，实现对自身产品的整合和延伸以向运营商提供完整的 SDN/NFV 产品和解决方案。产品整合的情况如下。

① CloudCore 产品：主要针对移动核心网虚拟化，包括 vIMS、vSBC、vPCRF 和 vDRA 等。

② CloudEdge 产品：包括核心网的 vEPC 和 vMSE。

③ CloudOpera 产品：即 MANO，该产品分为两个部分，CSM（华为的专

业 VNFM ）和 Orchestrator，当前 Orchestrator 只支持华为的 VNFM，且支持对华为 vIMS、vEPC 和 vPCRF 等网元的管理。

后续整合的产品包括 CloudDSL/OLT 产品和 CloudBB 产品。其中，CloudSDL/OLT 产品基于 NFV/SDN 重构的开放接入云设施，实现固网 DSL 以及 OLT 等有线方式的接入。CloudBB 产品则使用 NFV/SDN 重构无线接入网络，以开放的 ICT 云设施实现无线侧的业务接入。

此外，华为在西安成立 NFV Open Lab，以聚合产业界和生态链价值，共同推进 NFV 发展，支撑运营商网络演进和商业转型，该实验室的主要目标介绍如下。

① 兼容能力：通过与多厂商产品在多场景下的集成和测试，扩展华为产品的兼容能力。

② 集成能力：提升华为的软件集成能力，保障快速可靠的交付，降低集成复杂度。

③ 产业能力：与行业组织、运营商和合作伙伴快速进行解决方案的开发和创新，并进行相互认证和授权，推动 NFV 产业链的成熟。

该实验室在 2015 年 8 月与红帽完成基于 NFV 的 MBB 网络架构的相关测试，在 2015 年 11 月与风河完成基于多厂商环境的 NFV 网络架构集成测试。

华为的相关软件得到了广泛的关注和应用。沃达丰在意大利部署了基于虚拟 IMS 的 VoLTE，华为是主系统集成商；3UK 使用华为提供的 vDRA 和 CloudCore 用于 LTE 的漫游；中国移动开展了华为 CloudEdge 和 vMSE 的测试与试点工作。

2. 思科 NFV 研究情况

思科自 2013 年开始通过对 Intucell、JouleX 等一系列云服务公司的收购，快速构建了 NFV 平台和技术，并于 2014 年 2 月发布 ESP（Evolved Services Platform）。该平台作为 ONE 战略的一部分，符合 ETSI NFV MANO 和 3GPP 等相关规范。当前，该平台支持的 VNF 主要分为三类：

① 基于思科 Videoscape Cloud DVR 解决方案的多屏视频录制 VNFs；

② 基于思科 VPC 和 Virtual Gi-LAN 等产品的虚拟化移动互联网 VNFs；

③ 向云服务商提供 VPN 和安全服务 VNFs。

此外，思科积极开展 NFV 相关的 PoC 工作，其 PoC 工作主要集中在 IETF 组织。具体包括与 Orange、Intel 等开展网络服务保障组件的 PoC，关注利用虚拟化探针来监控服务 KPIs；以及和 NTT、阿朗等开展服务链的 PoC，关注 NFVI 中 WAN 连接的 SLA 管理。

目前，思科提供企业 NFV 基础设施软件，优化虚拟化层，用户可以自由灵活地选择思科企业 NFV 解决方案的部署和平台选项。通过从底层硬件实现网络服务的虚拟化和抽象化，NFVI 可实现对 VNF 的自主管理和动态调配，并支持多种网络服务，包括集成多业务虚拟路由器、虚拟广域网优化、虚拟 ASA、虚拟无线局域网控制器、下一代虚拟防火墙等。

3. 阿朗（已被收购）NFV 研究情况

阿朗早在 2013 年年初就推出了其 NFV 平台 CloudBand，该平台包含两个核心组件：CloudBand 管理系统和 CloudBand 节点。其中，CloudBand 管理系统为遵循 ETSI ISG 标准的 MANO 平台，支持第三方 VNF，并且与阿朗的 SDN 控制器 Nuage 集成；CloudBand 节点为开箱即用的云计算节点，包括计算、存储和网络等基础的硬件资源及相应的控制管理软件。阿朗自身并不具备服务器提供能力，主要是集成第三方厂商的服务器。

阿朗还推出过基于 CloudBand 平台的 vEPC 和 vIMS 相关产品以及 Motive 平台。Motive 平台作为新型的 OSS 产品，具备 SDN/NFV 场景下资源服务统一管理、基于大数据的网络分析等功能。

阿朗在推出 CloudBand 平台后积极构建其 NFV 生态系统，该生态系统已吸引了 Telefonia 和 NTT 两家运营商，惠普和 Redhat 等 15 家解决方案合作伙伴以及 MRV 和 RADCOM 等 38 家 VNF 供应商加入。

4. 诺基亚 NFV 研究情况

诺基亚在 2014 年推出了针对 VoLTE 的端到端 NFV 商用解决方案，该解决方案符合 ETSI NFV 架构标准，其中包含诺基亚的 VNF 相关产品和 MANO 平台。MANO 平台中的 VIM 产品为 NCIO（Nokia Cloud Infrastructure Openstack），VNFM 产品为 CAM（Cloud Application Manager），NFVO 产品为 CND（Cloud Network Director）。NCIO 平台主要集成了第三方的硬件和虚拟化软件，硬件主要采用惠普，虚拟化软件主要是 RedHat 的 OPS 系统；CAM 则可以对接 Openstack 和 VMware 两种 VIM 系统。

诺基亚为了增强对基础设施产品的集成和自主研发能力，在 2015 年 6 月推出了 AirFrame 数据中心解决方案。该解决方案采用了诺基亚的 AirFame 服务器，并在 2016 年引入 OpenCompute 的开源硬件组件，以提升硬件的密度，增强可服务性，并考虑后续支持 ARM 处理器以实现无线侧虚拟化方案的优化。基于该解决方案，诺基亚积极开展与虚拟化软件厂商的集成测试和对接工作，2015 年 7 月与 WindRiver 完成了方案的验证。此外，诺基亚提供业务链和 HSS

的虚拟化产品支持。

目前，诺基亚提供一系列 NFV 产品，包括 CloudBand，凭借开放式、模块化的 MANO 产品组合高效、可靠地启动 NFV；服务编排器，诺基亚收购了 Comptel；云本地核心网，云本地核心网络满足用户对大规模物联网和 5G 可编程的需求；云智慧服务，提供电信云解决方案；AirScale Cloud RAN，减少启动新功能和服务所需的时间和资源；共享数据层，优化电信云应用程序和架构；云数据包核心，管理数据和信令流量的爆炸式增长；虚拟化服务路由器，通过为电信云环境设计和优化虚拟 IP 边缘路由器，提高网络和业务性能；IP 多媒体子系统核心产品，提供融合的移动和固定服务。

5. 爱立信 NFV 研究情况

爱立信早在 2010 年就开始在电信领域探索所有产品虚拟化的可能性，积极研发 SDN/NFV 解决方案，并于 2015 年年初推出了 EPC 和多媒体子系统虚拟化方案，提供对其中部分网元虚拟化的支持，并进行持续优化，提供对多场景和业务的支持。

在基础设施方面，爱立信推出了自主研发的 HSD8000 服务器，该服务器基于 Intel 的 RSA（Rack Scale Architecture，硬件解耦架构）实现服务器内部不同资源的解耦，并通过全光纤背板实现不同硬件资源的高速互联。其当前只实现了存储的解耦，计划逐步实现对网卡和内存的解耦。

在 MANO 方面,爱立信一方面通过收购来增强自身产品,例如收购 Sentilla 公司，以增强其 VNFM 产品 ECM（Ericsson Cloud Manager）对底层基础设施的智能监控和分析能力；另一方面通过测试验证和适配层的开发来增强其产品的 IoT 能力，例如通过在 ECM 增加新的适配层以和底层 VIM 解耦，使得 ECM 支持爱立信的自主产品 ECEE(Ericsson Cloud Execution Environment）外，还支持开源社区的 Openstack 以及 VMware 的 VIM 产品。

爱立信被 AT&T 选择作为其核心网演进 Domain 2.0 项目的合作伙伴。截至 2017 年 11 月，爱立信已经在全球 70 多个国家（地区）与超过 100 个运营商签署 NFV 商用部署合同，迄今为止已有 25 个虚拟化网络正式商用，包括日本 NTT DoCOMO 异厂商解耦部署和软银等亚太运营商的 vEPC 部署。

在中国市场，爱立信与中国运营商在 NFV 方面也保持着深入合作。

6. 通信设备厂商研究小结

虽然 NFV 技术提出要实现上层软件和底层专用硬件的解耦，对传统的通信设备厂商来说是一个巨大挑战，因为这意味着其可能会失去硬件带来的利润，

同时由于软件解耦和开源的兴起其在软件市场也面临着威胁,但通信设备厂商仍然积极推动 NFV 的产品和部署。总体上看,传统通信设备商针对 NFV 所采取的主要策略和方式如下。

① 产品和方案以提供网络服务软件向基础设施迁移。华为、诺基亚和爱立信等厂商均推出了自己的硬件服务器平台和相应的电信云解决方案,在提供虚拟化网元和服务的同时,也在基础设施方面积极拓展,这和市场预期相符。Ovum 预测,在 NFV 部署前期,厂商提供的整体服务和解决方案占据 NFV 市场近 60% 的利润;而在中后期,NFV 独立的软件和 NFVI 将逐步占据 NFV 市场超过 60% 的利润。

② 注重软件开放性,并积极开展对接和集成测试。NFV 解耦是发展的大趋势,通信设备厂商为了提升自身 IoT 能力,纷纷积极与其他厂商的软、硬件进行集成和对接,但是每个厂商当前的开放程度并不一致。

③ 软件开发普遍采用 DevOps 模式。DevOps 作为一组过程、方法与系统的统称,用于促进开发、技术运用和质量保障部门之间的沟通、协作与整合。厂商普遍采购 DevOps 模式,以增强用户体验,提高创新能力,更快地交付软件和服务。

4.3.2　IT 及软件厂商研究情况

NFV 技术在软、硬件方面为 IT 厂商提供了新的市场和机遇,特别是在 NFV 基础设施方面,IT 软、硬件厂商纷纷推出了相关的产品和服务,其中较为积极和典型的有惠普公司和风河公司。

惠普具备 30 多年在电信行业服务的经验,当前,该公司在电信领域主要关注云、SDN/NFV 和大数据分析三个部分的业务。

在 2014 年的 MWC 上,惠普宣布将提供 SDN/NFV 相关产品和服务,推出 OpenNFV 计划,面向运营商、独立软件厂商(Independent Software Vendors,ISV)和 NEP(Network Equipment Providers)提供解决方案和服务。

惠普 NFV 产品的整体布局如图 4-1 所示,其中,惠普的 One View 提供对硬件的管理能力,Helion 基于开源 Openstack 开发提供电信级的云管理能力,NFV Manager 和 NFV Director 分别对应 ETSI NFV 架构中的 VNFM 和 NFVO。整体来说,惠普具备较为完整的 NFV 服务和解决方案。

惠普不断对其 NFV 产品进行优化:在 2015 年 8 月推出了 NFV Director 3.0,具备增强的管理和编排功能,并能进行一定的预测分析;在 2015 年 10 月推出了 Helion 2.0,该产品对管理和安全进行了优化,并与阿朗的 Nuage 网络虚拟化服务平台集成,提供 SDN 组网的能力。

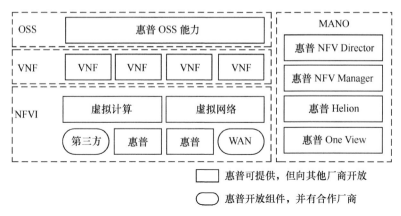

图 4-1　惠普 NFV 产品布局

在 2015 年的 MWC 上，Telefonia 和惠普宣布，惠普为其 UNICA 项目的系统集成商。但 2015 年年底，Telefonia 宣布和惠普终止集成商的合作协议，因为惠普拥有自己的 NFV 能力，在技术使用的开放性上和 Telefonia 所要求的内容有所出入。

目前，惠普提供的 NFV 方案介绍如下。

① HPE NFV 系统：经过预配置的集成式可扩展硬件和软件平台加快多 VIM 环境的 NFV 部署速度。

② HPE Helion OpenStack Carrier Grade：完全集成的开源 NFV 基础设施管理器，功能丰富，为用户提供可靠性与卓越性能。

③ SDM、调解、策略和计费：HPE 虚拟化网络功能经 OpenNFV 参考架构验证，并对涵盖分析、流程相关功能的 HPE OSS 解决方案产品组合加以补充，包括 vHSS、vUDR、veUIM、vDRA、vDSP、vCore（虚拟移动核心）、HPE 智能 Wi-Fi 互操作性等。

④ 适用于开放式网络的解决方案：HPE VNF 与 OpenNFV 合作伙伴虚拟化网络功能生态系统携手并进，致力于打造增值服务和网络功能适用的复杂解决方案，包括 vEPC、vIMS 等。

风河公司是 Intel 的全资子公司，具备较丰富的硬件集成能力，于 2014 年年初推出面向运营商的全集成和虚拟化软件平台 Titanium Cloud。该产品包括了 ETSI NFV 架构中的虚拟化中间件和 VIM 两个部分，充分发挥了风河的硬件集成能力，具备较强的性能和可靠性优势。在性能方面，其支持 DPDK、PCI-Passthrough 和 SR-IOV 等加速技术，并支持高级的软、硬件加速设备（例如 Intel 的通信芯片组 89xx 系列）和 vSwitch 的优化；在可靠性方面，其达到

了 5 个 9 的电信级可靠性标准。

风河后续推出了针对该产品的 Titanium Cloud 计划，积极开展与第三方厂商的集成、测试和认证工作，相关工作具体如下。

① 硬件方面，惠普在 2014 年 9 月加入该计划，并在 HP Proliant 服务器上进行了风河软件的认证。

② VNF 方面，当前主要支持的场景包括 vCPE、C-RAN 和 ePDG。在 vCPE 方面，风河与 NFV 合作伙伴 Brocade、Check Point 等共同开发了多功能的 vBCPE(Virtual Business CPE)，并基于此开发了自己的 vCPE 产品并在 2016 年的 MWC 上展示其 Titanium Server CPE 产品。在 C-RAN 方面，风河与中国移动开展合作，并在 2014 年 MWC 上展示了 C-RAN 解决方案，实现第一、二、三层功能的虚拟化。在 ePDG 方面，风河与 GENBAND 和惠普在虚拟化核心网网关 ePDG (Virtual Evolved Packet Data Gateway) 开展合作，并在 LTE/Wi-Fi 等相关场景进行验证。

③ 风河积极与华为、诺基亚等传统电信厂商开展集成和认证工作。

NFV 技术引起了 IT 软、硬件厂商的广泛关注。惠普等具备电信行业服务经验并具备较强软、硬件能力的厂商在 NFV 市场具备较强竞争力，积极扩展对 NFV 软件的支持，已经对传统电信厂商的 NFV 市场产生了威胁；风河等专注于某个领域的厂商或新兴厂商纷纷推出 NFV 定制化的解决方案，并通过与其他厂商的广泛合作，以及与大厂商的集成、测试和验证来增强自身 IoT 能力，积极拓展市场。

4.3.3 传统运营商研究情况

1. 国外运营商研究情况

（1）AT&T

2013 年 11 月，AT&T 对外发布了其 Domain 2.0 计划，该计划成为 NFV 行业发展的一个重要风向标。Domain 2.0 旨在通过 SDN/NFV 技术将网络基础设施从以硬件为中心向以软件为中心转变，实现基于云架构的开放网络，其整体架构如图 4-2 所示。

在此基础上，AT&T 公司又推出了基于 Domain 2.0 计划的用户定义网络云（ User-Defined Network Cloud ）愿景，目标是在 2020 年将 75%的网元纳入新的架构。2014 年，Domain 2.0 已经开始小范围的测试和验证工作，并推出按需网络等新型业务，引入了一批新的设备提供商。

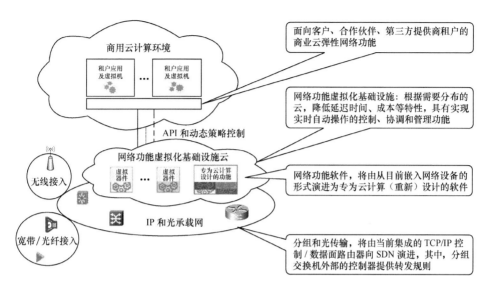

图 4-2 AT&T 的 Domain 2.0 架构

Domain 2.0 目标架构较为抽象，为了更好地推进和落地，AT&T 在 2015 年 6 月的开放网络峰会上展示了其 CORD（Central Office Re-architected as Data Center，CO 机房的数据中心重构）项目。该项目旨在利用云、SDN 和 NFV 等技术，整合 vCPE、vOLT、vBNG、缓存功能，将传统 Central Office（OLT-汇聚交换机-BNG）重构为 CORD，提供云化的接入、订阅、CDN 和 Internet 服务。

在 2016 年的开放网络峰会上，AT&T 推出了全面虚拟化平台 ECOMP（Enhanced Control, Orchestration, Management & Policy，增强的控制、编排、管理和策略）平台，并将之贡献到开源社区。该平台从运营和服务的角度，基于 AT&T 的集成云（AT&T Integrated Cloud，AIC）环境，利用 SDN 和 NFV 技术实现实时的网络云，改进运营商管控能力，提升网络价值。

ECOMP 的整体组件结构如图 4-3 所示，主要包含服务设计与创建（AT&T Service Design and Creation，ASDC）组件、主业务编排器（Master Service Orchestrator，MSO）、三种控制器（基础设施控制器、网络控制器和应用控制器）、可用激活目录（Active and Available Inventory，A&AI）、数据收集和分析（Data Collection, Analytics and Events， DCAE）平台及策略平台。

该平台允许第三方开发者和运营商对业务进行定义，MSO 负责高层次的业务编排，并可将编排好的业务进行分解后发送给三种控制器进行底层的编排，编排完毕后即可启动相应业务或服务，DCAE 负责对底层监控数据的收集，并及时上报信息。

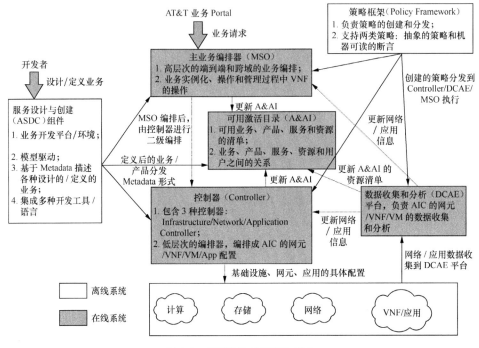

图 4-3 AT&T 的 ECOMP 平台

AT&T 在 2017 年下半年推出分布式网络操作系统（dNOS），表示将把路由器的操作系统软件与路由器的底层硬件分离；为基础操作系统、控制和管理平面以及数据平面内的架构提供标准接口和 API；标准接口/API 可以将控制平面与数据平面完全分离。AT&T 计划在未来几年内在其网络中安装超过 6 万台开源软件驱动的白盒设备，以支持其 5G 计划。

（2）Telefonia

Telefonia 作为全球范围内的 NFV 领导者之一，投入了大量精力研究 NFV 部署架构和策略，在 ETSI NFV ISG 的标准化过程中扮演着重要角色。Telefonia 意识到 NFV 的部署是一个不断演进而非一蹴而就的过程，使用 TCO 驱动的分析来推进其部署，而不是预先投入巨资来创建其他运营商所谓的"优越的生产环境"，以此降低研发风险，同时向较小的供应商和初创企业提供了进入市场的机会。

① 基础设施 UNICA。Telefonia 早在 2014 年 MWC 上就声明了其 NFV 计划，并在 2016～2017 年将 30% 的新业务部署在 UNICA 设施上，相关网元包括 EPC、HSS、CPE、BNG（Broadband Network Gateway）和 CGNAT（Carrier-Grade Network Address Translation）等。UNICA 架构旨在提供托

管网络组件的电信和 IT 虚拟化基础环境，具有开放、模块化、多供应商、多站点、标准、安全、灵活且可扩展的特性，是 Telefonia 部署 NFV 的基础。

在 2015 年的 MWC 上，Telefonia 和阿朗展示了基于端到端虚拟化的（包括 vRAN、vCDN、vEPC 和 vIMS）LTE 视频播放和视频通话服务。

2016 年 2 月，Telefonia 宣布与爱立信就 VIM 多方面开展合作，以保证 VIM 的开放性，避免厂商锁定，减少集成复杂度。

② 开源。VNF、OSS 和网络其他控制组件之间的接口尚未完全明晰，例如，NFVO 和 OSS 之间的接口、VNF 和第三方 MANO 的接口等，这都会给 NFV 具体部署带来负面影响。为了推动建立具有实用性的 MANO 软件，缩小现有差距并加快解决方案的可用性，Telefonia 在 2015 年 4 月发布其开源 MANO 软件 OpenMANO，该软件遵循 ETSI NFV ISG 标准，并成为 Telefonia 的 NFV Reference 实验室重要组成部分。

2016 年 2 月，为了更好地推动开源 MANO 的成熟，Telefonia 牵头的 ETSI OSM 项目正式成立，该开源项目挂靠在欧洲电信标准组织（ETSI）下面，是 ETSI NFV ISG 的平行单位，目前已经召集到英国电信、挪威电信、奥地利电信、墨西哥电信、Sprint、KT、SKT 等欧美和韩国运营商加入，并包括 Intel、Red Hat、Layer123 等开源领域活跃的单位。

ETSI OSM 是西班牙电信之前推动的 OpenMANO 项目的进一步扩展，并具备一定的项目基础。OSM 开源范围主要针对 NFV 架构引入的 MANO 网元，以期建立相对统一的、有效体现运营商主张的相关 NFV 架构和方案，具体包括：社区驱动的 NFVO 和 VNFM 方案、NFV 模板（VNFD 和 NSD）方案以及支持互操作和加速的 VIM 方案。

③ NFV Reference 实验室。Telefonia 建立了 NFV Reference 实验室，旨在构建完全的端到端 NFV 架构，用以对新技术进行实验，推动 NFV 技术的成熟。

NFV Reference 实验室通过直接使用开源软件（例如 OpenMANO）或与第三方合作的方式，来推动开源软件的使用。

Telefonia 已经完成了对超过 45 个 VNF（包括 vSBC、vPCRF、vEPC、vIMS 等）的测试认证，涉及 20 多家厂商。

2. 国内运营商研究情况

国内运营商积极探索新一代网络架构。中国移动和中国联通在 2015 年相继发布新一代网络架构，明确将 SDN 和 NFV 作为下一网络架构的核心和重点，并积极开展相关研究部署，寻求可商用场景；中国电信虽然还没有正式发布下

一代网络架构，但其未来的规划部署同样将 SDN 和 NFV 视为核心。

（1）网络架构方面

中国移动于 2015 年 7 月推出 NovoNet 新一代网络架构，并发布 NovoNet2020 愿景，旨在融合 IT 技术，构建一张"资源可全局调度、能力可全面开放、容量可弹性伸缩、架构可灵活调整"的新一代网络，以适应中国移动数字化服务战略布局的发展需要，为"互联网+"发展奠定网络基础。NovoNet 的目标架构如图 4-4 所示，其以 TIC（Telecom Integrated Cloud，电信集成云）为基础组件，通过核心、区域、接入的三层 TIC 节点结合 IP 高速网络组成统一的未来网络。

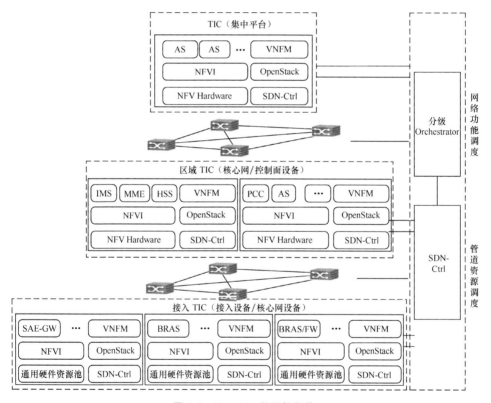

图 4-4　NovoNet 的目标架构

中国电信目前还没有正式发布其未来网络架构，但是通过其对未来网络的展望我们可以在一定程度上了解其未来的网络规划，如图 4-5 所示，未来架构是新三层架构：基础设施层、网络功能层、协同编排层。功能实现应该与中国移动相同，未来网络具备的能力有运营集约、资源统一、网络开放三大方面。

中国联通在 2015 年 9 月正式发布下一代网络架构 CUBE-Net 2.0，CUBE-Net 2.0 的核心技术是 SDN、NFV 和 Cloud，部署的载体是超宽网络和数据中心，此处不再赘述。

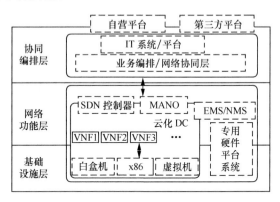

图 4-5　中国电信网络未来架构

（2）开源实践

中国移动在 NFV 的开源实践方面，走在了国内三家运营商的最前面。作为 OPNFV 的发起人之一，中国移动是 OPNFV 董事会成员之一，积极推动开源项目的集成和面向 NFV 的定制。2015 年年初，中国移动成立了 OPNFV 实验室，作为 OPNFV 开源项目的四大实验室之一，也是亚洲首个 OPNFV 实验室，并相继与华为、中兴等国内厂商签订了合作伙伴协议。

在 2016 年的 ONS 上，华为与 Linux 基金会、中国移动共同举办 OPEN-O 新闻发布会，携手中国电信、韩国电信、爱立信、英特尔、Red Hat、F5、DynaTrace、Infoblox、Riverbed 等 15 家产业领导者发起全球首个统一 SDN 和 NFV 开源协同器 OPEN-O 项目。2017 年 2 月，Open-O 和 AT&T 推动的 ECOMP 开源项目合并成了一个项目开放网络自动化平台(ONAP)，隶属 Linux 基金会。

（3）试点与测试

中国移动组建 NovoNet 试验网，开展"孕育式"试点，探索新型组网架构，摸索管理机制转变，构建多节点 NovoNet 试验环境，不断迭代验证技术方案和产品原型。中国移动已开展基于 vIMS 的核心网云化外场试点验证工作，初步验证了核心网云化快速上线、弹性伸缩、网络快速更新的能力，同时开展了 MANO、NFV 性能测试等内容，加强软、硬件以及软件模块间的标准性和兼容性验证，将认证作为核心引入测试体系，全面嵌入现有设备规范、测试试点流程中。

　　中国电信一方面依托 ETSI 进行相关 PoC 测试，与华为、惠普等完成了 vEPC 和基于 SDN 业务链的高可用性 PoC；另一方面成立集团云计算重点实验室，并开展了 vBRAS、vCPE 和 vMSE 等的试点和商用。

　　中国联通起步相对较晚，但技术起点高，2014 年年底专门成立 SDN/NFV 工作小组，全面开展相关研究工作，和中兴、惠普完成 ETSI NFV 基于 vEPC 和 vIMS 架构的 VoLTE 业务 PoC，制定了较为全面和详细的网络功能虚拟化规范，并积极开展 vIMS 和 vEPC 的测试验证和试商用工作。2017 年，中国联通完成了 NFV 三层解耦测试验证。

4.3.4　小结

　　NFV 技术引起了包括传统电信厂商、IT 及软件厂商和运营商的广泛关注，传统电信厂商、IT 及软件厂商和运营商各自从自身利益出发，在 NFV 体系中积极拓展。对于厂商而言，如何拓展市场和合作范围是第一要务，各大厂商通过整合和收购等手段形成了较为完整的产品和服务体系，但其产品往往开放性不够，被锁定的风险较大。

　　对于运营商来说，NFV 技术应用应该是一个解耦的软、硬件开放体系和更为丰富的产业链，这样才能在满足自身技术发展需求的同时达到效益的最大化。这一方面促进了 NFV 开源社区的发展，同时也给小厂商带来了契机。

┃4.4　NFV 对产业链影响评估┃

4.4.1　NFV 对通信设备商的影响

　　NFV 技术带来了传统设备软、硬件的解耦，传统通信设备商的技术和市场优势将被限制到上层软件中，同时，由于解耦后的开放性，上层软件具备较强的可替代性。可以说，传统通信设备商面临着市场深度和广度的双重威胁。

　　但威胁中也蕴藏着机遇，传统通信设备商积极拓展在基础设施方面的产品和服务，同时也通过增强服务产品和影响力来占领其他厂商的软件市场份额。

传统通信设备商虽然遵循了 NFV 技术的开放性，但是其开放程度可能因为商业利益受到限制。

4.4.2　NFV 对 IT 及软件厂商的影响

NFV 技术为 IT 及软件厂商带来了新的商机，从底层的基础硬件到上层的虚拟网元和管理软件。一方面，对于惠普等具备电信行业服务背景和较强软、硬件技术能力的 IT 厂商来说，NFV 为其创造了全面进军通信产业、开创新业务模式的可能；另一方面，对于风河、红帽等传统的 IT 软件厂商特别是虚拟化软件厂商，NFV 为其开发了产品应用的新领域和新市场。

但是，由于对传统运营商网络缺乏了解，真正有能力进行全网部署的 IT 厂商并不多，运营商仍将优先选择与大型供应商合作，而不是与各种规模较小的专业公司签约。

4.4.3　NFV 对网络运营商的影响

NFV 已经逐渐成为运营商网络转型的关键技术，虽然目前实际商业应用并不多，但随着越来越广泛的应用部署，NFV 发展已经成为不可逆的趋势。

NFV 技术的开放性为运营商掌握核心技术，实现业务运营的转型提供了契机。AT&T 的目标是成为一家软件企业，开发与管理并行，同时积极发展自身研发力量，推动开源发展，掌握核心技术。但是，由于各个运营商的技术水平和发展策略不同，在技术积累和管理变革上的步伐会有所差异，但是在增强技术实力和实现管理变革上有一定共识。

4.4.4　小结

随着网络虚拟化的推进和 NFV 技术的日渐成熟，传统的通信设备厂商和越来越多的 IT 及软件厂商，甚至包括运营商自身的研发力量，都加入到 NFV 技术发展中。这给 NFV 的产业生态链带来了丰富的元素和活力，通信设备厂商需要维系其在通信行业的市场和地位，IT 及软件厂商则积极拓展产业链市场，网络运营商则需要主导新的产业链的变革。NFV 技术的推广对三者来说机遇与挑战并存，它们的角色和地位将因为网络虚拟化的应用而被重新定义。

|本章参考文献|

[1] Sushant J, Alok K, Subhasree M, et al. B4: experience with a globally-deployed software defined wan[J]. ACM SIGCOMM Computer Communication Review, 2013, 43(4): 3-14.

[2] Airframe data center solution [EB/OL].

[3] Market Opportunity Analysis：NFV/SDN [EB/OL].

[4] DevOps[EB/OL]. https://en.wikipedia.org/wiki/DevOps.

[5] DevOps for Dummies - 3rd IBM Limited Edition[EB/OL].

[6] AT&T Domain 2.0 Vision White Paper [EB/OL].

[7] ECOMP Architecture White Paper [EB/OL].

第 5 章
电信运营商网络概况

本章介绍了电信运营商的网络概况，读者阅读本章，可以对后续各章介绍 SDN/NFV 技术在电信运营商各网络的应用情况有更深入的了解。电信运营商的网络包括数据网、接入网、传送网、IPRAN、核心网等。另外电信运营商还部署了大量的数据中心并将其连接在网络上。随着引入 SDN 和 NFV，安全问题也成为部署 SDN 和 NFV 必须要考虑的问题。

|5.1 电信运营商的网络|

电信运营商是指提供固定电话、移动电话和互联网接入的通信服务公司。电信运营商想要承载各种固定、移动和互联网通信业务，就必须有一张庞大的网络。一张全国范围的电信运营商的典型网络如图 5-1 所示。

在图 5-1 中，电信运营商的网络分为核心层、传送承载层、接入层三部分。接入层主要包括 PON 和铜线的有线接入网，以及包括 2G、3G、4G、WLAN 的无线接入网。传送承载层主要包括传送网和承载网两大类，其中传送网包括干线 OTN 和 WDM 网络，以及本地的 OTN。承载网主要是由路由器设备构成的网络，根据承载的业务不同，承载网一般分成两类：第一类是承载公众上网业务的承载网，省际层面的为 IP 骨干网，省内层面的为 IP 城域网；第二类是承载移动回传、大用户 VPN、固定移动电话业务的承载网，省际层面为省际综合承载网，省内层面为城域综合承载网或 MSTP、PTN 等。核心层主要包括 IDC、固定核心网的固网软交换和固网 TDM、移动核心网的电路域和分组域等，以及众多的业务平台、BSS/OSS 等系统。

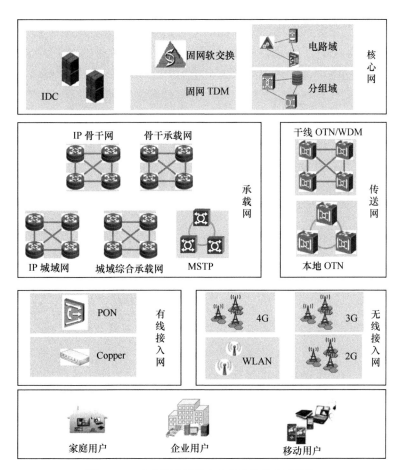

图 5-1　一个全国范围的电信运营商的典型网络

|5.2　数据网|

　　按照网络类型和承载业务分类，运营商的数据网一般由 IP 骨干网、IP 城域网和 IP 承载网组成。为满足用户业务增长需求，未来的数据网发展将朝着高速化、大容量化、智能化、双栈化、扁平化、SDN 化的趋势发展。IP 骨干网上的流量以往由分布式的路由协议进行逐跳算路，流量分布不均匀，大量流量集中到个别链路上，因此 IP 骨干网有流量优化的应用需求，包括骨干网流量优化、数据中心之间的流量优化，以及国际网络的流量优化等。云计算、物联网、

智能家庭等新型服务带来的网络架构的变化，导致城域边缘网络接入的终端和业务类型不断丰富化，并且存在强烈的差异性以及独立性，如何满足不同用户接入网络之间的差异性，对 IP 城域网的边缘汇聚层提出了新的要求。SDN 是骨干网流量优化和城域网边缘层差异化的重要解决方案。基于 SDN 技术在骨干网上提供专线能力的 SD-WAN 技术也对企业有强烈的吸引力。

|5.3 有线接入网|

有线接入网是指骨干网络到用户终端之间的所有设备，其长度一般为几百米到几千米，因而被形象地称为"最后一公里"。目前用于家庭/企业用户的 CPE 设备通常具备以太网的三层 IP 功能和远程管理等功能，通常被称为家庭网关/企业网关，即宽带用户网关。随着用户对带宽需求的迅速增长、网络向 IPv6 的演进，以及智能家居和云计算等新业务的开展，运营商定制的家庭网关的不足之处也逐渐显现出来，比如提供新业务能力较差、管理维护较复杂、设备成本呈增加趋势、网络演进较困难等。于是家庭网关虚拟化的技术思路产生了，即将家庭网关的部分三层功能、管理功能（TR069 等）、网络安全等功能集中到网络侧设备实现，将用户家里的 CPE 设备简化为以二层功能为主的桥接式设备，也就是虚拟家庭网关，它是一种 NFV 思路的解决方案。基于 vCPE 的为用户提供的安全连接、一键入云等服务也对企业有强烈的吸引力。

|5.4 传送网|

随着云计算和数据中心的广泛应用，各种不同类型的新业务、新应用不断出现，传送网将面临洪流的动态性和不可预知性。传统的光传送网络新增带宽基本采用滚动规划方式预测，并且基于固定速率的 OTN 接口、光层固定的频谱间隔以及逐层分离式管控，其过设计和静态连接等特性在这种状况下显得带宽分配和调度效率低下，需要建立一个灵活、开放的新架构，实现业务的自动部署和瞬时带宽调整，构建动态的基础传送网络。基于 SDN 的 IP 与光协同，包括分组传送网和光传送网的融合，是目前传送网 SDN 的演进方向。在光网络上快速提供宽带业务对时延要求敏感的政企用户有很强的吸引力。

|5.5　IPRAN|

近年来，随着路由器设备功能的日趋完善，IPRAN 技术得到了大力发展。IPRAN 是指 IP 化的无线接入网络（RAN），即在 3G 基站的 Iub 接口引入 IP 传输技术，实现上联接口的 IP 传输，从而取代 MSTP 技术的 RAN 解决方案。IPRAN 技术基于分组交换内核，具有 IP/MPLS 灵活路由能力和强大的 OAM 功能。随着承载技术的发展，IPRAN 也可兼顾承载 VoIP、二/三层大用户等业务。未来 IPRAN 技术的应用范围可以延伸到整个城域网中，在满足不同业务性能的前提下实现高效率、低成本的传送与承载。

经过近年来的发展，IPRAN 技术对移动回传的质量和传送效率有明显提升，但是也遇到了一些影响其继续发展的问题，包括网络运维复杂、网络智能化水平低、设备复杂、异厂商 IPRAN 设备互通困难、网络能力无法开放给用户等。通过在 IPRAN 网络中引入 SDN 技术，这些问题有望得到解决。通过超级控制器或者第三方网管，用 SDN 技术屏蔽异厂商的互通难题，实现本地专线的快速提供，为企业用户的专线业务提供更多的选择。

|5.6　核心网|

随着数据流量的增长，核心网网元的容量、数量也逐渐增加。在高数据量突发、永远在线、终端和网络交互频繁等情况下，对于移动网络来说，除空口资源受限外，控制面信令处理、用户面数据转发等都可能对网络的处理能力带来挑战。因此，核心网需要有足够的容量来应对。面对日益突出的能耗、管理问题，需要网络能够根据业务量的动态变化来相应地调整网络资源的使用，优化网络的运行和管理，避免低效运行。不同时段或者不同区域对网络资源的占用是动态变化的，如果始终按照流量峰值时的需求配置网络资源，势必在流量谷值时造成网络设备空闲，导致资源浪费。因此，从节省能耗以及便于网络管理的角度来讲，根据网络的具体使用情况动态地增加或减少网络资源的使用具有重要的意义。

NFV 技术所带来的功能软件化和管理智能化将极大地提升核心网部署的

灵活性，在虚拟化环境中，网元演进为软件，可在虚拟资源上直接加载、扩容、缩容和灵活调度，从而使网络新功能的推出时间大幅缩短。

| 5.7　数据中心 |

目前，国内主要运营商在全国已建有数百个数据中心，年收入达上百亿元。但这些数据中心大多从数据机房演变而来，主要提供机架出租和主机托管等附加值较低的业务。与业界领先者相比，运营商 IDC 存在以下问题：组网技术落后，扩展性受限；运营模式粗放，业务开通速度慢；高端资源不足，低端资源无法整合；IDC 资源利用率不均，分布不合理；缺乏多数据中心协作机制，难以发挥固网资源优势。此时，SDN 和 NFV 技术的适时出现，为利用现有网络设备，整合数据中心网络资源，实现云化升级，提供了一条解决思路。

SDN 对 IDC 的影响主要表现在流量调度方面。目前的云数据中心网络仅被用来配合计算，存储资源虚拟化，使网络不成为影响使用的瓶颈。SDN 的引入第一次真正实现了网络资源虚拟化，从而为资源的有效整合、系统的全自动化管理、物理网络向逻辑虚拟网络的转变奠定了基础。基于 SDN 技术实现数据中心之间连接的 IDC 业务的快速提供，对企业用户也有吸引力。

| 5.8　安全 |

由于 SDN 具有高度的可控性，因此其对于网络的安全防护比传统网络具有更多的优势。例如，SDN 可以使网络流量和安全服务密切配合，而不是将安全设备部署在网络路径的某个位置。而且，SDN 可以聚合网络流量用于进行全局和局部分析，更好地发现和处理攻击行为、网络隐患，或进行流量控制等。但与此同时，SDN 也引入了一些全新的网络安全风险，使一些未知的攻击手段成为可能。本书介绍了 SDN 可提供的安全服务能力，以及引入 SDN 带来的新的网络安全威胁，在此基础上提出了 SDN 安全防护策略，并指出了 SDN 安全未来研究的方向。

｜本章参考文献｜

[1]　赵慧玲，冯明，史凡. SDN——未来网络演进的重要趋势[J]. 电信科学，2012，28(11)：1-5.

[2]　史凡，解云鹏，胡晓娟，王波. SDN/NFV 技术对电信网络架构的价值和引入要点分析[J]. 电信网技术，2015(4)：1-4.

[3]　程海瑞，张沛. 家庭网关虚拟化研究与应用[J].电信网技术，2015(9).

[4]　张杰，赵永利. 软件定义光网络技术与应用[J]. 中兴通讯技术，2013，19(3)：17-20.

[5]　张国颖，徐云斌，王郁. 软件定义光传送网的发展现状、挑战及演进趋势[J]. 电信网技术，2014(06)：33-36.

[6]　王茜，赵慧玲，解云鹏，等. SDN 在通信网络中的应用方案探讨[J]. 电信网技术，2013，32(3)：23-28.

[7]　庞冉，黄永亮. SDN 技术在综合承载传送网中的应用分析[J]. 邮电设计技术，2013(11).

[8]　薛淼，符刚，朱斌，李勇辉. 基于 SDN/NFV 的核心网演进关键技术研究[J]. 邮电设计技术，2014(3)：16-22.

[9]　杨波，王蛟. 新一代数据中心的论述[J]. 中国电业:技术版，2012(11).

[10] 陈言虎. 云计算数据中心与传统数据中心的区别[J]. 智能建筑，2013(4).

[11] 戴斌，王航远，徐冠，杨军. SDN 安全探讨：机遇与威胁并存[J]. 计算机应用研究，2014,31(8)：54-62.

第 6 章

数据网

本章介绍了 SDN/NFV 在数据网的发展情况,主要介绍数据网的概况和发展趋势,引出了数据网存在的问题,提出了 SDN/NFV 在 IP 骨干网和城域网的解决方案,并建设了基于 SDN/NFV 的数据网目标架构。

|6.1 数据网概况及发展趋势|

6.1.1 数据网简介

按照网络类型和承载业务分类，运营商的数据网一般由 IP 骨干网、IP 城域网和 IP 承载网组成。

1. IP 骨干网

运营商的 IP 骨干网主要作为业务的承载网络，即不直接提供业务。应用业务一般由连接在骨干网或城域网的数据中心（IDC）的服务器提供。IP 骨干网中承载的业务类型有以下三种。

① 固定宽带业务，包括家庭宽带、WLAN 以及专线业务。

② 移动互联网业务，包括 2G、3G 以及 4G 数据业务。

③ 数据中心（IDC）业务。IDC 服务器为用户提供多种内容源，包括电子商务、社交网络、网络游戏等。

国内的 IP 骨干网通常为双平面组网结构，主要分为国内和国际两部分网络。

骨干网国内部分主要由核心层、汇聚层组成，国内网络连接我国大陆各省、自治区及直辖市。核心层主要完成跨省流量转发；汇聚层与 IP 城域网连接，负责提供城域网及业务接入层网络流量的汇聚和转发，包括城域网流量的汇聚转发以及与国内其他运营商的互联互通流量的汇聚转发。核心层由核心路由器组成；汇聚层由与城域网互联的接入路由器以及与国内其他运营商互联的互联路由器组成。

骨干网国际部分主要由国际出口层、国际交换层和海外接入层组成，实现运营商国际业务的有效延伸。国际出口层负责疏导出入国内的国际流量；国际交换层提供国际业务接入和网络互联，并完成相应国际流量的转发；海外接入层的主要功能是提供与国际运营商的互联和海外业务接入。

2. IP 城域网

IP 城域网是业务接入控制点及控制点以上的网络架构，包括核心层、汇聚层和接入控制层三层架构。

核心/汇聚层由城域网核心路由器和城域网汇聚路由器组成，主要负责对业务接入控制点设备进行汇接，实现城域网内流量汇聚，并提供城域网到骨干网的流量转发；提供 Internet 出口，与国外主要 IP 网络进行网络互联以及与本地 IDC、CDN 中心节点互联等。

接入控制层由宽带接入服务器（BRAS）与业务路由器（SR）两种业务接入控制点组成，提供各类小区、商业用户、IP-VPN、Wireless LAN 等多种接入方式。其中，宽带接入服务器主要实现宽带拨号和专线接入互联网网关、组播网关功能，也可以实现 MPLS-PE 功能；业务路由器主要实现大用户专线接入互联网网关、MPLS-PE 和组播网关功能。

3. IP 承载网

IP 承载网是运营商的第二张 IP 骨干网，主要承载运营商的 2G 软交换（端局和长途）、3G（电路域和分组域）、LTE（分组域）、移动增值、IMS 等电信级业务和核心业务系统，以及大用户专线、大用户 VPN 等大用户业务。

IP 承载网必须具备承载高 QoS 业务所需的性能、各种特性及业务能力（如 MPLS VPN、QoS、安全特性和高可靠性等），同时应具备强大的业务演进及扩展能力，新特性、新业务（如 IPv6、IMS、内部网管等）优先通过软件升级的方式提供，最大限度地保护现网投资，满足可持续发展的要求。

6.1.2　数据网的发展趋势

近年来，随着移动、固定用户数的增长和用户流量的飞速增长，IPTV 等

新业务的出现，IPv6 的引入，数据网数据量持续高速增长，也对数据网的发展提出了新的要求，如更高的速率、更大的容量、更低的成本、更智能的管理、对 IPv4/IPv6 双协议栈的支持等。为满足用户业务增长需求，未来的数据网发展将朝着高速化、大容量化、智能化、双栈化、扁平化、SDN 化趋势发展。高速化实现更高的传输速率；大容量化实现更高的系统容量；智能化实现智能化的网络部署和优化，有利于降低网络部署和运维的难度及成本；双栈化通过设备支持 IPv4/IPv6 双栈，缓解 IPv4 公网地址短缺的问题，向下一代互联网过渡；扁平化通过设备的大容量和高速化，减少网络层级，有利于业务的快速传输，减少运维难度和部署成本；SDN 化通过软件集中控制和分布式转发，有助于数据网设备进一步降低成本，提供业务的快速集中部署。

| 6.2　数据网存在的问题 |

6.2.1　数据网扩容频繁的问题

近年来，随着 OTT（Over The Top，通过互联网向用户提供各种业务）、视频等业务的出现，数据网从传统的承载语音流量向承载互联网流量转变。在有线接入网中，随着无源光网络等技术的发展，用户的接入速率从 56kbit/s、512kbit/s 逐步向 4Mbit/s、8Mbit/s、20Mbit/s 和 100Mbit/s 转变。随着无线接入网的 3G、LTE、4G、5G 等技术的发展，无线用户的接入速率也得到极大提升。随着视频点播等业务的兴起，用户对高清视频的需求越来越强烈，P2P（Peer to Peer，对等网络）下载、视频等流量增长迅速。

随着用户接入带宽的增大和视频业务的兴起，用户流量的增长速度非常快，运营商不得不对网络频繁扩容。目前运营商的 IP 骨干网每年的流量增长超过 50%，因此 IP 承载网、IP 城域网也必须每年扩容。数据网的频繁扩容引起了大量的设备投资、网络建设、运营维护等诸多问题。对于运营商来说，数据网的扩容已经从阶段性工作变成了常规性工作，增大了运营商的 CAPEX 和 OPEX 成本。

6.2.2　城域网的边缘层

目前大数据服务已经出现了云趋势，越来越多的 IT 巨头以云方式提供服务，各大运营商也开始基于云计算技术组建自己的超级数据中心，面向企业/公众用户提供资源出租/数据服务。在云服务的背景下，数据出现了集中化的趋势，使网络格局以及网络流量的分布也发生了很大的变化。

随着数据日益集中到少数的超级数据中心，网络的数据模型从原有的泊松分布模型迁移到无尺度网络模型。整个网络的架构同时也向着用户与数据、边缘与核心分离的趋势发展，其中边缘接入网络出现了用户中心和数据中心的双中心格局网络。核心承载网络负责不同的数据中心网络以及用户中心网络之间的数据交互。用户中心侧是传统的负责用户接入的驻地网，主要根据用户的地理位置进行承建，负责将用户接入运营商网络。数据中心侧是运营商或者业务提供商承建的超级数据中心网络，主要依据能源地理位置进行承建，负责数据的存储、计算以及处理。

边缘汇聚层是很关键的一个控制层次，比如传统城域网中的边缘汇聚设备（如 BRAS、SR、GGSN 等），负责将用户和数据服务统一接入到核心承载网，具有用户/业务控制、业务提供、业务监测及业务策略执行等重要功能。边缘汇聚层是连接核心承载网络与边缘接入网络的第一道门户，对于电信运营企业而言，是实现用户和业务的永续连接纽带，实现多网协同的融合控制节点，实现核心穿越流量本地疏导的缓存，实现边缘网络控制功能聚合的平台。云服务带来的网络架构的变化对 IP 承载网的边缘汇聚层提出了新的要求，需要其进一步具备可靠、智能、开放、简单和绿色等特点。

|6.3　IP 骨干网解决方案|

6.3.1　SDN/NFV 在骨干网上的应用需求

SDN/NFV 在 IP 骨干网上的应用需求，包括骨干网流量优化、数据中心之间的流量优化以及国际网络的流量优化，如图 6-1 所示。

1. 骨干网的流量优化需求

电信运营商的 IP 骨干网承载着各城域网之间的流量，其存在的问题说明如下。

（1）城域网自建流量承载不均匀

各城域网之间的 IDC 布放位置、IDC 应用的不同，各城域网用户的数量和

应用需求不同，导致其在骨干网流量呈现无序、不均匀的特性，主要表现为部分省之间的流量非常大，而部分省之间的流量很小。

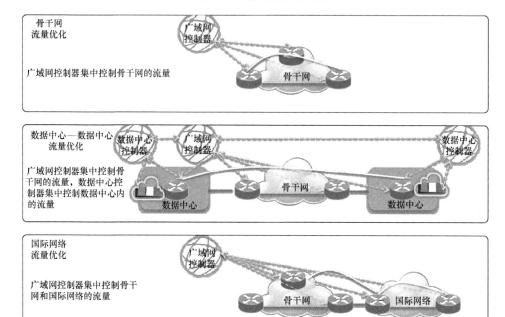

图 6-1　SDN/NFV 在 IP 骨干网的应用需求

（2）同一方向的多条路径之间流量不均衡

如果省和省之间存在多条 IP 路径，则由于 IP 路由的最短路径算法，往往其中某一条或某几条跳数较小的路径承载的流量非常大，链路接近拥塞，而其他几条跳数较大的路径流量很小。

（3）链路拥塞导致时延长和丢包

互联网用户的流量使用量呈现潮汐现象，每天 20:00 ~ 22:00 是流量使用的高峰期，而每天的 0:00 ~ 7:00 是流量使用的低谷期。运营商进行网络扩容时需要考虑在流量使用高峰期也不会发生拥塞，因此出现了流量峰值利用率的概念，即某条链路上流速的峰值和链路带宽的比值。但随着高清视频等应用的普及，用户流量增长非常快，运营商骨干网的扩容链路往往会在几个月内达到较高的峰值利用率，容易出现拥塞。拥塞是指链路流量接近或超过路由器处理极限，路由器缓存不足无法存储所有的流量包，从而出现业务的时延长和丢包的现象。

2. 数据中心之间的流量优化需求

近年来，随着互联网的高速发展，越来越多的应用及数据被集中到云数据中心处理。思科在其全球云计算产业分析与预测报告中指出，全球云计算服务流量平均每年复合增长 30%。全球近 2/3 的总工作负荷将在云端处理，数据中心将成为大部分互联网流量的源头或终点。而在数据中心产生的所有流量中，内部流量占数据中心总流量的 76%，主要是存储和虚拟机之间的数据交换等活动。外部流量占数据中心总流量的 24%，主要是数据中心之间的数据交换，以及用户到数据中心之间的数据交换。未来的互联网流量将以云计算数据中心为核心，未来的互联网将是以云计算数据中心为核心的网络。

由于用户分散在网络的各个节点，因此用户到数据中心之间的数据交换流量分布比较均匀。而数据中心到数据中心之间的数据交换主要用于多数据中心之间的同步、协同计算、灾备等，可以抽象为两点之间的直连模型。目前数据中心之间的互联有两种方案：通过光纤直连的方案和通过骨干网连接的方案。通过光纤直连的方案主要适用于大的互联网厂商的数据中心（比如谷歌、百度、腾讯、阿里巴巴等）。对于中小企业用户来说，与租用光纤相比，采用承载网实现数据中心互联的方案更经济。

由于点和点之间是直连模型，如果数据中心之间的流量采用承载网承载，在两个数据中心之间会产生很大的流量，对承载网的部分链路压力过大，容易出现时延长、丢包等现象，因此通过骨干网承载的数据中心流量，需要采用其他方式将其疏散到不同的路径上，防止出现局部链路流量过大的现象。

3. 国际网络流量优化

运营商骨干网与国际网络相连，往往有多个出口，每个出口的带宽、单位带宽的价格、时延、丢包率等都有所不同。如果不对国际网络出口的流量进行分析和优化，仅仅利用 IGP（Interior Gateway Protocol，内部网关协议）的最短路径优先算法，价值比较低的流量（如个人用户的家庭宽带互联网流量）有可能会使用价格高、性能好的出口，而价值比较高的流量使用了价格低或时延丢包性能比较差的出口，对运营商的服务质量会带来较大的影响，从而间接影响运营商的收益。广域网控制器集中控制骨干网的流量和国际网络的流量，对国际网络出口的流量进行分析和优化，使价值比较高的流量优先使用价格高、性能好的出口，从而为高价值流量提供高优先级的保障。

6.3.2　基于 SDN/NFV 的骨干网域内流量优化方案

在骨干网场景下，运营商面对的问题有：传统的最短路径计算方案导致链路资源利用率低，特别是骨干网部分链路利用率低于 30%；骨干网业务众多，

需要针对高优先级的业务进行高等级保证，同时优化和调度自己的流量和业务。

SDN Controller 集中控制骨干网各路由器。SDN 骨干网流量优化方案如下。

① 骨干网的流量路径计算由 SDN Controller 集中计算，其计算后将路径计算结果下发到各路由器上，形成转发表。

② SDN Controller 主要进行集中式路径计算，其与各节点之间运行的协议为 PCE Protocol（PCEP）。

③ 运行集中式路由控制和链路利用率检测。

④ TE Group 和 PCE 路径集中调度，尽可能地提高骨干网的链路利用率，并对高优先级的业务进行高等级保证。

SDN 控制器实现域内流量优化方案如图 6-2 所示。

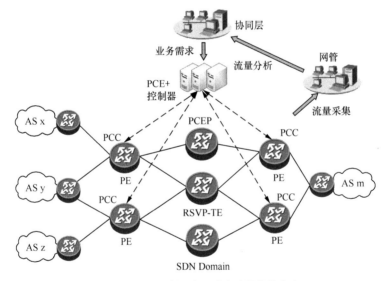

图 6-2　SDN 控制器实现域内流量优化方案

我们在域内 PE 路由器之间部署 PCC 单元，通过 PCEP 将流量情况集中到 PCE+控制器中。网管进行流量采集，协同层通过流量分析，将业务需求下发到 PCE+控制器。PCE+控制器通过 PCE 的集中计算，对业务的流量进行最优计算，并通过控制器对流量进行优化调整。

采用 PCE+控制器进行优化调整，可以将手动操作升级为自动计算，缩短业务部署时间，并且就 PCE 标准协议和现网设备平滑兼容，可以快速高效地实现域内流量的优化。

6.3.3　基于 SDN/NFV 的国际网络流量优化方案

基于 SDN/NFV 的国际网络流量优化方案如图 6-3 所示。对于运营商来说，对外的国际出口有若干个，每个出口的带宽利用率不同，比如 ISP1、ISP2、ISP3 的出口利用率可能不同，分别为 30%、50%、70%，出现对外出口链路流量不均衡的现象，运营商希望将其链路带宽利用率调制均衡。还有一种现象，连接各国际 ISP 的出口链路的单位带宽成本不同，比如民营 ISP X、ISP Y 和 ISP Z 的单位带宽成本分别为 100 美元、80 美元、50 美元，出于成本考虑，运营商希望成本较低的 ISP Z 的链路尽量多承载流量，其他两跳高成本流量的链路尽量少承载流量，优化运营成本。

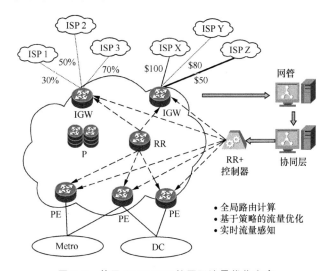

图 6-3　基于 SDN/NFV 的国际流量优化方案

基于 SDN/NFV 的优化方案使控制器实现对各 PE（业务路由器）和 IGW（国际出口网关）的控制，通过全局路由的计算实现基于策略的流量优化，比如基于链路利用率的负载均衡或基于链路价格的负载均衡等；通过修改 BGP 的 RR 路由器反射的路由条目，实现对出口流量的优化调整。

RR+是基于 BGP 的解决方案，入方向修改 BGP 的 AS-PATH 和 Community 属性，出方向修改 BGP 的 FlowSpec 参数。调整前网元设备需要预配置。

6.3.4　基于 SDN 的骨干网流量疏导方案

基于 SDN 的骨干网流量疏导方案如图 6-4 所示。

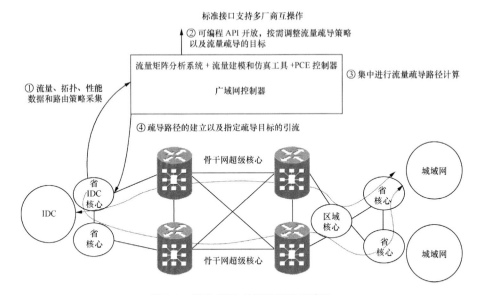

图 6-4　基于 SDN 的骨干网流量疏导

在此方案中，广域网控制器负责整个骨干网的流量疏导，它集成了"流量矩阵分析系统＋流量建模和仿真工具＋PCE 控制器"的功能，可以对全网流量进行集中分析，并通过 PCE 控制器实现集中算路。

广域网控制器的北向接口为 RESTful 等标准接口，支持多厂商互操作。

在骨干网的流量疏导中，广域网控制器首先进行流量、拓扑、性能数据和路由策略采集，然后广域网控制器从北向接口获得按需调整流量疏导策略以及流量疏导的目标。按照流量疏导策略，广域网控制器集中进行流量疏导路径计算，计算出业务疏导的最优路由。最后广域网控制器将此流量疏导的路由下发给各节点，实现流量的最终疏导。

|6.4　城域网架构的演进|

6.4.1　城域网架构及业务承载现状

城域网架构及业务承载现状如图 6-5 所示，现有城域网一般采用三层扁平化架构，现介绍如下。

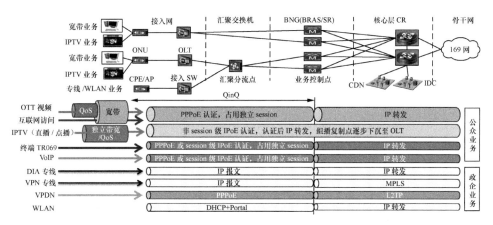

图 6-5　城域网架构及业务承载现状

① 大二层汇聚层：主要负责对接入网各节点的各类业务进行汇聚收敛和分流转发，设备采用大二层汇聚交换机，设备规模大，分布节点广，端口造价低，作为对业务控制层设备的扩展，具备一定的成本优势，而业务分流流向由运维人员手动固定配置，调度灵活性不足。

② 业务控制层：主要负责对各类接入承载业务的控制、管理、QoS 部署等，可扩大核心层的业务覆盖范围至汇聚区节点，其业务控制能力固化于 BNG 设备本身，对新业务和快速变化的适应能力不足，且业务区域发展不均、烟囱式组网架构，导致 BNG 承载业务量及使用不均衡，后入网设备相对轻载，业务迁移运维成本高。

③ 核心层：主要负责实现与骨干网及本地 IDC 的对接互联，提供 IP 城域网的高速 IP 数据出口，其设备逐步向采用 400Gbit/s/1Tbit/s 等高平台能力路由器设备过渡，存在城域出口流量流向可优化问题。

现有城域网业务承载种类多样，其中宽带及 IPTV 等大流量公众业务持续高速增长，对网络及设备能力建设均产生较大压力。随着政企用户 ICT 需求迅速增长，以及云计算、物联网等新业务的层出不穷，如何快速灵活满足业务新特性部署要求，在充分利用基础设施并有效降低 TCO 的前提下，实现向云+管+端一体化随选网络演进成为城域网络的发展目标。

6.4.2　城域网各类业务发展需求

按照对外服务的用户分类，城域网中承载的业务包括公众业务和政企业务两类。城域网各类业务需求分析见表 6-1。

表 6-1　城域网各类业务需求分析

分类	名称	关键特性	发展模式创新	对网络需求	应对策略
公众业务	家庭宽带	•大带宽升速 •流量高增长 •长时并发在线 •地址消耗大 •潮汐效应明显	•前/后向能力开放 •智能胖终端 •公有云服务 •宽带大数据 •家庭物联网	•PPPoE 接入 •Session 控制 •NAT44 部署 •对接开放平台 •低冗余保护	•存量 BNG 资源均衡 •地址池上收共享 •vBNG 处理大 Session •虚实 BRAS 结合 •控制面业务灵活调度
	IPTV（含4K及手机视频）	•独立通道保障 •视频流量激增 •低时延丢包抖动 •贴近内容端	•AR、VR •多屏互动 •固移融合 •内容大数据推送	•端到端 QoS •质量监控 •全局调度 •就近分流 CDN	•控制面集中上收 •视频流量卸载 •网络扁平化 •网内质量数据收集反馈
政企业务	DIA 专线	•差异化 SLA •带宽颗粒度调速 •快速抢占市场 •配置流程简化 •质量保障	•用户自服务 •业务快速开通 •瘦终端+vCPE •提供私有云、混合云等增值业务链	•对接开放平台 •网络随选 •自动化配置 •快速分流入云 •业务感知能力	•控制面业务灵活调度 •设备配置自动下发 •以Overlay方式承载为主 •网内质量数据收集反馈 •以增值业务随选网络
	VPN 专线	•差异化 SLA •带宽颗粒度调速 •跨地域多点接入 •配置流程简化	•用户自服务 •业务快速开通 •瘦终端+vCPE •多点网络随选	•对接开放平台 •跨网联动 •自动化配置 •多点快速建联	•控制面业务灵活调度 •设备配置自动下发 •加大接入网络覆盖面 •跨多网控制面联动

（1）公众业务

公众业务主要包括家庭宽带、IPTV（含4K及手机视频）等。

近年来，随着国家"宽带提速""三网融合"等政策的提出，业务流量呈现明显激增态势，而由于传统城域网络整体采用按业务区域的烟囱式组网，区域发展长期存在不均现象，直接造成网络资源的浪费以及网络建设成本的增加。

为应对业务发展及网络架构演进需求，以业务控制面上收、控制流量流向按需疏导为主，逐步优化，采用灵活敏捷的控制手段对业务压力大的区域网络进行梳堵，提高网络整体运行效率和资源利用率，降低建设成本。大视频类业务则应结合 CDN 及内容源的下沉部署，使其更靠近用户边缘，提高视频业务质量和用户体验。

（2）政企业务

政企业务主要包括 DIA、VPN 等专线业务。

政企用户对 ICT 需求不断增加，对业务开通及网络配置的敏捷性要求逐步严苛，运维成本也呈上升趋势，对维护人员的全面能力需求大大增加。

如何在存量网络以及未来新网络中对外提供能力的快速封装上，实现网络配置自动化，为用户提供随选网络，也成为网络架构演进重点关注的内容。

城域网业务逐步出现的多样性业务需求，必将推动运营商在网络中逐步引入 SDN/NFV 技术，规划匹配的网络架构演进策略，实现对传统网络与新网络的虚实结合和共管，由点及面推动网络能力开放可控及业务创新落地。

6.4.3 城域网架构演进驱动力

运营商城域网目前存在的主要问题介绍如下。

（1）网络资源利用不均，建设成本高

城域网采用传统的组网模式，各区域业务量分布不均，而统一区域内由于设备入网先后顺序不同且相互独立，所承载业务量多少及类型不同，造成各类设备使用不均衡，性能和功能无法得到充分发挥，进而造成设备资源浪费，建网成本居高不下。

因此，网络中的业务流量流向疏导需求越发明显。某城域网单 BRAS 承载业务量差异统计如图 6-6 所示。

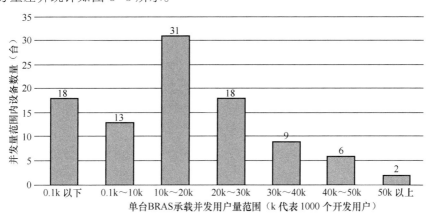

图 6-6 某城域网单 BRAS 承载业务量差异统计

（2）业务开通周期长，网络部署迟缓

传统 BRAS 等城域网设备是软硬件一体化的专用设备，控制与转发紧耦合且功能封闭，新老业务融合难度大，与业务系统对接复杂，这种设备特性在一定程度上束缚了城域网络和业务的发展。

设备厂商软硬件紧耦合，对于新业务的适配通常较困难，同时设备能力开放无法达到预期效果，缺乏面向业务的北向接口，将影响运营商业务创新，延长新业务部署上线周期。

由于设备无法感知应用层的需求变化，导致业务控制层设备对业务的实现极不灵活，业务实现少则需要全网的配置修改以及网络部署的调整，多则需要

网络设备的版本升级甚至更换硬件,因此一个新业务的部署通常以月计算周期,缺乏对市场需求和新业务的快速响应能力。

(3)运维成本高,智能和自动化能力不足

现有城域网设备类型众多,均采用运维人员登录设备后手动进行命令行的配置方式,人工进行业务的端到端部署流程拆解,在各个独立设备上进行操作维护,部署大量而复杂的业务策略,完成业务的开通和调整,整体缺乏统一的管理控制,管理运维复杂,效率较低。

运维人员和力量薄弱的地区面对日新月异的业务和用户需求变化,原有的运维模式已无法满足,需要借助 SDN/NFV 等新技术,实现对复杂网络环境的智能及自动化配置。将城域网络设备控制面集中上收,将大大节省一线运维人力成本,以及业务开通等待的时间成本,为抢占市场先机奠定良性基础。

(4)业务感知和网络分析能力有待加强

随着用户对自身业务体验的关注度逐步提升,以及网络建设、运维等运营商内部对于网络性能、质量、容量、稳定性及业务端到端关键指标的高度重视,现有网络数据收集和分析能力已不能满足需求。

在大数据运营背景下,网络和业务质量感知反馈渠道欠缺,缺少闭环控制。运营商需要在突破现有网管+探针的采集模式基础上,推动实现对不同维度、不同类别业务及跨专业网络指标的收集,并进行有效的综合分析,为更深入的网络控制和业务感知优化提供数据基础。

(5)网络能力开放不足,阻碍互联网化运营

面对运营商互联网化运营新趋势,现有城域网能力长期处于封闭状态,缺乏抽象能力和面向各业务的统一封装,未对互联网合作方以及最终用户开放,限制了对运营模式和业务模式的创新。

因此,运营商应考虑在网络集中控制面,在网络能力原子化、抽象化的基础上,将北向接口开放化,按需提供给运营商内部、互联网合作方、终端用户等三方进行相应调用,使网络能力得到开放。

综上所述,运营互联网化、网络控制智能化、运维配置自动化、数据收集全程化、通信能力开放化、基础设施云化,将共同驱动城域网络向 SDN/NFV 方向重构和演进。

6.4.4　城域网架构演进的目标方案

结合业务对城域网络架构演进的需求,以及目前已知 SDN/NFV 技术架构涉及的关键技术研究进展,城域网架构演进目标如图 6-7 所示。

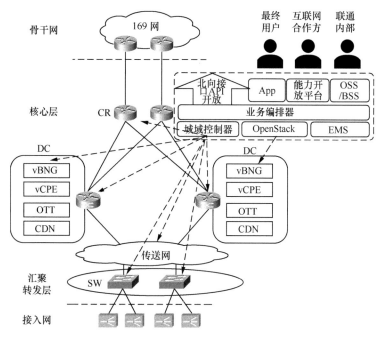

图 6-7　城域网架构演进目标

（1）以 DC 为中心，云网融合构建目标网络

城域网络的重构和演进应围绕三级 DC 架构来进行，以单个地市为单位，部署本地 DC。初期以通信云、公有云、私有云进行构建，最终目标将融合为 ICT 云，承载城域内全部业务。

（2）以 BNG 为突破口，推动转控分离和扁平化

坚持 vBNG 转控分离架构，实现控制面和转发面的分离，控制面集中上收，实现全业务快速下发和流量动态调度，转发面按需求逐步下移，并进行通用化。vBNG 系统按照软硬件解耦复用原则进行改造。同时，通过构建交换机转发资源池，与 vBNG 及 DC 协同，实现对业务流量流向的灵活按需控制。

（3）以业务编排为抓手，实现运维配置自动化

对网络能力进行原子化分解，完成以业务为单位的能力抽象，由点及面实现随选网络和业务串联。对于南向接口，采用控制器、NFVO、EMS 综合网管等多种方式结合，实现对本地跨专业网络、多厂商设备的控制，以及跨网配置联动。对于北向接口，则以 API 化为目标，实现用户自服务，以及网络能力向第三方开放，支撑互联网化运营。

（4）以业务感知为导向，完善网络闭环控制

采用主动探针与被动监控系统结合的方式，对业务网络进行端到端数据采

集和质量监控，同时健全网络大数据分析能力，实现智能化和自动化的运维体系，对整体网络进行有效的闭环控制。

|6.5 总结和期望|

6.5.1 基于 SDN/NFV 的数据网目标架构

1. 骨干网

基于 SDN/NFV 的骨干网目标架构如图 6-8 所示。

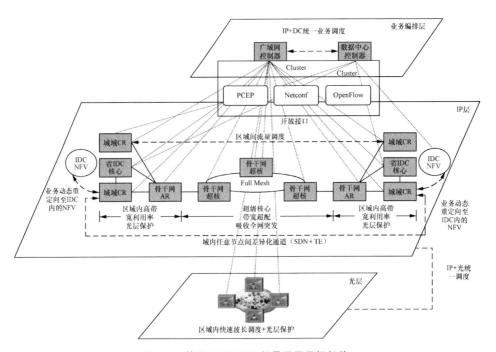

图 6-8 基于 SDN/NFV 的骨干网目标架构

在此目标架构的业务编排层，广域网控制器和数据中心控制器共同编排，实现 IP+DC 的统一业务调度。业务编排层通过开放的接口，比如 PCEP、Netconf、OpenFlow 等对 IP 层进行控制。

IP 层的骨干网由骨干网超核、骨干网 AR、城域网 CR、IDC 等组成。骨干网的超级核心带宽超配吸收全网的突发流量,从骨干网 AR 到城域网 CR 的区域带宽利用率高,可以考虑采用光层保护。在城域 IDC 中,业务动态定向到 IDC 内的 NFV。城域网 CR 到端对端的城域网 CR 的流量调度,通过广域网控制器和数据中心控制器实现,域内的任意节点间是 SDN+TE 的差异化通道。

IP 层和光层可以实现基于 SDN 的 IP+光的统一调度。光层内实现区域内波长调度+光层保护。IP+光的统一调度通过广域网控制器对两层联合控制和资源调度实现。

广域网作为流量大、流量复杂的网络,未来可以通过 SDN 实现流量的集中调度,以及 IP 层和光层的统一调度、IP 业务+数据中心业务的联合调度。通过 SDN 广域网控制器和数据中心控制器的联合编排,利用 SDN 业务编排层,未来骨干网能够实现业务的按需调度和最优调度。

2. 城域网

基于 SDN 的边缘网络整体架构如图 6-9 所示,边缘网络设备分布在边缘接入网与核心承载网之间,作为边缘网络与核心网络的边界点,形成了边缘和核心网络分离的架构。边缘设备的硬件形态基于不同的转发能力要求以及部署的物理位置进行分类,可分成不同级别的用户接入边缘设备以及数据接入边缘设备。基于标准化开放的接口,边缘设备中的控制前端与统一的弹性智能边缘网络控制平面之间进行信息交互,构建统一的边缘控制网络。

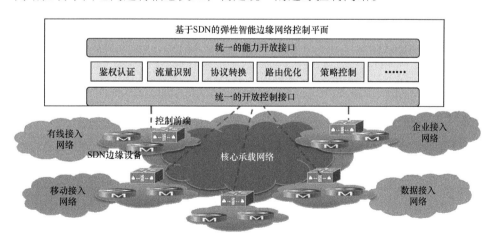

图 6-9 基于 SDN 的边缘网络整体架构

基于 SDN 的城域边缘网络主要具备但不限于以下几点特征。

① 弹性组网：实现边缘设备以统一资源池的形式进行集中管控，从而实现设备之间的相互备份、负载分担、资源共享以及虚拟化，提高可靠性，提升设备资源利用率，同时实现设备的动态扩容，使得边缘层具有根据实际需求弹性调整的能力，结合 SDN 技术，实现网络虚拟化及开放可编程能力。

② 智能管控：实现对业务、用户以及网络状况的深度感知及精确掌控，更好地支持网络能力开放、流量监测、策略控制等技术在 SDN 架构下的演进和实现，从而能够根据优先级策略，动态调整用户及业务的 QoS 并实现差异化的计费，以满足用户及业务的多样化需求。

③ 边缘控制：固移融合承载的汇聚点统一进行固网用户和移动用户的接入控制，数据中心对外接口支持协议转换以及虚拟机迁移等，业务相关功能的实施点未来可能向层次化方向演进。

边缘网络作为面向用户的第一服务节点，承担的业务功能也越来越多，逐渐成为用户接入的综合信息处理中心，需要考虑在原来鉴权认证、地址分配以及路由转发的基础上，通过引入新的技术能力来丰富和完善系统架构，包括用户和流量感知能力、统一策略控制能力和智能分发、缓存能力等。在此基础上，通过 SDN 控制器的北向开放接口，实现网络能力的抽象和开放，更好地服务于面向管道精细化运营的发展需求，通过"感知、管控、分发、平台"4 大智能提升，逐步实现网络差异化管控和精细运营目标。

6.5.2 基于 SDN/NFV 的数据网展望

在骨干数据网中，我们通过 SDN 的业务编排层可实现骨干网流量的集中调度，以及 IP 层和光层的统一调度、IP 业务+数据中心业务的联合调度。通过 SDN 广域网控制器和数据中心控制器的联合编排，我们能够实现业务需求以及优化调度。SDN 不仅在骨干网内部进行流量调度，也可以实现对出口流量的优化调整。基于 SDN 的优化方案，我们采用控制器实现对各 PE（业务路由器）和 IGW（国际出口网关）的控制，通过全局路由的计算实现基于策略的流量优化，比如基于链路利用率的负载均衡或基于链路价格的负载均衡等。通过修改 BGP 的 RR（路由器反射器）反射的路由条目，实现对出口流量的优化调整。

基于 SDN 的城域控制技术为城域边缘网络构建提供新的思路，结合虚拟化技术，实现边缘网络设备之间的相互备份、负载分担，从而提高可靠性，提升设备资源利用率，同时实现设备的动态扩容、绿色节能以及简化运维流程。引入流量监测、策略控制和流量调度等新能力，打造新型智能弹性业务边缘网络架构，从而满足用户侧的多样化需求，实现网络服务的持续增值。

|本章参考文献|

[1]　鞠卫国，张云帆，冯小芳. 电信 IP 网络中如何引入 SDN/NFV? [J]. 中国电信业，2015(11):86-88.

[2]　谢磊，赵晖，丁江峰，俞伟. 运营商 IP 城域网 SDN/NFV 化的思考[J]. 电信技术，2015(6):80-85.

[3]　Mark M.Clougherty，Christopher A.White，Harish Viswanathan，Colin L.Kahn. SDN 在 IP 网络演进中的作用[J]. 电信科学，2014，30(5):1-13.

[4]　郭爱鹏，赫罡，唐雄燕.vBRAS 落地城域网分三步走，未来值得期待[J]. 通信世界，2016(4):26-29.

[5]　顾戎,马琼芳,李晨,黄璐.七大功能测试 vBRAS 设备仍有提升空间[J]. 通信世界，2016(4):18-21.

[6]　郭爱鹏，周光涛，夏俊杰，唐雄燕.基于 SDN 的边缘网络控制技术及应用[J]. 邮电设计技术，2014(3):35-39.

[7]　周光涛，霍龙社，甘震，唐雄燕. 面向智能管道的网络能力开放探讨[J]. 信息通信技术，2012(4):43-47.

[8]　唐雄燕，周光涛，朱鹏.基于软件定义的弹性智能边缘网络[J]. 中兴通讯技术，2013,19(5):32-38.

[9]　赵恒，袁博，范亮.基于 SDN 架构的电信承载网和 BNG 设备演进思路[J]. 中兴通讯技术，2013，19(6):43-48.

第 7 章

接入网

本章介绍了 SDN/NFV 在接入网的发展情况,首先介绍了接入网的现状和发展趋势及接入网虚拟化的研究进展, 然后介绍了运营商的宽带用户网关虚拟化和企业用户网关虚拟化的解决方案。

|7.1 接入网现状及发展趋势|

7.1.1 接入网现状

按照 YDN 061—1997《接入网技术体制（暂行规定）》的定义，接入网是指由业务节点接口和相关用户的网络接口之间的一系列传送实体（诸如线路设施和设备），为传送电信业务提供所需传送承载能力的实施系统，它由电信网 Q3 接口进行管理和配置接入网的界定如图 7-1 所示。

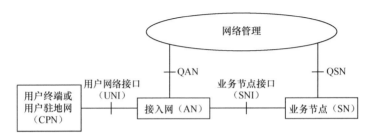

图 7-1　接入网的界定

接入网的接入技术分为有线接入和无线接入两种，有线接入技术的主流是基于光纤的宽带光接入技术和基于电话线的数字用户线（DSL，Digital Subscriber Line）技术。随着"宽带中国"战略的实施，运营商大规模启动 FTTx（Fiber to the x，光纤接入）建设，PON（Passive Optical Network，无源光纤网络）技术成为实施"宽带提速""光进铜退"工程的技术基础。

现有宽带接入网络的结构是将较为复杂的业务功能放置在用户侧的家庭网关/企业网关，而将接入网和城域网设备设计为对业务透明的二层以太网传送和汇聚功能。对于二层以上功能的处理，例如三层的 IP（Internet Protocol，网络协议）、各种应用和业务的处理则分散地部署在位于用户侧的家庭网关/企业网关或终端设备上，目前宽带网络架构下的网络功能位置如图 7-2 所示。

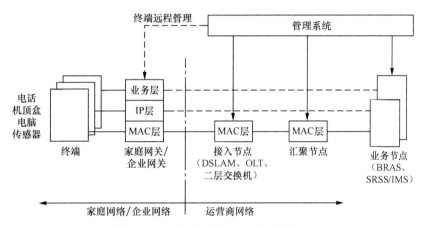

图 7-2　宽带网络架构下的网络功能位置

7.1.2　接入网发展趋势

从业务发展趋势的角度看，云计算、电视互联网和 4K 视频新业务不断推动着 100Mbit/s～1Gbit/s 超宽带入户。谷歌在美国已经推出了 1Gbit/s 宽带服务及光纤电视服务，日本 So-net 推出了 2Gbit/s 超宽带业务。在我国，100Mbit/s～1Gbit/s 超宽带业务也在加速落地。《"宽带中国"战略及实施方案》（国发〔2013〕31 号）规划的宽带网络发展目标是：到 2020 年，基本建成覆盖城乡、服务便捷、高速畅通、技术先进的宽带网络基础设施；固定宽带用户达到 4 亿户，家庭普及率达到 70%，光纤网络覆盖城市家庭；城市和农村家庭宽带接入能力分别达到 50Mbit/s 和 12Mbit/s，50%的城市家庭用户宽带接入能力达到 100Mbit/s，发达城市部分家庭用户宽带接入能力可达 1Gbit/s。

从网络融合演进的角度看，融合、扁平化是未来网络发展的趋势。全业务

运营商的固定网络和移动网络融合,PON 也从面向家庭用户的接入网络,延伸到用于 FTTO 企业接入(如政企专线、中小企业用户、SOHO 用户)和移动回传。图 7-3 是引入汇聚型 OLT(Optical Line Terminal,光线路终端)后的 FTTx 示意。

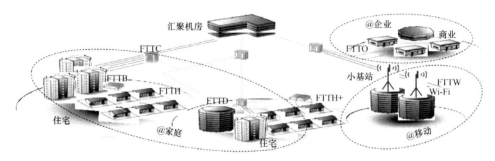

图 7-3　FTTx 示意

从 PON 技术发展角度看,随着用户对带宽需求的增长,EPON(Ethernet Passive Optical Network,以太网无源光网络)和 GPON(Gigabit-Capable Passive Optical Network,吉比特无源光网络)技术将很快出现带宽瓶颈,运营商已经在宽带提速需求较强的试点省市部署了 10Gbit/s PON。TDM-PON 发展到单波长 10Gbit/s 速率后,再进一步提升单波长速率会面临技术和成本的双重挑战,于是在 PON 系统中被引入的 WDM 技术的 NG-PON2 将成为未来的 PON 技术的演进方向,如图 7-4 所示。接入技术的快速演进要求 OLT 具备面向大容量 NG-PON 的转发架构,以及面向超宽背板设计(如达到 200Gbit/s / 槽位带宽能力),并具备平滑演进的能力。

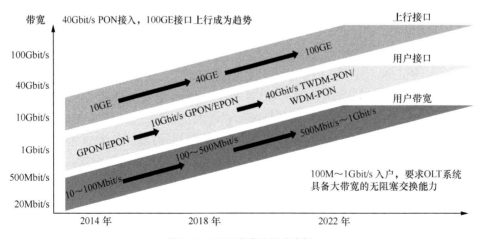

图 7-4　PON 演进的技术路标

　　随着超带宽业务和融合业务的发展，以及 OLT 从集中式转发架构向弹性可扩展分布式架构的演进，SDN/NFV 网络变革正在从数据网延展到接入网。SDN/NFV 化的接入网能够将分散部署的接入网功能上移或集中，通过SDN/NFV 方式提供网络边缘功能的集中处理，简化网络的维护和运营，提高运维管理效率和业务部署能力,降低网络边缘设备成本。接入网虚拟化如图 7-5 所示。

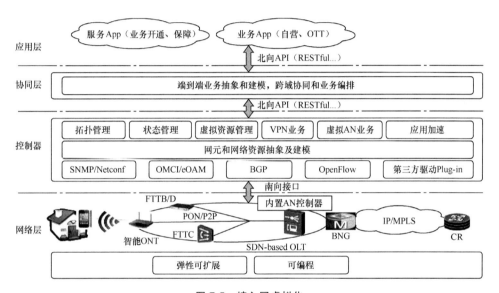

图 7-5　接入网虚拟化

7.1.3　接入网虚拟化的研究进展

　　在技术标准方面，宽带论坛（BroadBand Forum，BBF）于 2012 年第 4 季度会议上正式设立了 WT-317 项目，并将其命名为 "Network Enhanced Residential Gateway（网络侧增强的家庭网关）"。欧洲电信战略规划与研究协会（EURESCOM）也启动了 P2055 项目开展网络侧增强的家庭网关的研究。欧洲电信标准化协会（ETSI）成立了 ISG NFV，进行网络虚拟化的研究，也包括家庭网关的虚拟化。2013 年，中国通信标准化协会也开始研究虚拟化宽带用户网关。

　　在产品研发与部署方面，运营商和设备商都在积极探索接入网和用户驻地设备的虚拟化，以适应全业务、全场景接入的需求。中国联通于 2013 年开始进行关于接入网引入 SDN 以及 vCPE(virtual Customer Premise Equipment,

虚拟用户终端设备）的需求和架构的研究，制定 vCPE 的企业标准，并推动其在 CCSA 立项。中国电信于 2013 年 6 月在 ITU-T Q4/SG11 中提出控制面与转发面分离的 PON 架构，并在 FSAN（Full Service Access Networks，全业务接入网论坛）提出开展 SDN 在 PON 领域研究的需求文稿。西班牙电信和 NEC 公司在 2014 年的 SDN 和 OpenFlow 大会上演示了 vCPE 产品和方案，该方案将某些 IP 的功能从位于用户侧的家庭网关转移到运营商的网络，以期达到简化家庭网络，加快运营商业务部署的效果。华为公司在 BBF 提出了具备光纤基础设施弹性化、光电物理层弹性化、MAC 协议弹性化、业务弹性化四大特征的软件定义的 PON 系统。

| 7.2　宽带用户网关虚拟化的应用场景和解决方案 |

7.2.1　宽带用户网关虚拟化的技术与方案

目前用于家庭/企业用户的 CPE 设备通常具备以太网的三层 IP 和远程管理等功能，我们通常将其称为家庭网关/企业网关，即宽带用户网关。基础型家庭网关主要是集成了广域联网能力（如光接入技术或 xDSL 技术）、路由转发和远程管理等，其主要功能是为数字家庭提供宽带接入和组网能力，包括设备接入、IP 地址分配、网络地址转换、数据路由、语音等关键功能。企业网关在家庭网关的基础上增强了 VPN（Virtual Private Network，虚拟专用网络）、信息安全、存储等 ICT 功能和更高的性能。

图 7-6 所示是 BBF 描述的基础型家庭网关的主要功能，包括 WAN（Wide Area Network，广域网）接口、LAN（Local Area Network，局域网）接口、包处理层、网络控制层、业务协调层、业务层和管理层。

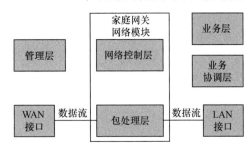

图 7-6　基础型家庭网关的主要功能

各模块的功能如下。

（1）WAN 接口

① xDSL。

② xPON。

③ 3G、4G 等。

（2）LAN 接口

① 100/1000Mbit/s 以太网接口。

② WLAN（Wireless LAN，无线局域网）接口。

③ 语音接口。

④ USB（Universal Serial Bus，通用串行总线）接口。

（3）包处理层

① 二层转发。

② 三层转发，包括路由和 NAT（Network Address Translation，网络地址转换）。

③ 广播和组播控制。

④ 隧道封装和加密。

⑤ 防火墙。

⑥ QoS（Quality of Service，服务质量）。

（4）网络控制层

① IP 路由和组播控制协议。

② 网络附着协议，包括 DHCP（Dynamic Host Configuration Protocol，动态主机配置协议）、PPP（Point-to-Point Protocol，点到点协议）等。

③ NAT 穿越。

④ WLAN 认证。

⑤ 隧道端点配置。

（5）业务协调层

① LAN 配置协议，如 UPnP（Universal Plug and Play，通用即插即用）、DLNA（Digital Living Network Alliance，数字生活网络联盟）。

② LAN 拓扑发现协议。

③ 应用层网关。

④ HTTP（Hyper Text Transfer Protocol，超文本传输协议）服务器。

（6）业务层

① VoIP（Voice over Internet Protocol，IP 电话）。

② 动态 DNS（Domain Name System，域名系统）。

③ 业务平台 Proxy，例如 WAN 协议和 LAN 协议间基于 UPnP 的 Proxy。

（7）管理层

① 配置管理。

② QoS 管理。

③ 安全管理。

④ 诊断和性能监控。

⑤ 升级。

（8）LAN 设备管理

随着用户对带宽需求的迅速增长、网络向 IPv6 的演进，以及智能家居和云计算等新业务的开展，运营商定制的家庭网关的不足之处也逐渐显现出来。

1）提供新业务能力较差

现有家庭网关架构下软硬件与业务紧密耦合，导致新业务的发放需要升级家庭网关的功能和性能；而家庭网关软硬件升级周期长，引入新业务成本高，且对现网用户和业务有较大影响。

2）管理维护较复杂

与传统的仅具备二层功能的调制解调器（MODEM）相比，具备三层以上功能的家庭网关参数配置较多，需要通过 RMS（Remote Management System，远程管理系统）和 EMS（Element Management System，网元管理系统）双平台管理，配置相对复杂，容易出错，软件故障率也在增加，导致业务开通、设备维护相对困难，用户体验有待提升，运维成本较高。

3）设备成本呈增加趋势

逐步开展的智能家居等业务对家庭网关设备的性能要求越来越高，造成家庭网关成本上升；同时，由运营商主导的智能家居等业务应用有限，造成家庭网关的功能浪费和成本沉淀。

4）网络演进较困难

随着网络向 IPv6 逐步演进，海量的家庭网关需要升级软硬件以支持 IPv6 功能。

事实上，由运营商提供的具备三层以上功能的家庭网关/企业网关代替传统的 MODEM 后，并未较大幅度地提升新的数字家庭业务、企业信息化业务的渗透率，目前以多用户高速宽带接入、Wi-Fi 联网、语音接入、IPTV 接入以及 DLNA 业务为主；而由互联网公司提供的带有无线路由功能的“盒子”不仅能够提供上述所有功能，且成本相对较低。因此，运营商需要挖掘其网络优势和潜力，为家庭和企业提供更为灵活便捷的业务。

于是，家庭网关虚拟化的技术思路应运而生，就是将家庭网关的部分三层功能、管理功能（TR069 等）、网络安全等功能集中到网络侧设备上实现，将用户家里的 CPE 设备简化为以二层功能为主的桥接式设备，也就是 BRG（Bridged Residential Gateway，桥接式用户网关），虚拟化到运营商网络侧的部分功能模块通常被称为 VRG（Virtual Residential Gateway，虚拟化用户网关），如图 7-7 所示。网络侧的 VRG 可以是独立的设备，也可以在 OLT（Optical Line Terminal，光线路终端）、BRAS（Broadband Remote Access Server，宽带远程接入服务器）、SR（Service Router，业务路由器）上实现。

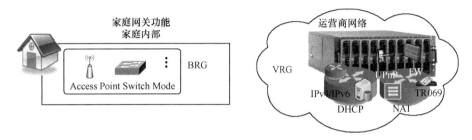

图 7-7　家庭网关虚拟化技术思路

基于上述分析，家庭网关虚拟化技术方案需要考虑的主要因素包括以下几个方面：

① 减少对 BRG 的配置，从而降低用户侧故障率；

② 新增加的业务功能要求尽量在网络侧实现，从而降低对网关的要求，避免对网关频繁升级引起的故障以及硬件、软件成本的增加；

③ 利于网络演进。

BBF 综合考虑上述因素提出了 VRG 和 BRG 功能界面的划分建议，VRG 功能模块如图 7-8 所示，其中灰色部分为可以移至网络侧的 VRG 功能模块。

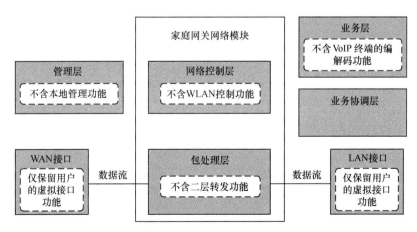

图 7-8　VRG 功能模块

与图 7-6 所示的基础型家庭网关功能结构相比，虚拟化的家庭网关中的

路由功能和几乎所有控制和业务功能都转移到网络侧实现，实现了业务功能与家庭网关功能松耦合，提高了新业务引入的灵活性，降低了家庭网关的性能和功能要求，从而降低了网建成本和运维成本，达到了节能减排、绿色运营的效果。

其他功能模块是否虚拟化以及如何虚拟化可以根据实际需要进行探讨，比如：

① 语音功能虚拟化；

② PON 层用户认证；

③ 本地管理功能（HTTP Server、SSH 等）；

④ 家庭内部业务功能模块（DLNA、家庭拓扑发现等）；

⑤ LAN 侧部分协议备份。

BRG 和 VRG 具体的功能模块划分可参考表 7-1。

表 7-1　BRG 和 VRG 功能界面划分

	项目		BRG	VRG
接口部分	WAN 接口	*x*DSI	√	
		Ethernet	√	
		*x*PON	√	
	LAN 接口	Ethernet	√	
		WLAN	√	
		USB	√	
		语音接口	√	
包处理层	转发功能	二层转发	√	
		三层转发（路由、NAT）		√
	广播和组播控制		√	
	隧道封装和加密	L2TP（Layer 2 Tunneling Protocol，第二层隧道协议）	√	
		IPSec（Internet Protocol Security）、SSL（Secure Sockets Layer，安全套接层）		√
	防火墙	基于 MAC（Media Access Control，媒体访问控制）地址、物理端口	√	
		基于 IP、协议类型、协议端口等		√
	QoS	基于 MAC、物理端口	√	
		基于 IP、协议类型、协议端口等		√

续表

项目			BRG	VRG
网络控制层	IP 路由和组播控制协议			√
	网络附着协议，包括 DHCP、PPP 等			√
	NAT 穿越			√
	WLAN 认证		●	√
	隧道端点配置			√
业务协调层	LAN 配置协议，如 UPnP、DLNA			√
	LAN 拓扑发现协议			√
	应用层网关			√
	HTTP 服务器		●	√
业务层	VoIP		●	
	DDNS			√
	业务平台 Proxy，例如 WAN 协议和 LAN 协议间基于 UPnP 的 Proxy			√
管理层	远程管理	二层管理（OAM/OMCI 等）	√	●
		三层管理（TR069、HTTP 等）	●	√
	本地管理		●	√

注：√表示必选，●表示可选。

这种通过在网络侧实现的集中化和虚拟化的家庭网关/企业网关通常被称作 vCPE。考虑到实际部署方案，网络侧的 VRG 模块上并没有实现家庭网关的全部功能，而是通过增强一些三层功能实现家庭网关功能分配，因此，这种也被称作"Network Enhanced Residential Gateway（网络侧增强的家庭网关）"。

家庭网关常见功能虚拟化后的分布方案如图 7-9 所示。家庭网关的安全功能（防火墙、反病毒、远程接入等）、三层网络功能 IGMP、QoS、PPPoX、ALG、DHCP、NAT 等）和部分管理功能（性能统计、诊断、部分 TR069 功能等）集中到 VRG 模块上实现（VRG 可以部署在 OLT 或 BRAS/SR 上，也可以独立部署），在用户侧的家庭网关功能被简化后，主要实现业务接口功能（WAN 接口、LAN 接口、Wi-Fi、语音接口等）、二层网络功能（转发、DHCP 用户端、二层 QoS、IGMP Snooping 等）、基本管理功能[OAM/OMCI（ONU Management and Control Interface，光网络单元管理控制接口）、部分 TR069 功能、本地管理界面等]。

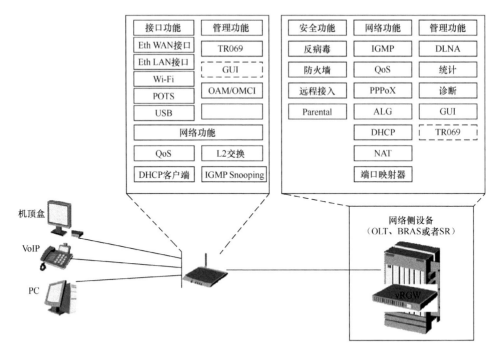

图 7-9 家庭网关虚拟化功能分布

7.2.2 宽带用户网关虚拟化的部署策略

1. VRG 部署在接入网节点

VRG 部署在接入网（Access Network，AN）节点的方案如图 7-10 所示。

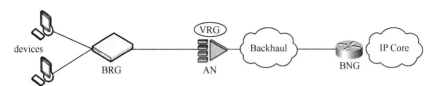

图 7-10 VRG 部署在接入网节点

以 PON 上行家庭网关为例，VRG 将部署在 OLT 设备上，具体实现方案有两种：方案一，在 OLT 上增加 VRG 业务处理板卡，比较适合初期验证部署；方案二，在 OLT 的主控板上实现 VRG 功能。两种方案的共同点是 VRG 与接入共机框，对机房要求比较低，对 OLT 设备有一定的硬件能力要求。

该方案网络层次没有变化，BRG 与 VRG 之间的协议交互可沿用原有的

OMCI/扩展 OAM，对整个网络影响较小，但对接入平台的技术演进依赖性较高，同时会对 OLT 造成以下影响：

① 降低 OLT 的业务接入能力；

② 影响 OLT 设备的散热、功耗；

③ 网管配套和管理复杂；

④ 三层功能上移到 OLT，原有接入网维护的人员需要维护三层设备，对维护造成较大压力，需要进行运维资源的重新调配，从而增加 OLT 维护资源和人员培训的压力和成本；

⑤ 现网所有 OLT 均需要升级改造，投资影响较大。

2. VRG 部署在 BNG 节点

VRG 部署在 BNG（Broadband Network Gateway，宽带网络网关设备）节点（如 BRAS/SR）的方案如图 7-11 所示。

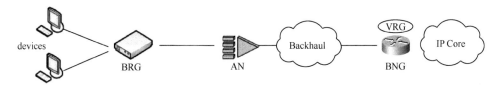

图 7-11　VRG 部署在 BNG 节点

该方案仅对 BNG 设备有影响，由于 BNG 节点数量相对较少，且 BRAS 已经支持 VRG 的主要功能如 NAT 转发等，同时现网大部分 BRAS 通过软件升级即可支持 VRG，因此仅需要评估 VRG 上移以后对 BRAS 性能的影响，或评估现网 BRAS 支持的 VRG 实例数目即可。该方案还可以简化部分业务流程，如 PPPoE 功能和流程可以被取消。此外，VRG 功能上移到 BNG 节点后由数据部门维护，对维护体制影响较小，用户密度相对较高，初期单位运维成本较低。

3. VRG 独立部署

不论是 VRG 部署在接入网节点还是 BNG 节点，均需对现有设备进行不同程度的升级改造，且部署新业务时，仍需对所处节点进行开发、升级。由于接入节点数量众多，且 BNG 节点位置重要，影响较大，因此存在一定的风险。为此，业界也提出了将 VRG 独立部署的方案。图 7-12 为 VRG 部署在城域网的方案。根据 VRG 实例的多少以及所需要的处理能力，独立 VRG 的位置可以被灵活部署、集中管理、网管配套和管理简化，但在小规模部署虚拟家庭网关情况下的部署成本较高。

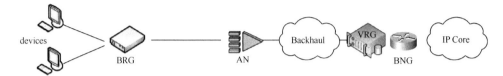

图 7-12　VRG 独立部署在城域网

　　该方案不需要对网络上其他设备进行大规模改造，且可以根据业务需求平滑部署，VRG 独立部署时在网络上的定位相当于固网宽带业务平台，因此新业务部署和演进能力最好。但从整体网络架构来说，部分功能如 NAT 等在网络上被重复部署，且业务流程需要被重新定义。

4. VRG 分离式部署

　　上移到网络侧的 VRG 功能彼此相对独立，且不同的网络节点已经具备了一定的 VRG 能力，因此不同的功能分布在不同的设备上。这种解决方案虽然涉及网络设备多，业务流程复杂，但是每一种设备仅需要简单的升级，风险较小，更容易实现。

　　NAT/ALG/DHCP/IPoE/PPPoE 等功能版本已经较为稳定，是 BRAS 设备的基本功能。NAT 转发能力对性能要求较高，但可以在 BRAS 设备上部署独立的业务板卡，根据业务需求平滑扩容。将 VRG 的 NAT 转发功能部署在 BRAS 上的网络结构更合理，对网络影响最小。该部分功能部署在 BRAS 上后，PPPoE/IPoE 流程都可以得到简化，但需要 OLT 通过 QinQ 等方式实现用户的隔离，从目前来看 OLT 已经具备该能力且现网已经应用。

　　语音功能既可以保留在 BRG 上，也可以上移到网络侧，通过对现有的 OLT 升级板卡等方式实现语音业务的虚拟化，可以避免由于家庭网关配置错误或升级引起的故障。

5. VRG 未来演进方案

　　上移到网络侧的 VRG 可以借鉴 SDN 的思路将功能进一步划分，将不同的功能分布在不同的设备上。VRG 功能划分如图 7-13 所示。

　　N-VRG 是在现有网络设备上如 AN 节点、BNG 节点上运行的功能。S-VRG 可以运行在独立服务

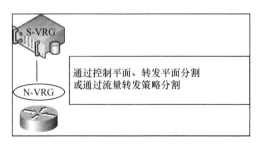

图 7-13　VRG 功能划分

器上，作为提供固网宽带业务的平台。

S-VRG 与 N-VRG 之间既可以通过 SDN 的控制平面/转发平面来分割，也可以通过流量转发策略来分割。S-VRG 与 N-VRG 的具体分割还需要进一步讨论。

该方案既可以作为终端虚拟化后 VRG 未来演进的方案，也可以作为虚拟家庭网关实施方案中几种解决方案的一部分直接部署。采用此方案时，我们必须制定 S-VRG 和 N-VRG 之间的协议类型、技术实现方案和协议流程等。

6. VRG 技术方案需要考虑的其他问题

（1）QoS

网络虚拟化后，由于将原有家庭网关部分 LAN 侧的网络协议、配置管理和控制机制上移至网络侧，一些家庭内部业务（如多屏互动、多屏共享）和实时性要求较高的业务（如语音、视频等）的控制信令需要从本地发送到网络侧的 VRG 进行处理，业务体验有可能受到上下行带宽拥塞的影响，因此网络虚拟化后需要为此类业务提供单独的 QoS 保障机制。

（2）安全

网络虚拟化后，部分家庭/企业用户保存在本地的隐私内容将会暴露在网络侧，因此网络虚拟化需要考虑提供传统的 DMZ（Demilitarized Zone, 隔离区）等安全机制。

（3）BRG 与 VRG 之间的协议交互

虽然 BRG 仅保留简单的二层协议功能，考虑到运营商有远程配置、管理、故障诊断等实际需要以及部分业务的交互需要，VRG 到 BGR 之间的交互协议必不可少。方案一是扩展现有的 OAM（Operations、Administration and Maintenance, 营运管理与维护）管理协议实现（类似 OLT-ONU/ONT 模式）；方案二是使用 TR069 管理协议（类似远程管理系统家庭网关模式）。此外，业界也提出了采用 Open Flow 协议。具体采用哪种方式与 VRG 部署位置有一定的关系，还需要进一步研究。

（4）VRG 的管理

针对部署在不同网络设备的 VRG，我们可以使用以下管理方式。

① 使用扩展 OAM/OMCI 协议管理（针对 OLT 设备，类似 EMS-OLT 模式）。

② 使用 TR069 管理模式（针对部分独立的 VRG 设备，类似远程管理系统家庭网关模式）。

③ 使用本地 Web 直接管理（针对 BRAS 设备、独立 VRG 设备）。

（5）其他

家庭网关/企业网关虚拟化后，大部分三层协议都在网络侧实现，当网络侧出现故障、用户没有连接网络时（比如计时用户），会出现以下问题：

① 新装用户输入终端、业务认证信息（比如 LOID、宽带上网 PPPoE 用户名和密码等），现有的业务流程要求必须首先通过 OLT、BRAS 认证才能连接 VRG 访问管理界面，输入信息，因此虚拟化后必须重新定义业务流程；

② 用户没有连接网络时，无法支持修改 WLAN 的加密方式、修改黑白名单权限等功能；

③ 本地新加入的终端无法获得 IP 地址，无法支持家庭内部的路由转发、本地访问等功能。

因此，尽管网络虚拟化的目标是 BRG 仅保留二层协议，但是考虑到用户的操作习惯和某些特殊场景下用户的实际需求，BRG 可以考虑保留部分三层协议。

① 网关本地管理界面：包括宽带用户名/密码、Wi-Fi、黑白名单等用户习惯设置的参数，以及逻辑 ID 等终端认证信息的输入。

② 部分功能备份：当 BRG 上行连接故障、用户无法使用运营商提供的宽带业务时，为了不影响家庭内部各项业务的正常运行，应提供 DHCP、路由转发、DLNA 等功能。

当 BRG 保留部分三层协议时，BRG 的软件复杂度、故障率、配置和维护难度是否能达到终端虚拟化的目标，需要根据保留的协议进行评估，业界也在讨论是否有其他方案可以解决本地终端互访问题。

7.2.3　语音功能虚拟化的技术与方案

1. 语音功能系统结构

由于 OLT 与 ONT 之间无法传输模拟语音信号，承接已有的 POTS 语音设备需要实现语音功能的虚拟化，提供与家庭网关相同的用户体验。BRG/ONT 保留基本的语音处理功能，通过 DSP 实现语音的编解码和 RTP 流的收发，OLT 进行 RTP 报文的转换和转发。因此 OLT 需要增加语音功能模块，代理 BRG/ONT 向 SS 注册，并增加与 BRG/ONT 交互的业务控制协议，控制 BRG/ONT 设备为用户提供语音业务。由网管（EMS、TL1、标准 MIB、RMS）配置 OLT 和 ONT 语音业务参数，与现有配置方式兼容。BRG/ONT 配置通过扩展的 OAM/OMCI 下发，语音功能的虚拟化模型如图 7-14 所示。

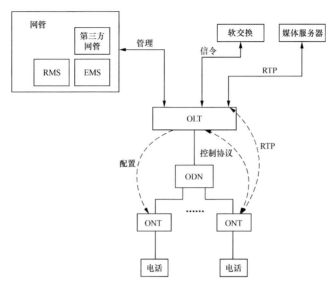

图 7-14 语音功能的虚拟化模型

2. 语音业务主要流程

（1）业务开通流程

语音业务开通的主要流程如图 7-15 所示。

① OLT 开局时，配置语音网关级参数，如 IP 地址、VLAN、协议端口号、服务器地址、域名等。

② ONT 开通时，工单系统通过网管下发语音端口级配置，如 H.248 的用户名、SIP 电话号码等。

③ 协议相关的参数只保留在 OLT 侧，不下发给 ONT，OLT 侧记录 NGN 协议逻辑用户与物理终端 POTS 端口关联信息等。

④ OLT 代理 ONT POTS 端口进行端口级注册，将注册结果以内部控制协议发送给 ONT。

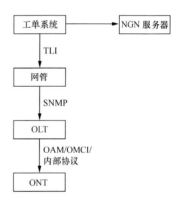

图 7-15 语音业务开通的主要流程

（2）语音业务实现流程

① ONT 上电后，OLT 通过扩展 OAM/OMCI 为其建立二层通道。

② OLT 代替 ONT 向 SS 注册，注册成功后向 ONT 发送端口激活命令。

③ ONT 定时向 OLT 发送心跳消息，并携带端口状态。

④ 建立通话时，ONT 与 OLT 间通过业务控制协议上报话机事件。

⑤ OLT 通过业务控制协议向 ONT 下发操作 DSP 的指令，完成放音和 SDP（Session Description Protocol，会话描述协议）参数设置指令操作，ONT 完成

RTP 收发报文等处理。

⑥ OLT 完成 SIP /H.248 协议和内部语音业务控制协议的转换。

语音功能虚拟化后通过 H.248 协议建立和拆除呼叫的详细流程如图 7-16 所示。

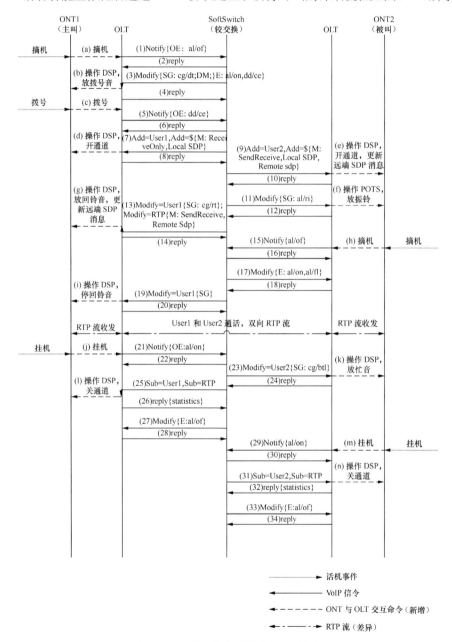

图 7-16 语音功能虚拟化后的呼叫流程

7.2.4　宽带用户网关虚拟化的部署案例

1. 华为公司的虚拟化方案

华为的接入网虚拟化方案是在家庭、分配点等位置部署简化的二层终端设备和必要的业务模块，在 OLT 设备上部署 VRG 模块，同时在接入网中部署负责控制转发平面的控制器，如图 7-17 所示。该方案较好地体现了传统电信网

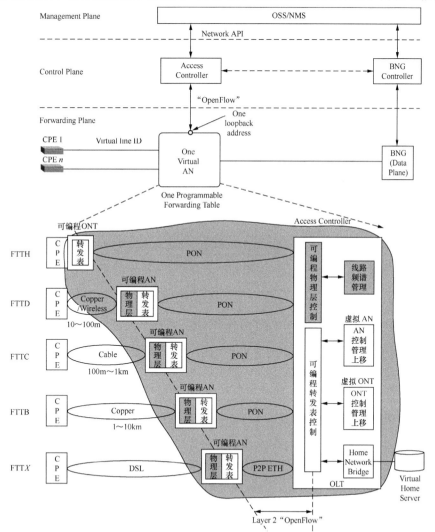

图 7-17　华为接入网虚拟化方案

络设备提供商的全网络虚拟化优势。虚拟化的接入网设备既可以独立部署，也可以通过改造现网的 OLT 和网管设备实现。

华为公司曾在巴塞罗那通信展上演示了基于 SDN/NFV 的虚拟家庭解决方案——vFamily。该方案由支持业务与转发分离的高性能 BNG 路由器和创新的虚拟业务控制与聚合平台构成，通过 SDN/NFV 技术实现虚拟家庭网关（vRGW）和虚拟机顶盒（vSTB）等业务。

2. 中国电信公司的虚拟企业网关方案

中国电信股份有限公司北京研究院与华为公司完成了基于网络功能虚拟化（NFV）的虚拟企业网关（vCPE）现网试验，实现了北京、西安之间的企业异地分支互联，验证了多种接入方式下虚拟企业网关的网络业务功能及性能。该方案将企业侧的业务功能云化、虚拟化到运营商网络中，企业侧只保留基本的接入功能，简化企业分支部署，降低成本。运营商则能够有效地加速向企业的 ICT 转型，进入企业 ICT 管理服务，从宽带销售转换为网络即服务（NaaS）等企业业务销售。同时，虚拟企业网关有助于为企业快速部署新业务，开启按需付费的商业模式，具备较好的扩展性。

3. 华三通信技术公司的宽带用户网关虚拟化方案

华三通信技术公司推出的宽带用户网关虚拟化方案采用 VRG 独立部署的方式，如图 7-18 所示，通过 Intel x86 + Linux 平台的独立服务器实现 VRG 功能，即在 OLT 与 BRAS 之间部署 VRG 服务器；在家庭用户/企业用户侧部署简单的二层设备，保留各种硬件接口、二层交换功能和必要的业务模块。该方案实现了家庭/企业用户上网的主要功能和企业分支机构 VPN 互联等功能，这种集中部署方案是 IT 基础架构产品提供商推出家庭/企业用户网络虚拟化方案/设备较好的切入点。

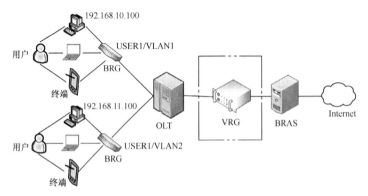

图 7-18 华三公司的宽带用户网关虚拟化方案

4. 武汉绿色网络信息服务公司的宽带用户网关虚拟化方案

武汉绿色网络信息服务公司的宽带用户网关虚拟化方案采用独立部署方式，与华三公司的方案类似，如图 7-19 所示。VRG 部署在 OLT 与 BRAS 之间，简化的二层网关设备部署在家庭用户/企业用户侧，该方案实现了用户上网的主要功能和 DPI（Deep Packet Inspection，深度包检测）功能。

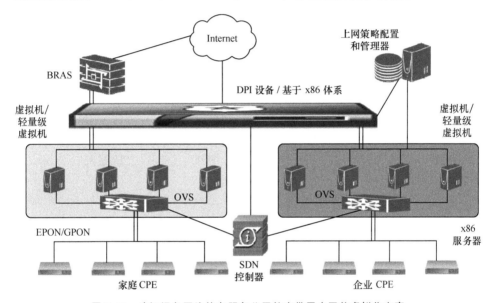

图 7-19　武汉绿色网络信息服务公司的宽带用户网关虚拟化方案

|7.3　企业用户网关虚拟化解决方案|

7.3.1　现有企业宽带网络概述

现有宽带多业务网络的架构是将较为复杂的功能放置在用户侧设备（例如企业网关)，而将接入网和城域网设备设计具有对业务透明的二层以太网传送和汇聚功能。在流量迅速增长的年代，这种架构的好处是水平扩展简易且成本低廉，可以用较低的成本迅速地扩展接入网和城域网带宽，疏导因宽带用户数激增和用户提速双重因素带来的流量需求。对于二层以上功能的处理，例如三层

的 IP、各种应用和业务的处理则分散部署在位于企业出口的 CPE 网关设备上。

这种架构产生的直接问题就是牺牲了 IP 层功能、业务演进和调整的灵活性。大量的三层功能和业务功能分散部署在企业用户设备上，与企业网关设备紧耦合，因此这种宽带网络架构面临下列几个缺点：

① 开展新的业务和增值服务时受限于目前部署企业网关的业务功能和能力；

② 企业网关设备能力、业务功能不能灵活匹配企业的发展需要，定制化服务缺乏灵活性；

③ 各种复杂功能和业务部署在企业网关上随着庞大的远程业务/设备管理的需求，成为管理维护中的沉重负担。

7.3.2 企业网关虚拟化架构

引入 SDN/NFV 技术，通过接入网转发与控制分离，实现海量接入设备与业务解耦，通过软件定义的架构将二层或者大部分三层以上转发控制功能和业务功能上移到网络侧。

图 7-20 为虚拟化企业网关位置，将企业网络和企业网关中与电信服务密切相关的功能上移，解决物理网关带来的网络功能限制；同时，虚拟化后的企业网关功能在网络侧的实现可以平台化，为将来业务能力的快速部署、企业网关功能的集中管理以及提供网络业务公用 API 和开放业务平台提供了可能。

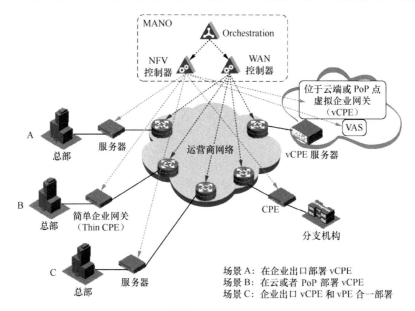

场景 A：在企业出口部署 vCPE
场景 B：在云或者 PoP 部署 vCPE
场景 C：企业出口 vCPE 和 vPE 合一部署

图 7-20 虚拟化企业网关位置示意

用户的企业网关功能简化，使得外线人员对于新装、变更和故障处理的压力大为减轻，也在很大程度上避免了因业务发展更换用户侧设备带来的经济损失。

将 SDN/NFV 引入接入网以实现虚拟化企业网关，对网络产生了深刻影响。引入二层网关有助于节省网络侧资源，网络资源可以根据业务模型灵活调整；网络能力上收，网络侧承载（虚拟）网关功能。周边系统的配套改造包括网管系统、业务系统、运维系统等。终端配置管理：通过云对企业终端统一进行管理，降低设备管理复杂度，提高运维效率；管理节点少，架构更为清晰，服务部署更为快捷，有效降低 TTM；部分管理功能上收，需要相关软硬件系统的更新来支撑。"瘦终端+云网络"架构：降低终端投入成本，降低用户操作复杂度；终端侧得到"瘦身"，实现易用性与功能性的平衡，解决设备繁多、控制乱的问题。业务实现方式：可以随时按需远程添加虚拟设备，满足新业务功能迁移带来业务架构变化的需求，有利于业务创新及新业务的管理。

7.3.3 企业网关虚拟化技术方案

企业网关是运营商为企业用户提供网络接入的门户，是实现企业网络内部各设备与外部设备相互通信的设备，是企业网络中最核心的构成部分。通过企业网关，企业网络内的设备可以与电信网络及企业分支机构进行信息交互，也可以进行企业内部设备、企业总部与分支机构之间的信息交互。企业网关在企业内部建立统一的数据处理中心，对企业内部数据进行管理，对外连接运营商网络，并可与分支机构之间进行数据交互。同时，企业网关是运营商为企业用户提供宽带接入等业务的基础设备，是协助完成企业网络部署、运营商远程管理和维护企业网络和其他业务的核心设备。企业网关虚拟化的关键技术包括两大方面：一是网络侧和用户侧的功能界面划分；二是上移的功能在网络侧的部署位置和相应的业务、管理流程。

1. 企业网关的功能和定位

图 7-21 所示为企业网关的功能与定位，企业网关通过宽带接入和承载网直接（或通过软交换设备）连接到业务网络（直接连接到业务网络的情况下，业务的控制逻辑直接由对应的业务平台实现）。同时，企业网关通过 IP 网络连接到企业网络远程管理平台，被远程管理平台所管理。其中传统的电话业务可以采用内置分离器与企业网关集成在一起，也可以采用传统外置分离器在企业入口处分开。

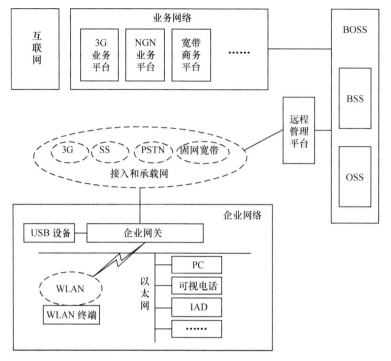

图 7-21　企业网关的功能与定位

　　企业网关主要通过集成的 Ethernet 端口、WLAN 无线能力、USB 端口，连接各种企业网络业务终端（包括 PC、IP 摄像头、IAD、存储设备、IT 设备、STB 等），为用户提供全面的企业网络业务能力。企业网络业务终端在通过企业网关实现设备互联的同时，还通过企业网关访问公众网络，并与公众网络上的业务平台和其他各类终端配合，进一步为用户提供更广泛的企业网络业务能力。

2. 企业网关虚拟化的需求

　　由运营商定制的企业网关已经在全球范围内得到广泛部署，但在发展和应用中存在以下突出问题。

　　① 企业 ICT 服务需求复杂：企业规模不同，需求多样化，应对日益复杂的企业 ICT 服务需求，企业网关处往往堆叠多个盒子，企业内部组网管理复杂。

　　② 提供新业务能力差：主要表现在提供新业务时需要升级网关软件甚至硬件，升级周期长，成本高，且对现网用户和业务有较大影响。

　　③ 故障率较高：与传统的仅具备二层功能的 MODEM 相比，具备三层以上功能的企业网关需要配置的参数较多，不仅配置容易出错，软件故障率也大

大增加，造成开通、维护相对困难，导致用户投诉增多，体验较差，增加了终端维护成本。

3. 企业网关虚拟化的实现思路

企业网关虚拟化实现思路如图 7-22 所示。

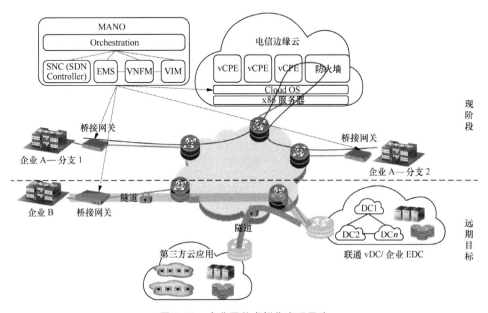

图 7-22　企业网关虚拟化实现思路

在 NFV 三层（基础设施层、虚拟网络层、运营支撑层）参考架构下，由 MANO 统一进行业务编排和生命周期管理，由 SDN 控制器控制流量转发。

同时企业网关虚拟化技术方案应考虑的因素主要包括以下三个方面。

① 减少对实体网关的配置，从而降低用户侧故障率。

② 新增加业务功能要求尽量在网络侧实现，从而降低网关要求，避免网关频繁升级引起的故障以及硬件、软件成本增加。

③ 利于网络演进。

7.3.4　虚拟化企业网关数据业务系统总体架构

虚拟化企业网关数据业务系统架构如图 7-23 所示。

应用平台是企业专线业务呈现，提供用户订购及运营商管理呈现界面，且与运营商 OSS/BSS 对接。

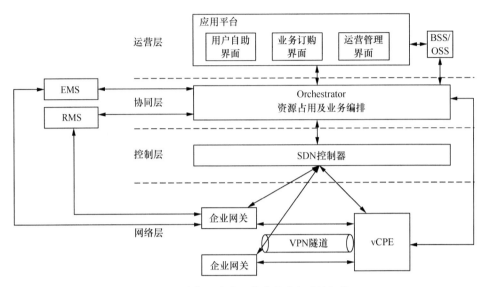

图 7-23　虚拟化企业网关数据业务系统架构

Orchestrator 资源占用及业务编排，提供用户和业务的配置、管理模板，包括用户开通和撤销、IP 地址、QoS、ACL 等多种配置功能，此外还提供 API 北向接口，对接应用平台。

SDN 控制器负责生成企业网关设备相关的表项，接收来自 Orchestrator 的相关信息，生成配置信息和转发表项，通过加密协议将相关信息下发给网关设备和 vCPE，负责流量收集与分析，提供用户数据搜集、统计及分析功能。

企业网关设备是放置在用户侧的接入设备，负责快速开通企业专线。企业网关设备应根据用户的需求，提供物理设备及服务器软件安装形态，以便满足不同的场景需求。

vCPE 在控制器的管理下进行虚拟专线建立，提供 QoS、ACL 等功能。

7.3.5　虚拟化企业网关基本业务场景

1. 点对点企业专线

如图 7-24 所示，点对点企业专线提供企业分支机构之间或分支机构到总部的互联业务，分支或总部网络出口部署虚拟用户预定网关设备（CPE），CPE 与 CPE 之间通过 VPN 隧道的方式承载企业专线业务。分支之间或分支与总部位于互联网或者承载网络，满足网关设备之间以及控制器 IP 可达，互联网或承载网络可以为 IP 或者 MPLS VPN。

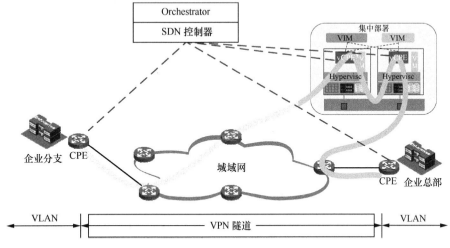

图 7-24　点对点企业专线

专线采用 VPN 隧道，可根据用户要求进行加密。

2. 企业分支互联

企业各分支和总部之间形成虚拟企业 VPN，组网结构可以是星形或全互联结构，各分支内部可以有独立的组网结构。企业分支互联如图 7-25 所示。

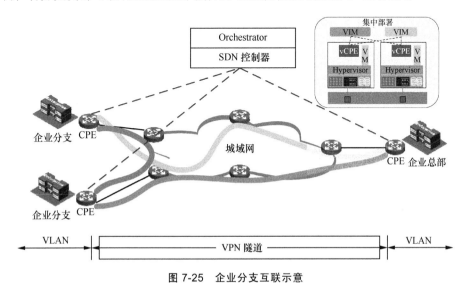

图 7-25　企业分支互联示意

分支与分支之间、分支与总部之间通过 CPE 建立 VPN 隧道到集中部署的
vCPE，再通过 vCPE 之间的 VXLAN 建立连接，配置由控制器接口下发到各
个 CPE 设备上。

企业分支间的路由可以通过静态路由的方式进行配置，或者通过动态路由
进行学习，或通过 SDN 控制器学习其余分支的路由，以便控制流量之间的互
通，达到安全隔离的目的。

3. 企业互联网专线

如图 7-26 所示，企业可以在 CPE 本地直接接入互联网，也可以各分支机
构统一在总部接入互联网。

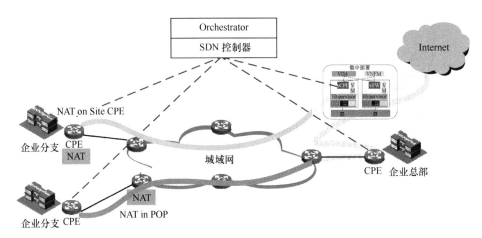

图 7-26　企业互联网专线

企业分支的 CPE 网关需要区分何时在本地上网。何时在总部上网，定
义如下。

① 用户在本地 CPE 直接上网会存在两种流量；一种流量用于本地上
网；另一种流量用于访问总部（例如访问总部的网页，总部的私网路由需
要通告到 CPE），这时控制器配置默认路由到本地上网接口，在流量进入
CPE 时先查路由，有路由直接按照路由转发，否则查找默认路由访问
Internet。

② 如果用户需要到总部后再统一接入 Internet，需要配置默认路由的出接
口为 VPN 隧道，流量到达总部后，VPN 隧道解封装，继续查找路由（总部 CPE
上需要配置默认路由的出接口为上网接口），如果普通路由没找到，继续查找默
认路由后再上网。

互联网用户访问内网服务器的场景，需要在 CPE 上配置静态 NAT。企业互联网专线支持 SIP、H.323、FTP 等常见协议的 ALG 功能。

上述路由、NAT 等配置，均需通过控制器下发。

4. 接入数据中心专线业务

图 7-27 所示为接入数据中心专线业务示意。虚拟企业网关支持快速接入数据中心业务，在数据中心网关设备（例如传统路由器）前部署集中式的专线业务网关，不同用户通过企业网关专线接入集中式网关，然后利用数据中心网关设备接入数据中心。

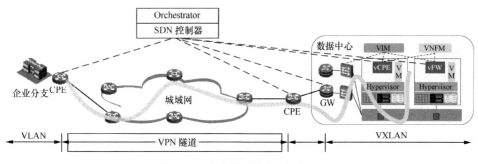

图 7-27　接入数据中心专线业务

数据中心网关设备本身具备虚拟企业专线业务特性，如支持 VXLAN 隧道，受业务目录/控制器管理，可以利用数据中心网关直接接入数据中心。

VLAN/IP 与 VPN 隧道的映射关系由编排器统一管理，并由各自对应的控制器下发。

|本章参考文献|

[1]　程海瑞，张沛. 家庭网关虚拟化研究与应用[J]. 电信网技术，2015(9).

[2]　程海瑞，张沛. 企业网关虚拟化研究与部署[J]. 电信网技术，2016(1).

[3]　程海瑞. 智能家居网关研究[J]. 信息通信技术，2016(1).

[4]　程海瑞. 10G PON 研究与应用[J]. 电信网技术，2016(3).

[5]　郭林，张沛，王光全，肖嘉晔，高峰. 下一代 PON 应用研究[J]. 邮电设计技术，2016(3).

[6] 蒋铭，李浩琳，沈成彬，曹敏. 家庭网关功能虚拟化技术研究[J]. 电信科学，2014, 30(7):135-138.

[7] 王瑾. 接入网引入 SDN 的影响——VRG[J]. 邮电设计技术，2014(7).

[8] 王瑾，张沛. 公众用户网关虚拟化对网络运维的影响[J]. 邮电设计技术，2015(2).

第 8 章

传送网

　　　本章介绍了 SDN/NFV 在传送网的发展情况,首先介绍了传送网现
状及传送网技术的发展现状,然后介绍了光传送网中 SDN 技术
的发展现状,最后介绍了运营商正在推动的 IP 与光的协同、SD-OTN
协同控制两个传送网的演进方案。

|8.1 传送网现状及传送网技术的发展|

8.1.1 传送网网络现状

目前，传送网主要由 SDH（Synchronous Digital Hierarchy，同步数字体系）、MSTP（Multi-Service Transfer Platform，基于 SDH 的多业务传送平台）、PTN（Packet Transport Network，分组传送网）和 OTN（Optical Transport Network，光传送网）等多种传送网络组成。

SDH 以 TDM（Time Division Multiplexing，时分复用）为基础，采用传统电路调度，从窄带语音通信发展而来。它以固定的时隙为单位，具有时分复用的多层次结构，以分插复用组网。

随着以太网技术的发展及其与 SDH 技术的融合，MSTP 技术应运而生。MSTP 指基于 SDH 平台同时实现 TDM、ATM（Asynchronous Transfer Mode，异步传输模式）和以太网等业务的接入处理和传送，并提供统一网管的多业务节点，是 SDH 与以太网初步融合的产物。MSTP 最适合作为网络边缘的融合节点支持混合型业务，特别是以 TDM 业务为主的混合业务。它不仅适合缺乏网络基础设施的新运营商，应用于局间或 POP 间，还适合于大型企事业用户驻地。对于已铺设了大量 SDH 网络的运营公司，以 SDH 为基础的多业务平台可以更有效地支持分组数据业务，有助于实现从电路交换网向分组网的过渡。

随着互联网的大力普及，带宽需求急剧增加，带宽需求的不断增长与现网资源出现了矛盾。为了解决 MSTP 刚性管道运作效率低等问题，WDM（Wavelength Division Multiplexing，波分复用）技术得以发展。结合 SDH 与 WDM 两者的优势，光层组织网络的传送网（OTN）诞生了。OTN 在 WDM 的基础上引入了 SDH 强大的操作、维护、管理与指配（OAM）能力，同时弥补了 SDH 在面向传送层时的功能缺乏和维护管理开销的不足，大大提升了波分设备的可维护性和组网的灵活性。

另外，随着传送网分组化的趋势越来越明显，产生了分组传送网（PTN），它在 IP 业务和底层光传输媒质之间设置了一个层面。PTN 针对分组业务流量的突发性和统计复用传送要求而设计，以分组业务为核心并支持多业务提供，具有更低的总体使用成本，同时秉承光传输的传统优势，包括高可用性和可靠性、高效的带宽管理机制和流量工程、便捷的 OAM 和网管、可扩展、较高的安全性等。PTN 主要是为了解决 SDH/MSTP 对数据业务深度扩展能力方面的限制问题，以及传统以太网技术在支撑多业务运营（TDM 仿真、时钟同步等技术远未成熟）及电信级性能方面存在的缺陷，进而实现 TDM 到 IP 的有序演进。

随着 LTE、大数据、互联网等新型业务的不断涌现，Pe-OTN（分组增强型 OTN）组网及关键技术研究已经成为光传送网领域关注的焦点。Pe-OTN 是整合了 OTN、以太网、MPLS-TP（Multi-Protocol Label Switching Transport Profile，多协议标签交换传送子集）和 SDH 等多种技术的具有分组交换和传输能力的 OTN 技术。因为 Pe-OTN 内部综合了分组交换、VC（Virtual Circuit，虚电路）交叉、ODU（Optical Data Unit，光数据单元）交叉、波长交叉等不同的交换颗粒，所以实现多颗粒交换、多业务适配网络环境下的资源调度成为 Pe-OTN 应用的重要需求。

8.1.2　传送网技术的发展

传统传输承载网络是围绕核心网和互联网建设和运营的，同时也面向用户提供专线服务，随着互联网技术、IT 技术的发展，核心网从专用设备组网演变成为通用计算机组成的网络，包括语音、短消息等都已经实现通过计算机网络提供，这种服务也从电信运营商的专业服务变成非常简单的互联网服务。

终端设备也从专用设备（手机、电话等）演变成类似计算机设备。

各类信息技术服务和应用均以云端的计算机网络为处理中心，传统电信业务仅占信息应用的极少部分（包括通信量和带宽），将逐步成为互联网服务中的一种附加服务。云服务将变成信息技术服务的"核心"。

宽带从一种电信业务逐步蜕变成信息技术服务的接入方式，IP 网络则演变成互联网的基础承载网络。

基于上述技术发展，中国联通提出了 CUBE-Net 2.0 的总体网络架构目标，围绕数据中心和用户中心的网络发展方向来发展。

随着网络流量的高速发展和业务向 IP 化的全面转型，传输网技术也发生了巨大的变化，同时也面临着瓶颈或挑战。

① 全光纤连接的泛光网（也叫作全光网、全光纤网）打破了电信网络的距离限制，光纤的巨大带宽也打破了对带宽需求的限制。

② 传输网的硬件技术发展很快，能够较好地满足业务发展的需要。

• 高速传输系统的容量从 80×40Gbit/s 发展到 80×200Gbit/s，仅仅用了不到 10 年的时间。数据中心内的互联，从 FE（Fast Ethernet，快速以太网）也已经发展到 10Gbit/s 甚至 100Gbit/s。但是更高速率的发展遇到技术瓶颈，因为超高速光电器件的研发需要基础物理和材料学的突破才能实现。

• 宽带接入网络技术已经从传统的 xDSL 发展到全光接入网，10G PON 已经开始规模部署。

• ROADM 技术已经成熟并有规模应用，但基于光子或光波长的信号处理技术一直没有突破，导致 ROADM 网络需要依靠光—电—光的再生实现信号的再生和长距离传输。

③ 电信网络的管控技术有了新的基础变革，SDN 技术思想激发了人们对传统电信网路管控技术进行革命的热情。智能、高效、敏捷、可编辑的软件化管控技术成为发展的新方向，因此软件技术将在传送承载网中发挥更大的作用。

④ 软件技术近年来取得的巨大进步也为管控技术的发展提供了基础（如云计算技术、超大数据库技术等）。

8.1.3　传送网技术发展对网络架构的影响

网络全光化基本打破了距离对组网的影响，网络架构的设计无需过多考虑距离的问题，大大减少网络设备的数量或中继设备的数量，简化了网络结构，减少了网络层级。

这种变化也使本地网中传送承载网的发展脉络更为清晰，规模适中、结构稳定、布局合理的网络节点和传输承载网络将更容易适应和满足各类业务快速发展的需要，也更容易实现业务的接入和承载。

管控与转发分离对传送承载网的架构将会产生巨大的影响，主要表现如下。

① 转发与控制分离将大大简化硬件设备的功能要求，有利于降低硬件成本，实现硬件设备上的标准化、兼容性；同时实现软件的集中化，对于网络的编辑、优化、调整，可通过集中部署的软件，充分利用软件技术的特点，快速、高效地实现相应功能。

② 管控技术的提升对运营商也是一个巨大的挑战，它不仅仅要求运营商要适应更软件化的网络运营，更要求运营商有很强的面向各种网络协议的解读能力，以及利用软件实现网络协议的开发能力。这种能力并不容易实现，思科、华为、Juniper 等诸多 IP 设备供应商在软件上都作出巨大的投入才取得成功。虽然博通公司声称 PTN 及 IPRAN 设备采用的是同一款芯片产品，但两者的软件性能存在很大差别。

虽然面临如此大的挑战，但运营商应该在这个领域逐步实现：
- 网络的集中管理；
- 业务开通和配置方面的自动化；
- 网络的智能维护；
- 网络接口、信息模型、数据参数等方面的标准化；
- 自主开发对网络的直接管控，逐步放弃厂商的网络管控系统。

传输技术越来越广泛地被各种业务设备应用，尤其是光传输技术，比如路由器、交换机、服务器等都采用光接口技术，并逐步与光传输技术融合，具备更强的传输能力，因此传输不再是传输网的专利和封闭的圈子，光传输网络需要以更开放的态度迎接这种融合，满足融合传输的需求。

| 8.2　光传送网中 SDN 技术的发展现状 |

基于 SDN 技术的光传送网又叫作软件定义光传送网。软件定义光传送网是通过硬件的灵活可编程，实现传送资源可软件动态调整的光传送架构，其具备"弹性管道、即时带宽、编程光网"的特性，通过光网可编程化以及资源云化为不同应用提供高效、灵活、开放的管道网络服务。基于 SDN 架构的光传送网的意义在于可编程能力向上层开放，使得整个光传送网具备更强的可编程功能，提高光网络整体性能和资源利用率，支持更多的光网络应用。

SDN/NFV 重构下一代网络

软件定义光传送网的关键技术包括软件定义可编程的光传送技术（传送平面）、软件定义智能化的传输控制技术（控制平面）、IP 层与光层联合调度技术（多层多域协同技术）。SDN 的引入可以使光传送网实现精细化管理，达到全局视图和统一管理、抽象视图和北向扩展、网络保护和集中控制管理、流量转发和智能传送与调度。

8.2.1 软件定义可编程的光传送技术（传送平面）

与传统的光网络不同，100Gbit/s 和超 100Gbit/s 时代的 OTN 光传送网引入了多载波光传输技术、Flexible Grid 技术和更强的相干 DSP 处理能力，从而具备可配置、可编程特性，基于引入的 SDN 可以构建可编程的光传送网。软件定义光传送网的系统架构如图 8-1 所示。

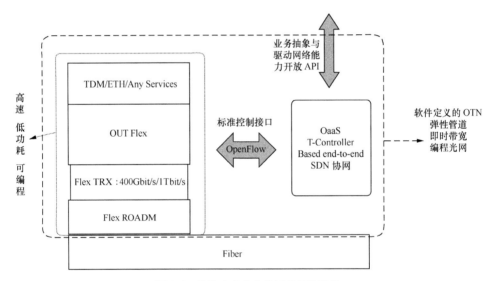

图 8-1 软件定义光传送网的系统架构

软件定义光传送网具备"弹性管道""动态带宽"和"编程光网"三大特性。网络可编程意味着网络可以根据需求改变，传送网的可编程能力和特征以组件的可编程能力为基础，从而使传送网的节点设备具备灵活的可编程特性，并将可编程能力向上层开放，使得整个光传送网络具备更强的软件定义特征，提升光网络整体性能和资源利用率，支持更多的光网络应用，具体如图 8-2 所示。软件定义光传送网的关键技术包括 Flex OTN、Flex Transceiver 和 Flex ROADM 等。

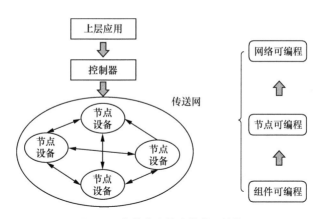

图 8-2　软件定义的光传送网特性

1. Flex OTN 技术

传统的 OTN 通过 GMP（通用映射规程）技术实现对 TDM/IP 等多业务的封装和承载，但随着业务速率的提升，基于固定速率 OTUk 接口的映射、封装、成帧处理愈发不能满足运营商对超宽带和灵活可配置带宽的需求。Flex OTN 在原有 OTN 的基础上，引入灵活的 OTN 处理，传送容器大小可编程（ODUflex（CBR）、ODUflex（GFP）、ODUCn 等）、电交叉粒度类型可编程（TDM、PKT），且大小可设置，实现与可编程光层完美结合，既扩展了 OTN 的灵活性，又与现网兼容，很好地满足了未来多业务灵活、高效率的承载需求。

2. Flex Transceiver 技术

传统的 Transceiver 硬件结构单一，对于不同的应用场景，需要不同的调制码型、线路速率的板卡或者光模块。Flex Transceiver 采用通用硬件结构，基于 Flex-DSP 技术和软件定义光模块实现，可满足多种应用场景，与 Flex OTN 技术相结合后，用户可根据实际业务情况，对光层带宽资源进行合理优化分配，实现流量的精细化运营，同时降低网络整体功耗。

线路侧可根据不同的链路状态选择不同的频偏效率和补偿算法、频谱效率可编程（调制编码方式 QPSK、16QAM、Nyquist-WDM、OFDM 等）特性、带宽速率可编程（100Gbit/s、200Gbit/s、$n×$100Gbit/s 等）特性、算法可编程（预处理算法、色散补偿算法和损伤补偿算法等）特性，以及不同的前向纠错算法（打开或关闭 FEC、HD-FEC、SD-FEC、HD&SD-FEC 等）。

根据不同的业务需求，用户侧可设置不同的业务接入方式，支持多业务接入，且硬件无须更换。

3. Flex ROADM 技术

随着 400Gbit/s/1Tbit/s 技术的出现，为了进一步提升频谱资源利用率，打破原有固定通道间隔，产生了 Flex ROADM 技术。Flex ROADM 可以实现小的带宽间隔，实现任意带宽任意光通道之间的无损交换。其主要基于灵活栅格技术，根据不同的信号谱宽和级联数量选择不同的栅格宽度和滤波器类型，如 WSS、ROADM、MUX 和 DEMUX 等。这种方式可实现栅格宽度可编程（$n×12.5\text{GHz}$、$n×6.25\text{GHz}$ 等）和光谱形状可编程（滤波器形状、滤波器带宽）。结合 Flex OTN 和 Flex TRX 技术，光层可进一步实现更精细的子波长调度，通过光层直接旁路，减少昂贵的上层交换设备的使用，降低运营商总成本以及网络整体功耗。

光传送网的软件定义可编程特性包括：根据业务类型的通道类型可编程（TDM/PKT）；根据业务带宽需求的通道带宽大小可编程；根据业务时延需求，设置不同路径，通道时延可编程；根据用户业务服务质量需求，QoS 策略可编程；网络类型可编程（PKT、子波长或波长交换）；网络规模可编程（端口数量、节点数量、光纤类型和连接数量等）等。同时光传送网可根据网络频谱资源利用情况和线路损伤进行资源调配和优化，实现信道间和信道内的非线性联合补偿，提升传输性能，实现基于频谱资源的路由算法和频谱碎片整理，提升频谱利用率，全面感知网络传输损伤，为上述优化提供依据，最终实现传送即服务（Trasport-as-a-Service，TaaS）或光层即服务（Optical-as-a-Service，OaaS）。

8.2.2 软件定义智能化的传输控制技术（控制平面）

传送网络中所使用的控制架构和协议主要分为集中式和分布式，图 8-3 所示为以 GMPLS 协议为代表的分布式架构和以 OpenFlow 为代表的集中式架构。在网络的全局性管理、计算速度、互操作性等方面，集中式的 SDN 控制架构更为领先。而在网络的安全性、扩展性、运营和管理成本等方面，基于 GMPLS 的 ASON 架构更具有优势。

SDN 的本质是逻辑集中控制层的可编程化。相对于传统传输网络架构而言，SDN 将控制功能从传输设备中分离出来，将其移入逻辑上独立的控制环境——网络控制系统中。该系统可在通用的服务器上运行，任何用户可随时、直接进行控制功能编程，因此控制功能不再局限于设备中，也不再局限于只有设备生产厂商才能够编程和定义。一般来说，光网络控制层面向 SDN 演进可以分为三种方式。

① 保守型，即基于 SDN 的光网络控制器直接使用目前已有的集中控制架构和协议，比如 PCE 架构和 PCEP，将 ASON/GMPLS 信令等分布式控制功能

统一到 PCE 实现。

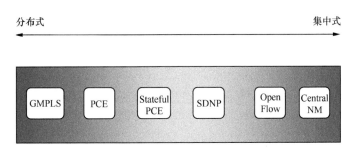

图 8-3　集中式和分布式控制协议簇

　　② 革命型,即 SDN 和 OpenFlow 协议完全取代 ASON 及 GMPLS 和 PCE 架构,打破现有分布式控制模式,取代所有域间域内横向控制技术和相关协议。

　　③ 平滑演进型,即 SDN 架构和 OpenFlow 协议兼容 ASON 架构协议及 PCEP,可以将 ASON/PCE 的部分功能移植到 SDN 的控制器中,利用 ASON 及 PCE 的前期成果,使用部分模块或者功能作为控制器的一个组件。

　　目前光网络控制层面向 SDN 演进的方式主要采用平滑演进型,更多的是现有技术的重新整合。基于平滑演进型控制器架构如图 8-4 所示。

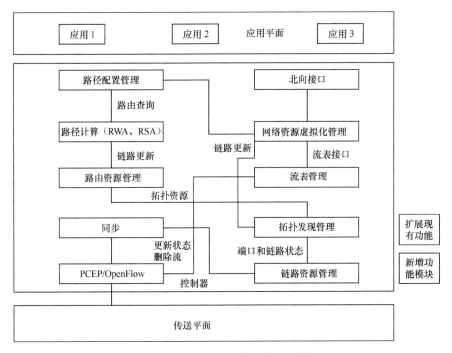

图 8-4　基于平滑演进型控制器架构

光网络控制层平滑演进型的架构如下。

1. Programmable Transport Controller 技术

Programmable Transport Controller 是一种新型的网络控制单元，通过网络设备层的标准化 OpenFlow 控制接口，提供跨多设备形态的统一控制，实现从动态云业务到基于软件定义可编程的光传送平面的弹性管道端到端统一控制，方便增值业务的快速即时提供。通过应用层的开放式 API，使应用可以驱动网络，快速即时重构网络硬件系统，实现可编程化的光网络，满足用户动态实时性以及个性化服务需求。该控制单元通过集中式的控制理念，使业务多层流量疏导更加智能、可控，全网资源利用率得以最大化提升，业务端到端质量得到有效保证，使用户获得完美的体验。这种基于集中式管理、标准化控制，以及开放式 API 的软件定义管理方式，使传送网从"哑"管道转变成智能管道，管道作为业务的一部分为运营商提供"TaaS（传送即服务）"的增值业务。

2. Asynchronous

Asynchronous 负责缓存和处理 OTN 设备节点发送过来的异步消息，包括 PCEP 扩展协议，OpenFlow 1.1.0 标准中定义的 Packet-in、Port&Link-Status 消息以及 OTN 设备节点中未命中流表的报文。

3. Link Resource Manager

Link Resource Manager 负责与 OTN 设备节点之间的链路层发现协议(Link Layer Discovery Protocol，LLDP) 或链路管理协议 (Link Manage Protocol，LMP) 消息处理，以及产生链路、节点、接口信息给拓扑发现模块。在分布式的控制平面中（如 MPLS-TE/GMPLS），LLDP 和 LMP 运行在两个控制平面实体之间，但发现两个节点之间的链路后则通过 IGP (OSPF 或 ISIS) 发布到整个网络的其他控制平面实例中。在 SDN 架构里， OTN 设备节点运行 LLDP/LMP，发现两个节点间的链路信息后，通过 PCEP /OpenFlow 协议通告给 Controller。

4. Topology Discovery Manager

Topology Discovery Manager 接收信息，并负责形成网络的流量工程信息输入 PCE 路由资源管理器。Topology Discovery Manager 充当了原有控制平面的 IGP 功能，但处理的并不是 IGP 的协议报，而是接收 OTN 设备节点上报的端口、链路、节点故障信息，更新网络拓扑信息，同时向上层通告链路故障信息，使得上层应用可触发生存性机制。

Topology Discovery Manager 负责为上层应用虚拟出不同的 OTN 网络视图，建立 OTN 虚拟网络视图与物理设备网络的映射关系，隔离控制器所在网络的链路带宽和流表，并与上层应用通过标准的 OpenFlow/PCEP 进行交互。

5. Flow Table Manager

Flow Table Manager 维护隔离控制器管理的所有 OXC/DXC 的交叉流表，需要为每个 OTN 设备节点维护独立的交叉流表，同时也负责接收上层应用流表配置和更新请求，并与 OTN 设备节点交互，进行流表的增加/删除和修改。

| 8.3 IP 与光的协同 |

8.3.1 开放光网络的发展

近年来，开放光网络一直快速发展，尤其是"IP+光联合组网"技术在标准层面已经做了大量工作，传输+IP 的传送承载网已经成为紧密结合的综合业务承载基础。

① 开放光网络应用虽然在运营商网络上看还是新生事物，但在互联网公司已经普遍应用；

② 阿里巴巴已经独立采购 WDM（不含 OTU）产品和 OUT 产品，应用强大的软件研发实力实现对开放光网络的集中管控；

③ 谷歌公司甚至要求 WDM/OTN 设备供应商仅提供硬件和开放设备接口、信息模型，自主开发全部的管控系统；

④ 国内互联网公司已经开始在 ODCC（开放数据中心委员会）平台上制定 IP+光联合组网技术规范；

⑤ BBF 已经完成 IP over WDM 的规范；

⑥ OPENROADM 论坛也提出了 OPENROADM 的发展愿景。

这些应用都说明开放光网络将成为未来的发展趋势。目前在互联网公司推动下的开放光网络距离受限还比较明显，主要原因在于开放的光网络必须解决光传送技术的互通性和兼容性问题，而打破专利技术的限制需要较长时间，更长距离的光传输技术在专利制度下无法实现开放。

运营商内部和设备供应商的专业分工和壁垒若不打破和重组，必将落后于

网络和技术的发展。互联网公司凭借在这方面的领先优势，将逐步削弱运营商
在电信设备和技术创新方面的驱动能力和领导力。

8.3.2 IP 与光协同的发展

传输网和 IP 网均成为基础网络，为各类业务提供传输承载服务。

传输网为 IP 网提供长距离传输的通道，IP 网提供业务的转发、汇聚和收
敛，两者互通的关键在 OUT。

随着光模块技术的发展，光模块越来越小，可插拔光模块越来越普及，尤
其是彩光模块也实现了可插拔。在路由器设备上采用可插拔光模块已经没有技
术障碍，路由器采用彩光模块与 WDM 混合组网（IP over WDM）成为可能。

IP 与光融合发展趋于以下方向。

① 网络间协同。

－　基于 SDN 技术的 IP+光联合管控和业务优化。

－　通过传输网络将 IP 网络扁平化，降低网络成本。

－　IP 层保护恢复与传输层保护恢复的协同。

－　OAM 协同，快速诊断网络故障，比如路由器采用 OTN 接口，与 OTN
实现 OAM 的协同；传输设备支持以太网链路层 OAM，实现 OAM 的协同。但
以太网的链路层 OAM 没有区分段层和路径层，对于故障定位有一定的难度。

② IP+光联合组网，基于路由器光彩光口的 IP+光联合组网。

8.3.3 IP 与光协同实践

IP+光联合组网的开放光网络应用是 IP 与光协同的主要目标，是简化网络
架构、降低网络成本的方向之一。

在这个方面，运营商已经做了一些实践。北京联通在核心汇聚层采用的 IP+
光彩光口组网方案，在技术层面已经证明是可行的，但由于彩光口厂商具有专
有属性，不开放、不兼容，导致国家监管部门无法实现对 IP 网络的及时有效监
管，限制了彩光口组网的应用。这也从一方面反映出市场对彩光口标准化、兼
容性的需求。中国联通、中国移动等运营商已经在移动前传网络上，大量采用
粗波分技术，在基站上直接配置彩光模块，实现低成本前传。

在光网络开放组网方面，阿里巴巴采用光讯的 WDM 器件自建全光层网络，
再公开招标 OUT，引入第三方 OUT 实现全光网络的光电层解耦，自主开发网
络管理平台，实现对全光层网络和 OUT 的统一管理。其关键是利用强大的自

主软件研发能力，自行研发网络管控系统，制定标准的设备 API 规范，保证所有设备提供 API。管控平台通过 API 实现对设备的管理。

中国电信在面向 5G 的解决方案中，提出 OTN+IP 的联合设备形态，以实现 IP+光联合组网在设备级的融合。

由于硬件开放性不足、政策监管、运营商维护体制、运营商管控系统软件整合能力欠缺等原因，未来一段时期内，WDM 网络的 OUT 通过光电光的转换才能实现将 IP 网络承载在 WDM 上，但目前可以逐步在城域网的接入层、边缘层、汇聚层采用 IP+光协同组网的技术。这些层面对光层性能要求不高，无监管需求，同时运营商基于供电和机房、网络同步的原因，也有很强的需求。因此，5G 承载的技术方案提出了 IP+光联合组网的可选方案，实现前传、中传甚至回传业务的低成本承载。

8.3.4 传送承载网络目标架构及演进

传送承载网络目标架构如图 8-5 所示。传输承载网的技术架构分为三层，最底层是物理层，包括光纤和 WDM，随着带宽的增加，WDM 网络已经全面覆盖了本地网核心层级以上（骨干层）的网络，并开始在本地网的汇聚层和边缘层扩展。

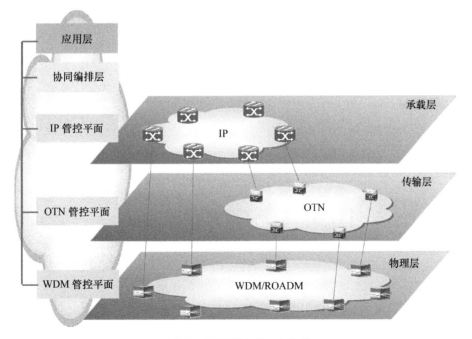

图 8-5 传送承载网络目标架构

WDM 网络存在 OTN 层和 IP 层，IP 网络直接承载在 WDM 上，并逐步向 IP 彩光 over WDM 发展，从城域网的接入层、边缘层、汇聚层开始，逐步发展。OTN 层逐渐从基本传输层面演变成主要用于满足用户专线、中等速率的业务网组网电路。

WDM 网络目前还不能被称为网络，只是点到点的系统，缺乏组网能力，主要原因是缺乏自动调度的能力，点到点 WDM 系统中所有的业务调度都需要人工操作。随着 WDM 系统应用越来越广泛，部署层级越来越低，以及光波长调度技术的逐步完善，基于波长调度的 ROADM 技术及相应的控制技术逐步成熟，采用 ROADM 技术可以把传统点对点的 WDM 系统升级为各种结构的、端到端的网络。

随着 WDM 应用的下沉，IP+光联合组网将自下而上逐步实现。中国联通已经在 LTE 阶段的前传网络中采用彩光粗波方案，正在研发面向 5G 的低成本 WDM 接入技术，并争取实现远端的彩光接入。在 IP 化的移动回传网络中，中国联通考虑采用彩光 over WDM 的方案，更好地满足 POP 点、汇聚点等机房供电和面积紧缺情况下的业务快速部署。

网络架构演进的另一个方向是向 SDN 演进，这个过程是通过集中的管控平面实现对传送承载网的集中、协同管理和控制，实现网络的智能化，提高网络的敏捷性。集中管控平面宜采用云架构，能够在云平台上部署，实现管控能力的可扩展性。从软件技术方面看，集中的管控系统可以分为应用层、协同编排层、专业设备管控层等层面。

系统搭建初期宜在传输和 IP 两个领域分别开发集中的管控平面，并逐步实现 2 个管控平面的融合和统一管控。

集中的管控平面直接面向设备进行管理，摒弃厂商专用管控平台作为管控平面发展的方向，但设备级管控系统的开发对运营商充满挑战，这个过程将会比较漫长，运营商可以首先从智能管控平面的应用层、协同编排层入手，逐步加强对管控系统掌控的能力。

|8.4 SD-OTN 协同控制|

8.4.1 SDN 对传送网的影响

随着云计算和数据中心的广泛应用，各种不同类型的新业务及新应用不断涌现，传送网除了面临巨大的数字洪流，还将面临洪流的动态性和不可预知性。传统的光传送网络新增带宽基本采用滚动规划方式预测，并且基于固定速率的 OTN 接口、光层固定的频谱间隔以及逐层分离式管控，其"过设计"和"静态连接"等特性在这种状况下显得带宽分配和调度效率低下。

未来网络的多样性和业务需求的多变性，都会对传送网带来很大的压力。从业务性质的角度来说，互联网时代的到来使得网络流量和流向都变得不可控，传统电信网络的业务以面向连接的汇聚型固定流向为主，逐渐转向 ICT 网络模型，未来网络将会以 IDC 为主，面向内容和应用。此外，业务带宽需求也存在着多变性，需要网络能够按需按时进行调整。

对于传统网络而言，刚性带宽和业务部署开通过程等业务需求的变化带来了以下压力。

① 业务跨域/厂商业务开通效率低；

② 跨地市/省专线业务需要人工规划业务路由，效率较低，时间较长；

③ 综合网管以监控为主，北向接口能力弱；

④ IP 层和光层资源各自规划，难以快速匹配；

⑤ 业务全局优化困难，难以根据全局性进行快速调优，造成网络与业务的匹配性有差异；

⑥ 网络能力开放困难，当前网管系统缺乏能力开放和新业务集成能力；

⑦ 网络管理技术发展缓慢，技术标准陈旧。

传统光传送网需要建立一个灵活、开放的新架构，实现业务的自动部署和瞬时带宽调整，构建动态的基础传送网络。软件定义光传送网是通过硬件的灵活可编程配置，实现传送资源可软件动态调整的光传送架构，通过光网可编程化以及资源云化为不同应用提供高效、灵活、开放的管道网络服务。基于 SDN 架构的光传送网的意义在于可编程能力向上层开放，使得整个光传送网具备更强的可编程功能，提高光网络整体性能和资源利用率，支持更多的光网络应用，具体说明如下。

① 端到端快速开通业务（分钟级）。通过 SDN 网络编排器生成全网信息，分发各业务请求，实现跨厂商或跨域 OTN 设架构快速开通业务，最终实现 IP+OTN 的业务联合发放。

② 业务实时、全局调优。根据网络运行状态或业务的新需求，设架构可实现网络全局性的快速调优。

③ 促进网络能力开放，提升业务创新能力。开放网络层北向接口，形成标准化的 API 可供业务层调用，便于业务层快速集成和上线新功能。

④ 充分利用产业界能力，促进网络能力提升。软件定义光传送网的关键

技术包括软件定义可编程的光传送技术（传送平面）、软件定义智能化的传输控制技术（控制平面）、IP 层与光层联合调度技术（多层多域协同技术）。SDN 的引入可以使传输网络实现精细化管理，达到全局视图和统一管理、抽象视图和北向扩展、网络保护和集中控制管理、流量转发和智能传送与调度的目的。

8.4.2 SD-OTN 协同控制器

SDN 协同器负责对计算、网络和存储资源进行协同。协同控制器使用 SDN 控制器的北向接口在抽象层的最高层级协调网络，为网络应用、业务提供协调、编排。

SD-OTN 协同控制器能够实现跨域层级的协同控制，在跨域及跨层业务的编排过程中，协同控制器管理和维护的范围包括本层管理域内的资源以及下接的各控制器，协同控制器起着协同多域控制器的作用。协同控制器支持下层控制器建立、查询业务的功能（包括单域业务和跨域业务）；各层及各域应完成本层本域资源的信息模型抽象，协同控制器管理的是下层控制器而不是连同物理网元的混合管理，协同可用通过查询的方式获得逐层资源和拓扑信息。

SD-OTN 协同控制器能够以用户需求为目的，将各种服务或要素进行科学的安排和组织，使各个组成部分平衡协调，生成能够满足用户要求的服务；能够进行跨域业务编排，实现跨域业务端到端的建立和维护、网络业务和拓扑信息的查询汇总上报、端到端的波长和专线的建立以及动态带宽的调整等功能。

中国联通自主研发的 SD-OTN 协同控制器，主要实现了路径计算、流量优化、带宽优化、保护恢复以及跨域业务的建立等北向接口功能，实现了联通网研院 SD-OTN 协同控制器与厂商单域控制器之间的互通，包括拓扑、节点、链路详细信息的查询、业务的创建、修改及删除等接口功能的实现；同时，其与华为、中兴、烽火三家厂商控制器实现跨域业务的创建与删除，并完成了与中国电信实验室厂商控制器的互通测试。

SDN 技术除了能够快速实现业务的开通，还能为用户提供业务预约发放、业务快速发放、BoD、带宽的动态可调、时延的动态监测等功能。SD-OTN 架构模型如图 8-6 所示，采用 Virgo 的 OSGI 框架，北向接口信息模型采用 ONF 的 TAPI，由数据持久层、数据接口层、业务逻辑层、前台 UI 以及控制器 Bundle 5 部分构成。

电信运营商通过自主研发 SD-OTN 协同控制器的方式，实现了跨厂商的业务调度和控制，避免厂商在 SDN 技术领域话语权过重，充分保护运营商的利益。在协同控制器上提供开放应用研发接口，允许不同的研发个体利益协同器开发各种网络应用，实现从用户入口到业务配置的全自动流程，大大减少了人工参与的环节，实现了真正意义上的自动化智能服务。中国联通建成了全球首个基于 SDN 技术的 OTN 商用全国骨干网络。此外，自研的 SDN 协同控制器完成了统一协同控制器下的异厂商的业务发放，并实现了路径计算、流量优化、带宽优化、保护恢复以及跨域业务的建立等功能，同时实现了这些功能的北向接口及信息模型的开发。

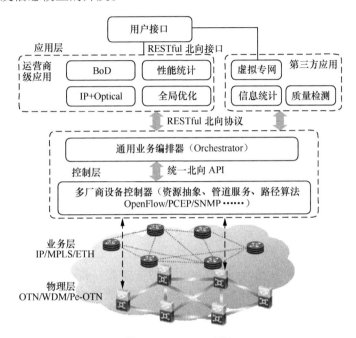

图 8-6　SD-OTN 架构

8.4.3　中国联通的 SD-OTN 金融专网实践

企业专线是运营商传统 B2B 业务场景之一，近年来亦保持较高增速。

企业用户对专线服务的需求也在逐步提高，并深入企业的日常运营中。比如，用户要求通过数据库云化，利用后台系统统一支撑财务、人力、销售、市场等部门，优化企业内部通信系统，实现更高的运营效率。这意味着企业专线不仅需要有优秀的传输性能，还需要具有更高的稳定性、安全性和智能化程度。

中国联通早在 2011 年启动了全国 OTN 大用户精品网的建设，到 2015 年建成覆盖 31 个省会城市的 OTN 骨干网（100Gbit/s），开通 GE-10Gbit/s 速率大用户专线业务。然而受限于传统网络架构，这张网络面临无法适应新时期业务诉求的挑战，而大用户专线同质化竞争的加剧也为其带来了很大压力。

为更好服务金融政企类用户，提供差异化的用户体验，中国联通在

CUBE-Net 2.0 愿景下积极探索，2015 年启动了 OTN 骨干网的 SDN 升级，并于 2016 年开始建设基于 SD-OTN 的金融专网一期，目前已经延伸到北京、上海、深圳等多个重要地市，构成了一张覆盖全国各大金融中心的专有网络。依托该网络，中国联通面向金融用户推出了可保证低时延的专线套餐，提供最优、次优等不同时延级别的路径，以满足不同用户对时延的要求。

中国联通引入 SD-OTN 架构，采取了跨地市+骨干高品质、低时延传输专线，业务端到端分钟级别发放，统一 Portal、统一运维的建网思路。在物理层面，中国联通利用 MS-OTN 设备从根本上确保线路低时延。光网络具备最低和最稳定的时延已成业界共识，因而是低时延专线的必备选择。而 100Gbit/s 相干通信不再需要色散补偿模块，相对于早期 10Gbit/s 和 40Gbit/s 波分系统，电路时延可以降低十分之一左右。

在控制层面，中国联通采用 SDN 控制器及网管集中方法管控全网资源，打破行政区域的多网管分割管控的局面，真正提供端到端专线的快速发放。同时，中国联通基于 ITU-TG.709 标准实现业务路由的时延计算策略，并支持时延的在线测量,通过集中式最优算法为金融企业提供可保证的最优时延的专线。

SD-OTN 金融专网架构如图 8-7 所示。通过升级 SD-OTN 功能，中国联通 SD-OTN 金融专网具备多项优势特性。业务发放方面，其支持 OTN 端到端业务发放、5 种 SLA、业务端到端管理；资源/业务可视化方面，其可提供 SDH/OTN 业务端到端展示、SDH/OTN Client 业务端到端展示、SDH/OTN 资源管理、保护路由中断识别；时延检测方面，其支持 SDH 时延计算及展示、OTN 时延计算及展示；自动运维方面，提供生存性分析及资源预警。

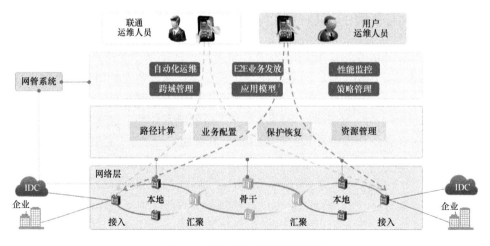

图 8-7　SD-OTN 金融专网架构

目前，SD-OTN 金融专网因其网络能力的开放、业务发放和管理的高效、可保证的低时延及在线时延测试、高网络安全性及高可靠性，已经得到了联通用户的高度认可。展望未来，中国联通将在金融专网二期中继续扩大网络在本地的覆盖，引入 Pe-OTN 和 G.HAO 等新技术特性，并自研协同控制器以管理多厂商设备。

| 8.5 本章小结 |

SDN 对于传送网的影响表现在许多方面，比如网络架构的集中化、网络控制的智能化、网络应用的开放化等。对于光传送网来说，智能控制的引入，可以改变原有刚性管道的面貌，与其他类型网络进行协同合作，打造更为灵活也更为开放的网络体系。而对于城域传送网来说，基于分组和 TDM 的多样化业务对综合承载的需求更为迫切，特别是在业务承载、调度和流量控制以及网络网元管理和运维等方面。引入 SDN 技术可以使城域的传送网将复杂的业务、流量、带宽处理功能集中起来，从而让业务的处理转发更为高效简单。

但是，传送网 SDN 技术仍然有一段长期的道路需要探寻。首先，传送网是底层的物理网络，其软件定义或者可编程实现比上层网络实现要复杂，演进时间长，技术瓶颈多；其次，传送网不直接面向用户，SDN 的最大特点之一——北向开放能力在传送网中很难得到体现，甚至会受到制约难以实现。因此，传送网 SDN 技术还需要从网络演进、业务发展和 SDN 技术本身等诸多角度综合考虑，才能寻找到适合传送网的 SDN 发展道路。

| 本章参考文献 |

[1] 张杰，赵永利. 软件定义光网络技术与应用[J]. 中兴通讯技术，2013,19(3):17-20.

[2] 张国颖，徐云斌，王郁. 软件定义光传送网的发展现状、挑战及演进趋势[J]. 电信网技术，2014(06): 33-36.

[3] 王茜，赵慧玲，解云鹏. SDN 标准化和应用场景探讨[J]. 中兴通讯技术，2013(05):06-09.

[4] 张朝昆，崔勇，唐翯翯，吴建平. 软件定义网络（SDN）研究进展[J]. 软件学报，2015(01).

[5] 陈秀忠，赵俊峰，张国颖，徐云斌，王郁. 光传送网基于 SDN 的控制技术探讨[J]. 电信网技术，2013(06)：08-11.

[6] 李允博，李晗，柳晟. 软件定义网络在光传送网领域的应用探讨[J]. 电信科学，2013(09)：193-196.

[7] 沈世奎,师严. 软件定义可编程的光传送网络[J]. 邮电设计技术,2014(10)：94-98.

[8] 简伟，师严，沈世奎，刘楚，王海军，王光全. 基于 SDN 的 OTN 和 UTN 网络融合技术研究[J]. 邮电设计技术，2014(03)：45-48.

[9] 庞冉，黄永亮. SDN 技术在综合承载传送网中的应用分析[J]. 邮电设计技术，2013(11)：29-32.

第 9 章

IPRAN

本章介绍了 SDN/NFV 在 IPRAN 的发展情况,首先介绍了 IPRAN 现状及存在的问题,接着介绍了基于 SDN 的 IPRAN 技术特征和组网模型,最后介绍了联通基于 SDN 的 IPRAN 演进进展情况。

| 9.1 IPRAN 现状及存在的问题 |

9.1.1 IPRAN 现状

以国内某运营商为例，部署 IPRAN 主要为了满足 LTE（Long Term Evolution，长期演进）阶段对承载网提出的三层路由、Mesh 连接、灵活调度等复杂组网需求，使所承载的城域业务在可靠性、扩展性、时钟同步等方面都比过去有显著提升，具备更大的带宽提供能力、大规模组网能力、灵活的承载方案及丰富的业务特性，为运营商提供智能、易用、面向未来的承载网络架构。

IPRAN 采用分层结构，分为核心汇聚层和边缘接入层，如图 9-1 所示。这种层次化网络结构可以解决低档接入设备与高档核心汇聚设备共同组织大规模网络的问题，基于避免单点故障、网络业务流量合理分布、网络具有可扩展性的原则，可合理规划网络结构，简化网络路由策略，便于管理维护及快速调整。

IPRAN 可以灵活地提供多样的业务承载模式，实现全业务接入和承载。2G 基站业务和 L2 大用户业务采用端到端的伪线（PW）模式或分段 PW 模式，把业务封装在伪线隧道中进行承载，保证业务对网络变更无感知。3G/4G 基站业务和 L3 大用户业务采用端到端的 L3 VPN 方式承载；3G/4G 基站业务和 L3

大用户业务也可以在接入层采用伪线模式,把业务封装在伪线隧道中进行承载,汇聚设备终结伪线并将业务导入 L3 VPN 中进行承载。

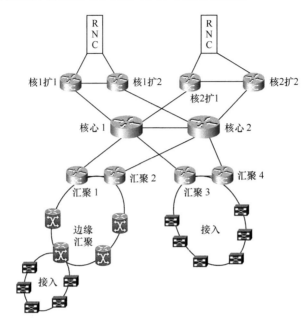

图 9-1　IPRAN 结构

9.1.2　IPRAN 存在的问题

　　经过近年来的建设,IPRAN 技术对移动回传的质量和传送效率提升明显,但是也遇到了一些影响其继续发展的问题,通过在 IPRAN 中引入 SDN 技术,这些问题有望得到解决。

　　(1)降低网络运维复杂度

　　3G/4G 网络的发展需要部署海量的基站和基站回传设备,典型大型城域网的 IPRAN 设备规模大约为 10000 台。如此大规模的基于 IP/MPLS 设备的网络管理非常复杂,而且设备发散分布,网络接入设备与汇聚设备之间存在多种协议配合,对网络运维人员技术能力要求高,要求了解和记忆大量的协议信息和网络组网信息,给运营商带来巨大的运营和维护压力。在 IPRAN 尤其是接入层引入 SDN,可以通过虚拟化技术将接入层设备虚拟化为汇聚设备的板卡,通过对汇聚设备的配置即可实现对其所连接的接入环的配置,实现接入设备自动上线和业务快速开通。

　　(2)提升网络智能化水平

随着移动互联网业务的发展，各种新型应用层出不穷，网络流量突发增长的情况越来越普遍，同时业务也更具动态性。SDN 技术的引入，可以使得在控制器中集成网络智能算法，通过对 SDN 控制区域的全局拓扑分析，结合运维数据进行综合计算，为网络提供链路负载均衡、业务流量预警等功能，同时还可以快速响应业务的建立，以及对业务进行动态维护。

（3）降低设备复杂度

近年来，运营商为了构建 IPRAN 购置了海量的设备，特别是接入层设备。这些设备安装了大量的网络协议，直接提升了开发成本和采购成本。SDN 设备与控制相分离的思想为简化 IPRAN 设备，特别是为简化接入层设备提供了新的思路。在 SDN 时代，IPRAN 设备只负责数据的转发，而原来分布式的控制功能被集中到 SDN 控制器中统一完成。

（4）降低异厂商 IPRAN 设备互通难度

在非 SDN 化的 IPRAN 中，由于网络设备安装协议的复杂性，异厂商设备间的互通往往难以实现，即使是同厂商的新老型号设备间也存在互通的难题。通过引入 SDN 技术，我们将大量设备互通的问题简化为控制器之间的互通问题，减少了互通设备的类型和数量，有助于降低互通难度。

（5）开放网络能力给用户

未来 IPRAN 将成为运营商的城域综合业务承载网，需要考虑除移动承载外的大用户业务承载需求。根据用户要求对 IPRAN 能够提供的业务承载能力进行虚拟化，SDN 技术使得集团用户等网络使用者能够具备一定的自行管理其虚拟网络的能力，并且支持引入面向用户的业务协同平台，支持集成面向用户的网络 App 功能。

| 9.2 基于 SDN 的 IPRAN 技术 |

9.2.1 基于 SDN 的 IPRAN 技术特征

IPRAN 为三层 IP 网络，主要采用 IP/MPLS 协议完成业务承载，解决无线接入的 IP 化。基于 SDN 的思想，IPRAN 设备可以实现转发与控制分离、集中控制及开放可编程等特性，从而提高网络自动化部署、运维、管理能力，并为未来新业务的快速开放提供保证。

基于 SDN 的 IPRAN 应具有以下基本特征。

① 网络虚拟化：控制器控制的网络被虚拟化成一台路由器，简化网络配置，网络规划及业务部署更为简单，接入层网络的拓扑发现、路径建立、业务部署、OAM 和保护的建立由控制器完成。

② 以业务为中心的业务发放模式：业务发放不再关注网络设备之间的转发路径如何建立，只关注业务的接入点和业务终结点，以及业务带宽等约束条件。

③ 转发控制分离：控制面上移，无须关注内部协议交互和部署。

④ 网络可编程：从应用层面看，下层网络被抽象出来，网络具备可编程性。

⑤ 控制集中化：控制面集中，所有的网络行为都由其控制，实现流量工程、负载均衡等网络的全局优化。

⑥ 自动部署 OAM 和业务保护，快速定位故障，通过控制器的集中控制可实现高可靠性。

⑦ 易于实现新业务的引入，业务升级简单，与转发平面解耦。

9.2.2　网络参考架构

基于 SDN 的 IPRAN 架构如图 9-2 所示，主要包含转发层、控制层、应用层三个层面及网管功能。

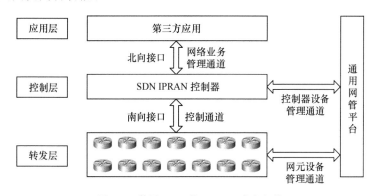

图 9-2　基于 SDN 的 IPRAN 参考架构

1. 转发层

根据 SDN 控制器下发的控制信息完成数据转发。转发层应具有基本的路由功能，以保证转发节点与控制器和网管之间控制通道和管理通道的自动建立。转发节点接受控制器的控制及向控制器上报自身的资源和状态。转发节点仍然

需要提供传统的网管北向接口，但是北向接口功能不再包括网络业务和协议的功能，只提供转发节点设备本身的管理接口，如电源、电压、单板等管理功能。考虑到现网已大规模部署，为了兼容现有网络硬件条件，初期转发层网络设备的互联互通及数据流转发需兼容 IP/MPLS 协议集。后期随着 OpenFlow 流表芯片发展成熟，逐步向 OpenFlow 流表转发演进。

2. 控制层

逻辑上集中的控制实体，通过南向接口向转发层网络设备下发控制信息，通过北向接口向上层应用开放底层网络资源和能力。该层的 SDN 控制器是一个软件系统，可以内置在网络设备中，也可以部署在一个独立的服务器中。控制器是整个网络的控制面，对整个网络进行集中控制。根据实际情况，控制器控制的网络范围可由网络管理员进行定义。南向接口主要做业务级的控制平面定义，完成网络拓扑的发现、业务配置下发、业务 PW/LSP 路径的计算及表项的下发。北向接口包括网管北向接口和应用层北向接口。前者向网管提供网络的业务部署、监控、故障处理、故障定位等功能，可以提供对网络拓扑和虚拟网络的操作；后者向第三方应用开放编程接口，提供 API 编程接口，用于第三方应用利用控制器获取网络资源（如网络拓扑），提供针对网络的诊断、故障界定位、性能监控等应用，以及未来创新的应用。

设备侧具有控制层的控制代理能力，另外也可保留一部分控制功能，按照所保留的控制功能强弱，分为如下三种实现方式。

① 强控制能力：设备上保留基本 IGP（Interior Gateway Protocol，内部网关协议）、BGP（Border Gateway Protocol，边界网管协议）、LDP（Label Distribution Protocol，标签分发协议）、BFD（Bidirectional Forwarding Detection，双向转发检测）等动态路由协议，SDN 控制器功能相对简单，只做基本配置下发。

② 弱控制能力：设备上保留静态转发表，并具备故障检测等机制，故障后设备侧可以自行切换，其余配置主要在控制器中完成。

③ 无控制能力：设备上保留静态转发表，所有表项都由控制器来配置和下发，即网络的所有功能均由控制器下发实现。

3. 应用层

基于控制层数据进行应用管理，其功能应与网管功能进行区分。App 可以分为两大类，即对运营商的应用和对用户的应用。运营商的 App 应该支持运维人员在办公场所的固定接入和非办公场所的移动接入，方便业务发放和及时查

看业务状态,具体需求包括端到端的电信级业务发放、调整。对用户开放的 App 则主要关注用户向运营商租用的网络管理与虚拟化组网等问题。

4. 通用网管平台

该平台完成转发面网络设备、SDN 控制器各类对象的管理及控制器或第三方应用策略的配置。转发面网络设备在网管上可作为独立网元管理,但是由于业务已经由控制器进行集中控制,因此网元管理面只提供网元设备管理功能。

9.2.3 SD-IPRAN 的应用价值

1. 接入层简化运维

目前,接入层 IPRAN 设备数量占全网 IPRAN 数量的 85%以上,随着 Small Cell、集客接入等需求的引入,这·比例还将不断提高。IPRAN 接入层设备普遍具有三层功能,因此海量设备的运维管理十分复杂。通过引入 SDN 技术,IPRAN 可以实现接入环海量设备的集中统一管理。由于移除了大部分控制功能,因此接入设备自身功能除了可以简单化,还可以虚拟成汇聚设备的板卡,此时,繁琐的路由配置、TE 配置等工作无需在海量接入设备上线时进行,可以通过控制器自动完成。除设备上线外,在进行网络割接操作时,破环加点不用重新配置与网络状态更新相关的协议,只需要对新加入接入环的节点进行 SDN 归属性配置即可,其余工作可通过控制器自动下发完成。

2. 便于网络跨层、跨域互通

网络互通一直是 IPRAN 要着力解决的问题。引入 SDN 技术后,IPRAN 控制协议上移至网络控制器,设备实现更为简单。当前,在保持各厂商分区域组网的格局下,业务跨域的发放和管理可以借助 SDN 多域协同器来解决。其关键问题是制定厂商控制器与多域协同器之间的标准北向接口规范。未来,如果南向接口能够基于 OpenFlow 协议实现,接入层设备也可以直接接入核心汇聚设备厂商或者第三方的控制器,从而实现接入层的多厂商的混合组网,有助于极大地降低建网成本。

3. 路由策略集中控制

在 IPRAN 的汇聚和接入层均实现 SDN 化后,业务转发路径的计算不再需要由设备之间协商完成,而是通过控制器根据全网拓扑信息统一计算和分配,

能够规避很多由于节点信息获取不全面而导致的网络路由粗糙问题。例如，控制器可以根据网络的全局负载状况与资源利用率，对新建立的业务选择最优的转发路径，也可以在实现负载均衡的基础上，结合居民区和商务区每天话务量的潮汐变化情况，通过 SDN 集中控制，将带宽资源调度到最迫切需要的场合，同时避开路由热点区域，保证业务带宽需求。

|9.3 基于 SDN 的 IPRAN 组网模型|

为解决当前运营商海量接入层设备管理问题，各设备厂商研发的基于 SDN 的 IPRAN，可以采用内嵌式控制器模式或者独立控制器模式，如图 9-3 和图 9-4 所示。

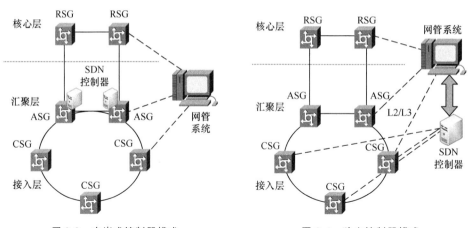

图 9-3 内嵌式控制器模式   图 9-4 独立控制器模式

9.3.1 IPRAN 接入层 SDN 化

采用内嵌式控制器模式是指在汇聚层的汇聚设备上集成控制器功能。在这种方式中，SDN 域中有多个控制器（多个汇聚设备），每个控制器只控制其下挂的接入设备。对于每台接入设备同时下挂在两个或者多个控制器的情况下，选择其中一个控制器作为主用控制器，其他控制器作为备用控制器。而从网络层面看，控制器也可用作负载分担，每个接入设备的主备控制器可以不同。一部分接入设备以一个控制器（例如控制器 1）为主，另一控制器（例如控制器

2）为备；同时另一部分接入设备以控制器 2 为主，以控制器 1 为备，实现控制器 1 和控制器 2 的负载均衡。

采用内嵌式控制器模式，可以利用现有的网络设备进行软件升级，即可在接入层应用 SDN 技术。这对网络架构和网络管理模式改动小，利于快速部署 SDN。

独立控制器模式利用服务器等 IT 硬件，处理能力强，能够控制更大范围和更多节点，而且独立控制器运行的网络设备不再参与网络数据流量的转发，因此控制器可部署到远端数据中心，不受限于网络物理位置。与内嵌式控制器只控制所附着的汇聚设备下挂的接入设备不同，独立控制器可以控制多个汇聚设备下挂的接入设备，并且包括汇聚设备本身。在独立控制器模式下，接入设备、汇聚设备都需要集成控制代理模块，用于向控制器上报状态，接受控制器控制等。

9.3.2　IPRAN 全网 SDN 化

为了实现多层次、多用户域 IPRAN 的资源协同，提高业务传送质量以及设备互通能力，未来 IPRAN 还计划部署全网的 SDN，统一管理核心、汇聚和接入层设备，实现跨层跨域的能力协同。在全网 SDN 方案中，SDN 控制器一般都放置在设备外部，网管系统可以独立地与设备之间通过网管通道连接，也可以将网管信息先下发到控制器，然后通过控制器的南向接口下发给设备。全网 SDN 方案架构如图 9-5 所示。

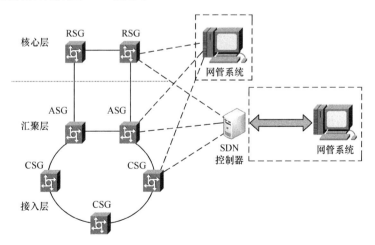

图 9-5　全网 SDN 方案架构

在该网络模型中，SDN 控制器将核心设备也纳入控制器控制范围内。接入层 SDN 化能解决当前网络急剧扩张带来的管理和运维上的突出问题，但是也带来了 SDN 控制域与非 SDN 控制域间业务交互的复杂性。从长远来看，IPRAN 全网统一管理，在网络优化、路径调整、运维简化方面的优势更明显。在这种模式下，独立控制器可以控制全网节点，包含接入设备、汇聚设备和核心设备，这些设备都集成了控制代理模块，用于向控制器上报状态，接受控制器控制等。

9.3.3　SDN 控制器层级结构

SDN IPRAN 的规模不断扩大后，可能会存在网络中引入多个控制器，每个控制器只管理一部分网元的情况。以典型的两个厂商联合组网场景为例，网络中将会出现两个单域控制器，每个控制器管理一个厂商的网络，并且这两个控制器需要通过 SDN 的北向接口或者东西向接口进行协同，控制器结构包括基本的 IPRAN 转发网元、单域 SDN 控制器、多域 SDN 控制器、业务协同平台以及南向接口、北向接口和可选的东西向接口。

多个控制器的层次结构示意如图 9-6 所示，在多域 SDN IPRAN 中，控制器应该采用层次结构，分为单域 SDN 控制器与多域 SDN 控制器。其中多域 SDN 控制器应具备对单域 SDN 控制器进行查询、配置和管理的功能，但多域控制器主要关注跨域业务的配置、调度和转发。单域控制器负责管理本域内的网元，完成由多域控制器下发的业务部署、查询、路径计算功能，上报本域内的物理拓扑或抽象拓扑给多域控制器。在此层级架构中，上层控制器管理的资源仅限于下一层次的控制器使用。图 9-6 中所描述的网元指 IPRAN 转发设备，由于控制功能已经上移到了控制器，SDN 转发设备只需要按照 OpenFlow 流表或其他的南向协议要求进行数据包的转发即可，不需要安装更多的控制层协议并进行感知。

图 9-6 中描述的接口包括南向接口、北向接口和东西向接口类。与其他的 SDN 场景类似，南向接口主要用于控制器与设备之间的通信，IPRAN 可以引入 OpenFlow、PCEP（Path Computation Element Protocol，路径计算单元协议）等标准协议，也可以由各设备厂商进行协议的定制和开发，运行一些私有协议。北向接口是目前业界讨论的重点，包括在 RESTful 以及 Netconf 框架中实现的各种协议，但需要运营商根据自身的需要对这些协议进行更加细致的语义定义和格式约束。目前东西向接口在 IPRAN SDN 的场景中尚未得到应用，因此实现多厂商控制器的直接互通还有一段较长的路要走。

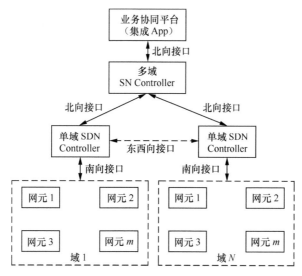

图 9-6　多个控制器的层次结构示意

在 IPRAN 中引入 SDN 技术的另一好处是可以对使用业务的用户提供一定的网络开放能力。例如，通过资源虚拟化等手段开放固定数量的带宽（例如 1Gbit/s 或 10Gbit/s）给用户，在该带宽总量不变的情况下，用户可以自行管理其分配方式、调度方向和 QoS 等级等参数，使该虚拟网络具备一定的智能性。上述功能可以通过业务协同平台的 App 实现。

|9.4　中国联通 SD-UTN 研究进展|

9.4.1　中国联通 UTN 发展概况

为了应对移动互联网时代 3G 网络的建设需求，中国联通自 2012 年起启动了大规模的本地综合承载传送网（local Unified Transport Network，UTN）建设。UTN 技术基于 IP/MPLS 技术标准体系，采用 ISIS、OSPF 等动态路由协议，并支持 BFD 系列 OAM、RSVP-TE 等多种特性功能，具有对运营商网络普遍的适用性。随着近年来秒级流量监测，高精度时间同步等新功能的引入，UTN 已经成为一张本地承载传送精品网，承载着大量的 3G/4G 移动回传流量。随着用户需求的不断扩展，UTN 预期还将承载集客专线、固网软交换等其他

类型的业务，这些都对 UTN 的未来发展提出了新的要求。

首先，随着 4G 基站的大量建设，UTN 接入层的网元数量巨大，考虑未来室分系统、5G 承载和集客接入端部署的需求，接入层网元数量还将大幅增加，这就需要在 UTN 设备之外，引入面向业务的协同系统，通过对资源的统一管理和快速编排，提升业务开通效率，简化 UTN 网络运维管理。

其次，UTN 设备目前均具备完整的三层协议栈，在实现 IP 化的动态转发之余，也带来了网络复杂性的提高和建设成本的提升。从现网的应用实践来看，例如接入层等特定位置的 UTN 设备功能形态完全可以简化，因此可以进一步实现对转发设备控制层功能的剥离和集中，从而简化设备形态，降低异厂商设备组网难度，达到降低网络成本、降低整网复杂性的目的。

最后为满足集客专线等用户点到点类型业务的承载需求，UTN 一方面需要实现异厂商间的无缝互通，另一方面需要为满足用户个性化的需求提供能力开放。这就需要 UTN 寻找和引入利用 IT 软件和硬件的方法和技术，提高网络快速提供创新型业务服务的能力；并且提供标准、开放、功能完善的北向接口，实现应用层 App 的开放式开发，并且满足运维和运营的需要，具备与现有 OSS/BSS 系统的良好对接能力。

9.4.2　SD-UTN 总体架构

传统 UTN 的功能包括控制平面、数据平面和管理平面，其中数据平面功能和转发平面功能位于同一个设备上。当 SDN 技术引入 UTN 后，SD-UTN 的逻辑架构包括数据平面、控制平面、管理平面和应用平面 4 个组成部分。SD-UTN 网元与传统的 UTN 网元的区别是控制平面功能将不再完全分布于每台设备上，而是集中到 SDN 控制器实现。在控制平面（SDN 控制器）的上层增加应用平面。管理平面除对数据平面网元进行管理外，还需管理控制平面，并且与控制平面和应用平面互通，联合提供网络的管控能力。SD-UTN 逻辑架构如图 9-7 所示。

在该逻辑架构中，数据平面由两种数据转发网元组成，包含已在网的 UTN 网元和未来在网络中新引入的 SD-UTN 网元。SD-UTN 网元是指根据 SDN 控制器的控制进行报文的转发及协议的处理、执行，与控制器之间通信接口标准化，并且集成必要的业务适配与承载、QoS、OAM、网络保护、同步等相关功能的新一代 UTN 转发设备。

控制平面为 SDN 控制器，通过运行各种协议实现对全网资源或部分网络资源的协同和调度，生成明确的策略指导业务转发、QoS、保护与恢复等功能。

控制平面功能由网元控制器和网络协同器实现。网元控制器直接面向设备，提供网元级的控制和资源调度，网络协同器面向网元控制器，负责对后者控制的各个逻辑或实体区域的资源互通。随着控制平面功能的完善，网络协同器可以集团一级部署，各本地网可采用远端接入的方式获得控制能力，并扩展与定制其功能。

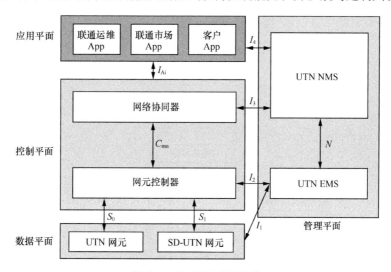

图 9-7　SD-UTN 逻辑架构

管理平面保持对现有 UTN 的管理功能不变，仍然分为 EMS 系统和 NMS 系统，其中 EMS 系统中还可包含设备厂商自身或者第三方的性能采集模块。引入 SDN 后，管理平面原有的性能管理、资源管理、故障管理等功能保持不变，与控制平面共同完成业务配置与调整功能，与控制平面同步在业务布放、调整过程中需要的网络资源、性能、故障等信息。

应用平面提供与 UTN 智能控制与能力开放相关的 App，针对不同的使用人群，目前可分为联通运维人员 App、联通市场经理 App 和用户 App 三类，可通过权限划分予以区分。

在该架构中，各平面之间通过若干北向、东西向和南向接口连接，其中当前必须标准化的接口包括：网元控制器与网络协同器之间的 C_{mn} 北向接口、控制平面与应用平面之间的 I_{Ai} 北向接口、控制平面/应用平面与管理平面之间的 I_3、I_4 东西向接口以及网元控制器与 SD-UTN 网元之间的 S_1 南向接口。

9.4.3　SD-UTN 技术应用展望

除移动回传业务外，UTN 在本地网中可以用于各种类型的企业专线业务

承载。当专线业务或其他类型 VPN 业务需要在同一本地网内跨 UTN 厂商部署时，可以通过 SDN 技术构建应用平面和网络协同器便利业务开通。图 9-8 所示为同一本地网跨 UTN 厂商专线业务协同示意。在同一本地网内有两个 UTN 厂商分区域组网，需要联合开通专线业务时，网元控制器发送的信令消息可以通过网络协同器传递，实现跨厂商 UTN 设备的业务互通，并具备全网端到端的运维能力。结合该组网方式，中国联通完成了 SD-UTN 集客专线业务的开通试点，并且在实验室顺利实现了华为、中兴、烽火异厂商之间的 SD-UTN 业务互通与 App 统一配置。

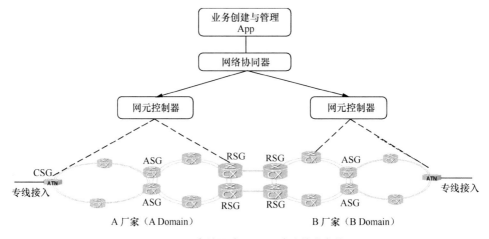

图 9-8　同一本地网跨 UTN 厂商专线业务协同

未来，当专线业务或其他类型 VPN 业务需要跨承载网部署时，可以借助 SDN 网络协同器简化开通流程和运维操作，具体如图 9-9 所示。这里假设城域网 1（A Domian）与城域网 2（C Domian）部署了 SD-UTN 设备，需要跨越承载网（B Domian）部署业务，如果承载网已经实现了 SDN 控制，则可以通过网络协同器进行端到端的业务信令消息传递。若承载网尚未部署 SDN，则可通过 EMS/SNMS 北向接口升级与网络协同器对接，对业务部署进行统一配置。在此基础上，UTN 可以通过 L2/L3VPN 等多种方式与承载网业务隧道拼接，从而实现网络端到端的运维管理。

伴随着集客专线业务的承载需求，UTN 需要缩短业务开通时间，优化端到端的用户感知，并开放能力便于第三方应用接入，这些诉求都与 SDN 的技术特点相适应，因此 SDN 技术引入 UTN 是大势所趋，但是 SDN 的引入也会对现网的运维体系带来一定冲击。本报告尝试站在利旧现网的视角，分析了当前 SDN 技术引入 UTN 的方式和未来的运维模式。长远来看，SDN 技术还有

巨大的发展空间，控制系统与网络的接口也会日趋复杂和多样，运营商需要坚持业务先行、先易后难、接口开放的原则，逐步实现面向业务的新一代运维体系改造。

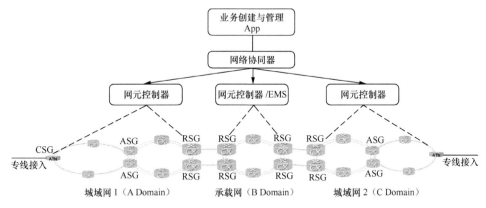

图 9-9 跨承载网跨 UTN 厂商专线业务协同

|本章参考文献|

[1] 吴家林，赵永利，张杰，等. 网络革命拂晓：SDN 进入智能宽带接入网[J]. 通信世界，2013,41(7):49-50.

[2] 赵慧玲，冯明，史凡. SDN——未来网络演进的重要趋势[J]. 电信科学，2012，28(11):1-5.

[3] 张杰，赵永利. 软件定义光网络技术与应用[J]. 中兴通讯技术，2013,19(3):22-26.

[4] CHANNEGOWDA M, NEJABATI R, SIMEONIDOU D. Software-defined optical networks technology and infrastructure: enabling software-defined optical network operations [J]. IEEE/OSA Journal of Optical Communications and Networking, 2013, 5(10): A274-A282.[5] JI P N. Software defined optical network [R].ICOCN, 2012.

[5] 王茜，赵慧玲，解云鹏，等. SDN 在通信网络中的应用方案探讨[J]. 电信网技术， 2013,32(3):23-28.

[6] 赵慧玲，冯明，史凡. SDN——未来网络演进的重要趋势[J]. 电信科学，2012(11).

[7] 曹畅，简伟，王海军，等. SDN 与光网络控制平面融合技术研究[J]. 邮电设计技术，2014(3).

[8] 庞冉，黄永亮. SDN 技术在综合承载传送网中的应用分析[J]. 邮电设计技术，2013(11).

[9] 韩志刚. LTE FDD 技术原理与网络规划[M]. 北京：人民邮电出版社，2012.

[10] NGMN Alliance. Guideline for LTE Backhaul Traffic Estimation［EB/OL］.

[11] 3GPP TR R3.018 v1.0.0. Evolved UTRA and UTRAN：Radio AccessArchitecture and Interfaces (Release 7)[S/OL]. [2013-09-12].

[12] A timeline of the history of the World Wide Web.

第 10 章
核心网

本章介绍了 SDN/NFV 在核心网的发展情况,首先介绍了核心网现状和发展趋势, 然后介绍了基于 SDN/NFV 的核心网演进需求、场景、关键技术和面临的挑战,再次介绍了基于控制转发分离的分组域网关、Gi-LAN Service Chaining 等 SDN/NFV 应用方案,最后介绍了基于 SDN/NFV 的面向 5G 的核心网架构演进方案。

|10.1 核心网现状及发展趋势|

随着 IT 向 CT 的渗透，核心网分组域在 4G 阶段采用了基于全 IP 的平面架构，将 Internet 的开放性特征最终引入电信网。同时将移动性管理的控制面功能抽象为单独网元 MME，使得 EPC 的控制转发分离，从而移动性管理功能具有更好的可扩展性。而核心网 IMS 域则负责电信业务的集中控制，从而将电信业务与接入网络解耦合，使得电信业务的发展也具有了更好的可扩展性。引入 IP 架构及网络分层解耦的概念贯穿于 4G 核心网的整个架构设计。

然而网络的快速发展、新技术新需求的不断提出及 5G 标准对网络演进的探讨，也促使我们对核心网的长期演进做出新的思考。一方面，从 2G 网络到 3G 网络再到 4G 网络，核心网的演进部署并不平滑。数据面和控制面功能的高度耦合，导致控制面功能的任何改动都可能会影响数据面，从而导致设备退网及升级。另一方面，网络功能的部署严重依赖于集成硬件设备的部署，导致部署周期长、资源调整不灵活、设备资源利用率低、电力及占地成本比重居高不下，多厂商设备的差异性更导致维护复杂。此外，网络的发展越来越需要核心网具有更好的灵活性、自助的策略调整及动态的资源适配能力，如部署虚拟运营商及多租户、创新网络环境及新业务试验环境、即插即用的数据流处理及数据业务增强优化平台等。

NFV 和 SDN 是 IT 领域的热点技术。NFV 尝试"垂直"地改造电信网架构,将电信网功能网元以虚拟化的形式部署在通用 x86 服务器上,从而以一种硬件资源池的方法提供电信网网元功能所需的计算、存储、网络资源,减少对特定硬件的依赖。SDN 则是从"水平"的角度出发,改造传统的 IP 路由架构,其将路由的控制面和转发面分离解耦,控制面功能集中化、转发面设备通用化,从而具有更灵活的资源调整及网络控制能力。

核心网向云化网络演进成为趋势,SDN 和 NFV 将成为核心网云化过程中的助力。

|10.2 基于 SDN/NFV 的核心网演进|

10.2.1 需求与场景

1. 需求与场景(EPC)

随着数据流量的增长,网元的容量、数量也逐渐增加。在高数据量突发、永远在线、终端和核心网交互频繁等情况下,对于移动核心网来说,除了空口资源受限外,控制面信令的处理、用户面数据的转发等都可能对核心网的处理能力造成挑战。因此,核心网需要有足够的容量来应对。面对日益突出的能耗、管理问题,核心网需要根据业务量的动态变化来相应地调整资源使用,优化运行和管理,避免低效运行。不同的时段或者不同的区域,对核心网资源的占用是动态变化的。例如在夜间的某些时段,或在集会场所、办公地等人员密集区域,核心网流量周期性地出现峰值和谷值的交替,如果始终按照流量峰值时的需求配置核心网资源,势必在流量谷值时造成核心网设备空闲,导致资源浪费。因此,从节省能耗以及便于核心网管理的角度来讲,如果能根据核心网的具体使用情况,动态地增加或减少核心网资源的使用具有重要意义。

通过 IT 虚拟化及应用的软件化,可实现核心网新功能的快速引入。虚拟化技术所带来的功能软件化和管理智能化将极大地提升核心网部署的灵活性。在虚拟化环境中,网元演进为软件,可在虚拟资源上直接加载、扩容、缩容和灵活调度,从而使核心网新功能的推出时间大幅缩短。

研究发现，软件化、虚拟化网络能够显著降低建设成本（CAPEX）。据 ACG Research 统计，移动运营商使用虚拟化技术能够降低约 61% 的部署费用。这要归功于采用通用硬件实现设备的统一化和资源共享，通过统一的管理和自动化运维提升运维效率。例如运营商可根据核心网负载的潮汐效应，进行系统的自动扩容和缩容，避免高能耗，实现核心网的绿色可持续发展。

在核心网资源按需调度的场景下，运营商需同时考虑用户业务连续性，以及设备容灾扩容等关键问题；还需要利用相关领域的技术，如虚拟化、云计算等技术，对核心网基础设施进行优化。同时，核心网协议需要进行相应的优化，为核心网资源的调度和分配提供保障。

2. 需求与场景（IMS）

随着 LTE 网络的部署，运营商网络全面进入包交换网络时代，从而也方便了将互联网及 IT 技术引入电信网。

IMS 是运营商自有业务的核心网，其通过将业务与承载解耦，极大地促进了业务的多样性及开放性。但是随着网络技术的发展及互联网的兴起，IMS 面临着以下挑战与变革。

（1）网元形态

IMS 网元种类众多，不同网元都通过专有硬件来实现。虽然 IMS 网元多数使用 ATCA 架构，同厂商网元间的部分硬件可以通用，但是异厂商的硬件资源仍不能共享。设备硬件生命周期缩短，更新换代加速，导致复合成本增加。

（2）部署方式

多数 IMS 网元都是控制面功能，如 CSCF、AS 等。从部署角度来看，IMS 网元尤其是控制面网元倾向采用集中式部署，客观上对统一的硬件资源池及统一管理存在需求。

（3）业务开展

一方面，多租户的端到端业务开展，如 MVNO 和大用户，需要 IMS 网络提供统一、灵活的管理能力和弹性的资源调整能力；另一方面，运营商充分利用集中的用户数据和业务数据，采用新手段（如大数据分析）开展新型业务。此外，业务能力的开放也对统一管理提出要求。

对于 IMS 来说，NFV 的重要性不仅体现在软件和硬件解耦以及以通用硬件资源池的方式提供底层能力，更重要的是统一协同管理及灵活的资源调度能力。鉴于 IMS 网元特征及新业务的发展驱动，未来运营商可能以基地或者大区方式集中部署 IMS，使 IMS 控制面成为 NFV 的潜在应用场景。

10.2.2　关键技术

1. 资源按需灵活调度

为实现资源的按需调度，首先需要满足以下方面：资源使用的动态监测和统计，一方面为资源的调度提供依据，另一方面满足网络管理的需求；资源按需动态调整，包括网元的动态启动和关闭、网络容量的增加和降低，以应对业务量的变化；物理设备的动态开启和关闭，以节省能耗和方便网络管理。其中，核心网虚拟化的资源主要包括物理资源和虚拟资源。物理资源包括物理计算资源、物理存储资源和物理网络资源。物理计算资源主要包括物理主机的数量、CPU 核数、内存、CPU/内存使用率等；物理存储资源主要包括硬盘使用空间、NFS磁盘占用空间等；物理网络资源主要包括网络物理接口类型（1GE/10GE/FE）、实际流量等。虚拟资源包括虚拟计算资源、虚拟存储资源和虚拟网络资源，是对不同类型、不同规格的物理资源的虚拟化和归一化，形成虚拟资源池组。

核心网虚拟化各个虚拟网元（VNF）可以分配的资源有两种方式，一种是静态的，即在该网元部署到网络时期所需要使用的平台资源；另一种是动态的，即该虚拟网元在实际运行过程中由于业务量发生改变需要增加或减少的平台资源。

虚拟网元的静态配置资源包括：该网元在部署时所需要使用的虚拟机的数量、分配至该虚拟机的物理内核的数量以及虚拟内核的数量、虚拟机的内存和硬盘空间的请求数量、指定虚拟机的迁移属性、虚拟机的网络配置（网络接口、VLAN、带宽等）。虚拟网元的静态部署属性应当由平台在完成虚拟机的部署时配置，虚拟网元在这些虚拟机部署之后，可以按照正常的移动应用网元的启动流程启动。

虚拟网元的动态配置指的是虚拟网元在运行过程中，由于业务量的变化需要对虚拟网元配置的资源进行动态的调整，在动态调整的过程中确保这个过程对业务的影响尽可能小，根据调整资源的不同对业务的影响也有可能不同，这种影响根据对业务的影响程度可以分为业务中断、部分影响业务、保持业务但使业务质量有所下降、不中断业务且不影响业务质量等等级。核心网虚拟化中的动态资源调整应当确保业务在可接受的范围内中断。虚拟网元中的资源动态配置调整包括：增加/减少虚拟机数量、增加/减少虚拟网元中的虚拟机资源（如CPU 核数、内存、网络流量上限）、虚拟机在不同物理主机间的迁移。其中，虚拟网元资源动态配置调整要求做到不影响用户业务。

2. 高可靠性

针对不同虚拟化核心网网元（VNF）或者网元的子功能组件（VNFC）进行可靠性保障分类，对不同可靠性级别的网元也需要定义不同的保障策略。高可靠性保障策略需要在多个层面同时实施，包括业务层、虚拟化层、网络层以及故障处理。

业务层可靠性策略可通过减少组件类型数量、增加同类组件数量以及同类组件实现多副本设计来实现。减少组件类型数量，要求对系统架构进行优化调整，既便于配置部署，又降低了软件模块耦合性。增加同类组件数量，缩小单个组件粒度，增加组件数量，各组件部署时尽可能分散在全部可用刀片上，每刀片部署同组件数量= M/N（M 为组件需要数量，N 为刀片数量，如果 M/N不为整数，则一部分刀片为 Mod（M/N），另一部分刀片为 Mod[$M/(N+1)$]）。这样等于一个虚拟机（VM）实现的只是一个组件中的一片，故障后只影响组件的一片，通过负载均衡机制可以将该片转移到其他 VM 进行处理，缩短中断时间。同类组件实现多副本设计，采用 $N+M$ 负荷分担或池组备份机制，不同组件可以根据策略分别选择不同机制，这样当一个组件故障后，可以由其副本接管。

虚拟层策略可通过 VM 迁移、保活检查、VM 备份以及状态共享存储方式实现。VM 迁移支持跨 Host 以及跨 Hypervisor 迁移，当 VM 所在的硬件需要维护或者出现故障时，VIM 触发 VM 跨 Host/Hypervisor 迁移。VIM 对 VM定期进行保活检查，当发现 VM 没有应答时，应重新启动 VM。VIM 为激活的VM 创建备份 VM，通过云管理基础设施进行 VM 同步，如通过传输网络进行数据复制，同时向主备 VM 发送相同数据，以保证主备 VM 状态一致性，当主VM 故障，备份 VM 激活来负责处理主 VM 业务。虚拟层采用类似 NAS 网络存储技术，把 VNF 及 VM 的状态相关数据存储在第三方存储设备中，以加速VM 迁移速度。

网络层策略可通过故障重定向、数据复制和网络自动调整实现。当传输网络感知上层 VNF/VM 出现故障，自动把数据重定向到备份 VNF/VM。传输网络根据策略，复制数据包，同时向主备 VNF/VM 发送数据。传输网络感知连通性出现故障或者拥塞，网络控制器自动探测网络拓扑，自动调整网络连接。

故障管理包括故障检测、故障预防、故障隔离。针对物理/虚拟资源、Hypervisor 以及网络连接性进行分层和跨层检测。故障预防包括故障遏制、故障预测告警、过负荷/拥塞控制、预防单点故障。故障隔离指 NFV 基础设施所提供的资源需支持多租户应用程序之间的故障隔离，保证如果有应用程序故障时不会互相影响。

3. 安全性

核心网虚拟化的安全性大多可借鉴现有的云计算和虚拟化技术的安全解决方案，在不同功能层次上实现全面的安全策略，包括业务层、虚拟化层和网络层。

（1）业务层策略

业务层策略可利用管理隔离将不同租户的虚拟网络功能隔离，任何租户不能对其他租户的基础设施资源进行调用。管理员通常有一个简单的层次结构，虚拟化基础设施管理员的权限大于或等于系统中执行的任何虚拟网络功能的管理员的特权。

（2）虚拟化层策略

虚拟化层策略包括性能隔离和安全启动。①性能隔离。目前可用的隔离方法包括静态硬件隔离（如物理上独立的管理基础设施）、资源预留（如为不同租户分配完整的 CPU 或定义一段内存范围）、配额限制或付款（如要么限制一个用户可用的资源，要么限制用户可用资源总数）、分段进行资源隔离（如在竞争需求之间对可用的资源进行分段）。虚拟化技术的主要目的之一是当一个虚拟机出现崩溃、挂起、环路等情况时能够与另一个虚拟机隔离。②安全启动。安全启动是验证和保证启动完整性的技术和方法，包括硬件、固件程序、hypervisor和操作系统镜像验证和相关的安全凭据等因素，通过选择适当的因素保证所需的安全保障级别。目前主要用到的技术是 UEFI 安全启动，包括检查签名（即签署加密摘要）或 UEFI 模块的哈希值。如果签名检查失败，启动停止。另一个通用技术是可信计算，通过构建信任链，验证所有的固件、软件与硬件的完整性。安全启动在 NFV 中的可行性还需要进一步研究。

（3）网络层策略

网络层策略包括拓扑验证和信息安全。①拓扑验证。拓扑验证分为许多层次：检查底层基础设施；虚拟接口是否连接到正确的虚拟网络；虚拟转发功能在内部正确配置、处理信息，并转发给下一个 VNF；一个特定的虚拟转发功能是否符合需求（如防火墙是否有效地过滤安全信息）；每个流类型拓扑也需要验证。系统将有大量的并发流，而网络的不同层次有其特定的安全策略，包括应用程序层。②信息安全。在 NFV 环境中，可能存在安全风险的关键组件包括VNF 组件实例、绑定到 VNF 组件实例的本地网络资源、远程设备上对本地 VNF组件实例的参考、VNF 组件实例占用本地/远程/交换存储。在发生安全事故的情况下要保证这些关键组件所涉及的硬件、内存不能被非法访问，VNF 上应用

的现有授权不被改变，本地资源和远程资源彻底清除崩溃的 VNF 的资源以及授权不被滥用。

4. 性能

网元虚拟化性能可针对硬件、软件和平台进行加速优化，采用辅助虚拟化硬件，如 VT-x、AMD-V 技术处理器、外设 I/O 设备采用 SR-IOV 技术等；网卡采用 Intel DPDK 技术等提高服务器转发性能；VNSF 采用多线程分布式技术，单 VNSF 分布在多 VM，并发处理；结合 VNSF 软件性能需求及当前硬件平台性能状况智能映射，当感知性能恶化，动态触发 VM 迁移；优化云管理平台，提供可靠稳定性能，以使其满足电信网络需求。

网元虚拟化性能监控包括对资源、VNF 业务、网络等不同粒度资源的性能监控。云管理平台对服务器 CPU 负荷、内存、网卡数据流量等性能指标进行实时监控，达到阈值触发跨主机虚拟机迁移；VNFM 对其性能指标进行实时监控，如数据传输时延、vCPU、vMemory 等指标一旦达到阈值则向 Orchestrator 告警，触发 VNF 资源调整；网管对传输网络进行实时监控，达到阈值时则动态调整网络。

10.2.3　面临的挑战

核心网云化虽然从技术上看是可行的，同时运营商与厂商合作推出了概念验证和产品原型，但由于在标准成熟度、兼容性、自组织技术、可靠性、性能和系统集成等方面仍存在短板，核心网云化面临如下挑战。

（1）标准成熟度

NFV 由于目标过大，NFV ISG 第一阶段即将到期时，也只完成了 4 个总体规范，其他工作组定义的相关规范尚未完成，接口规范被推迟到第二阶段完成。3GPP 只是对虚拟化的管理接口启动研究，没有大规模的架构和接口定义研究，因此目前核心网虚拟化标准尚未成熟。

（2）IoT 和兼容性

NFV 定义的架构很庞大，定义了多个新增接口，将原来封闭的电信设备商分解为多个层次，包括硬件设备供应商、虚拟化管理软件供应商、虚拟化电信网络软件供应商、Orchestrator 软件供应商、NFV 系统集成商。电信网络从一个厂商完成的软硬件集成转换为多个厂商的软硬件，复杂度大大提升，同时 NFV 只是定义架构层次，对应各个接口的具体定义和实现需要协调其他开源或技术组织来实现，与同一个组织制定标准相比，技术标准的严密性较差，未来如何保证多厂商设备兼容成为风险。

（3）自组织技术

业务网络级的自组织技术滞后，影响网络级弹性伸缩和故障恢复。按照 NFV 架构，虽然一个新的 VNF 所需资源是由 MANO 自动部署的，但业务网络的运维架构依然依靠传统的 EMS/NMS 机制，各 VNF 之间的连接和话务路由还是由人工配置，无法实现一个 VNF 的即插即用。因此，要实现业务网络级的弹性伸缩，还需要发展业务网络的自组织技术，实现 VNF 的即插即用，并且需要自组织技术同 VNF 厂商解耦，可以对多厂商 VNF 进行 SON，这在技术和管理上都是比较困难的。

（4）可靠性

传统电信应用通常要求 5 个 9 的可靠性，虚拟化后并不能降低电信应用的可靠性要求，传统电信硬件通过特殊设计，可靠性通常较高，而虚拟化采用的 COTS 设备可靠性相对降低，需要通过提升软件可靠性和高效的故障管理来补偿。

（5）性能

通用芯片和通用服务器适用于高计算量处理，并不擅长高速数据转发。尽管通过性能优化可增强转发吞吐率，但仍然难以满足网络设备的需求。因此，未来仍要结合专有芯片或者专用转发设备提供高速转发性能。

（6）系统集成

NFV 本身解决的是业务网络的自动部署问题，从架构看也是一个巨型的 ICT 系统集成工程，包括 NFVI 的集成、VNF 的集成和业务网络的集成，涉及的系统、厂商、地域、接口都非常多，工程难度比目前公共云/私有云更高。虽然是自动部署，但目前电信网络部署的各环节（规划、实施、调测、升级、优化、运维等）都会涉及并执行，将来如何进行实施部署将是一个很复杂的问题，对集成商的技术要求非常高。

|10.3 基于控制转发分离的分组域网关|

10.3.1 需求与场景

EPC 实现了控制面与用户面相分离，EPC 中的网元 MME 处理信令面功能，网元 SGW 和 PGW 主要负责处理用户面数据转发，来应对移动带宽高速增长的需求。

SDN/NFV 重构下一代网络

　　然而，从设备实现的角度看，EPC 的控制转发分离并不彻底。目前，EPC 网关设备中既包含路由转发功能模块，也包含信令处理甚至还包含业务处理相关的功能模块，两类模块是紧耦合的关系，之间的通信取决于内部实现。其设备结构既不同于如 ATCA 或者 Blade Server 之类的计算型通用电信设备，也不同于广泛存在于网络中的路由器、交换机设备。设备通用性差导致研发、测试、入网和运维周期长，功能和性能的可扩展性均不理想，且成本难以下降。传统网关的设置总体说来有以下几个问题。

　　① 用户数据流处理集中在 PDN 出口网关，造成网关设备功能繁杂，可扩展性差。

　　② 网关类设备控制面与转发面高度耦合，不利于核心网平滑演进；转发面扩容需求频度高于控制面，紧耦合导致控制面转发面同步扩容，设备更新周期短，导致复合成本增加。

　　③ 用户数据从 eNodeB 到 PGW 以 Overlay 的方式传输，网络层数据转发难以识别用户、业务特征，仅能根据上层传递的 QoS 转发，一方面需要网络资源过度供给，造成网络资源利用率低，另一方面网络难以依据用户、业务特性对数据流进行精细控制。

　　④ 大量策略需要手工配置，由于难以达到最优，因此需要不断优化，这一方面增加了出错概率，另一方面导致管理复杂度增加，OPEX 居高不下。

　　因此，运营商需考虑将分组域网关中的控制功能与转发功能进一步分离，使移动分组域的移动性管理、QoS、计费等功能通过标准接口控制通用转发设备的方式实现，解除转发面功能演进及性能提升与移动分组域本身的功能演进之间的依赖关系，在转发功能层面促进传送网、移动分组域及 IP 承载网的融合和资源共享，按需在网络中使用通用的转发面，简化网络部署。

10.3.2　关键技术与方案

　　利用 SDN 控制转发分离架构，构造一个新的移动核心网架构，如图 10-1 所示，使其能够具有最大的灵活性、开放性及可编程能力，同时不需要 UE 改变，及具有完全的后向兼容性。

　　由于 EPC 核心网控制面网元（MME、PCRF、HSS-FE）虚拟化对数据转发要求不高，只是做控制消息的处理，因此突出体现了网络功能虚拟化的需求，即能够根据物理硬件的配置以及业务类型和业务量大小确定虚拟机硬件配置模板；能够识别控制面网元的虚拟资源配置,并为网元虚拟机分配相应的虚拟机资源；保证控制面网元软件实现与硬件松耦合；能够接受管理与编排（Management and Orchestrator，MANO）命令实现网元的生命周期管理等。

EPC 核心网用户面网元（S/P-GW）虚拟化除了考虑与控制面相同的需求外，根据软件定义网络思想，仍需考虑将分组域网关中的控制功能与转发功能进一步分离，用户面网元的控制功能向上收缩，与控制面网元一同部署。SDN控制器将 GTP-C 隧道协商及将 GTP 隧道上下文信息转换为 SDN 南向接口指令，下发给 SGW-U、PGW-U 等 SDN 转发设备。eNB-U/SGW-U/PGW-U对 GTP-U 完成封装/解封装并转发。转发功能则由通用转发设备（通用交换机）承载，简化转发功能。移动分组域的移动性管理、QoS、计费等功能通过标准接口控制通用转发设备的方式实现，可促使转发面功能演进及性能的提升与移动分组域本身的功能演进相关，在转发功能层面促进网络融合和资源共享，按需在网络中使用通用的转发面，简化网络部署。

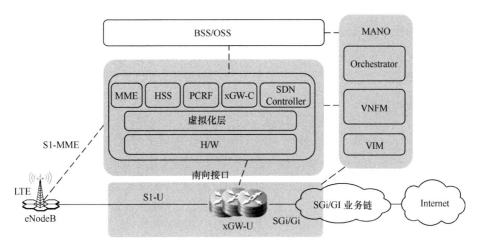

图 10-1　移动核心网虚拟化架构

在该架构中，用户面功能能够专注于转发功能，具有简单、稳定、高性能等特性。控制面功能可以以逻辑集中的方式部署，如部署到数据中心。原来网关中的功能，如 NAT、DPI、FW、DHCP，都作为控制面功能或独立功能模块集中部署。

转发设备比现有 OpenFlow 交换机要复杂，但是比原 GW 功能大大简化。此外，用户面网元不仅支持 GTP 隧道协议，也可以提供其他移动性管理体系需要的隧道协议，如 GRE 及其他通用转发需求。控制器需要具备拓扑发现、全局拓扑视野、网络资源监测、网络资源虚拟化，以及隧道处理、移动锚点、路由、话单生成等功能。IP 承载网中的交换机根据网络演进情况可以采用传统交换机或 SDN 交换机。

10.3.3 面临的挑战

移动核心网的网关控制转发分离是利用 SDN 技术对传统网关的重构，鉴于目前 SDN 技术的发展，未来网关控制转发分离仍然面临以下挑战。

1. 网关功能重构

传统的 EPC 网关设备除了 IP 报文隧道封装和转发功能外，还包括一些会话管理和移动性管理功能，如 IP 地址分配、用户面触发寻呼等。移动软网络架构下要重新考虑这些功能在控制面和转发面之间的分布，以最优方式实现上述功能。

2. QoS 功能实现

传统的移动通信网络以承载为粒度进行 QoS 处理，依据动态的策略控制能够提供高质量的业务保证。移动软网络架构下应保证与现有网络具有相同等级的 QoS 处理能力，还需考虑基于如承载、业务流粒度的 QoS 处理。

3. 隧道功能

移动分组域最基本的功能之一是在转发面构建 GTP 隧道，在网关设备中进行控制与转发的分离将会围绕隧道功能的实现而引发新的接口定义问题。SGW 和 PGW 在用户面所采用的协议是 GTP-U，目前如 OpenFlow 等 SDN 南向接口协议均没有对 GTP-U 协议的处理功能，包括 GTP-U 的隧道建立、终结以及监控 GTP-U 隧道内部的数据流等。无论是采用专用硬件还是虚拟化软件方式来实现支持，GTP-U 处理的转发面设备以及控制器与转发面设备之间的接口都需要进行标准化。

4. 转发面计费功能实现

传统的移动通信网络以承载或者业务为粒度进行计费处理，依据动态的策略控制能够提供基于时长、基于流量或者两者组合的在线和离线计费功能。移动软网络架构下应保证与现有网络相同的计费处理能力，实现基于承载、业务流粒度的计费功能，并产生相应的话单。

5. 与传统网络互通

移动网络通常由不同运营商部署，移动软网络架构需要考虑用户漫游到其他网络时不同网络之间的协同操作以及不同网络的策略互通需求。

|10.4 基于 SDN 的 Gi-LAN Service Chaining|

运营商网络中存在大量的 Middle box 用于对数据流进行处理。这些 Middle box 主要完成如下几方面工作：①对数据流进行复杂处理，如 FW（Fire Wall，防火墙）、DPI（Deep Packet Inspection，深度报文检测）、NAT（Network Address Translation，网络地址转换）、入侵检测等；②对网络性能进行增强和优化，如视频优化、HTTP Cache、TCP 加速；③增值业务，如位置提醒、转码优化等。这些 Middle box 复杂的部署配置和运维管理是运营商长期以来面临的困扰之一。随着数据业务尤其是移动数据业务占运营商收入比例越来越大，运营商的运营重点也逐渐从语音短信转向数据业务。因此，构建 Gi-LAN 灵活弹性、即插即用的高度可扩展的业务及流处理的平台环境成为运营商移动数据网络发展的关键。

10.4.1 需求与场景

Internet 最初的设计理念是采用端到端的业务递交方式。这种理念通过 IP 层以 Overlay 的方式屏蔽二层交换技术的差异，形成更大范围的互联互通的三层网络，而业务数据则承载在 TCP/UDP 等端到端的四层协议上，在终端侧完成业务数据的复用/解复用。Internet 最初的设计理念认为端到端之间的通信不应经过除交换设备外的其他任何 Middle box。

然而随着网络的发展，纯粹的端到端的 Internet 仅停留于理想层面。一方面，Internet 的架构本身并不完善，带来诸如安全性、地址空间限制等问题。另一方面，由于业务原因及网络限制，网络中出现了大量的业务优化 Middle box。由于 Internet 架构的局限性，每当网络出现迫切需要解决的问题时，出于后向兼容性的考虑，学术界及企业界总是采用将 Internet 端到端的属性中断，在路或者旁路插入 Middle box 的方式来解决。根据功能不同，运营商网络中也存在十几种 Middle box 用于复杂的数据流处理和增值业务。

目前一些复杂的数据流处理功能及增值业务部署主要采取两种方式：增强网关和静态 Service Chaining。

增强网关主要是利用所有的用户数据都需要汇聚到分组域网关后才能路由到 Internet 的特性，将数据流的复杂处理功能及增值业务部署到网关上。这些部署在网关上的功能通过背靠背地建立一条数据流的处理路径，完成数据流的

逐跳按需处理。增强网关可以认为是 Service Chaining 在网关设备内部实现的一种方式。增强网关从技术实现上可以解决运营商对数据流处理的客观需求，但是从网络架构上来看长期可扩展性较差。增强网关主要存在如下几个问题：①分组域网关从架构功能来看主要是汇聚网关，虽然也可以添加其他业务功能（例如以增加板卡的方式实现），如 DPI、编码优化等，但是会造成大量性能消耗；②随着数据流量的不断增长，网关会不断裂变甚至位置下沉，此时每台增强网关上都需要重复部署业务逻辑和增强功能，增加投入成本；③增强网关的功能往往由不同厂商提供，其接口开放程度参差不齐，一些第三方的增值业务或者优化功能往往不能部署到增强网关上，难以创造开放的创新生态环境，而且第三方增值业务或者优化功能仍需要独立部署到 Gi-LAN，造成网络架构复杂等问题。

网络中也存在将增值业务服务器及复杂流处理中间件部署在网关后面，采用串行方式进行处理的情况，即静态 Service Chaining，具体如图 10-2 所示。以静态 Service Chaining 方式部署各种 Middle box，不再限制具体 Middle box 的厂商和功能，提供了一个相对开放的部署环境。但静态 Service Chaining 仍存在很多挑战：各种 Middle box 的部署顺序严重依赖于拓扑，而且一旦设定，难以添加、删除 Middle box，也难以改变已有 Middle box 的顺序；设备功能难以复用，即使可以复用也要进行大量的手动配置工作；对于任何数据流，必须逐跳经过串行的 Middle box，即使一些数据流本不需要经过所有 box，导致增加额外的时延；每个 box 要对经过的每一个数据流进行独立检测，导致检测重复，消耗额外计算资源；每个 box 都需要按照最大数据流量来配置，即使其处理的业务流可能很小。

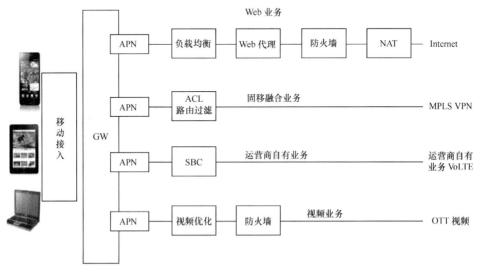

图 10-2　静态 Service Chaining 示意

为了提供开放的增值业务及复杂流处理功能的平台环境，业内提出了一种基于 SDN 的动态 Service Chaining。动态 Service Chaining 以一种 Overlay 的方式将 Middle box 从路由拓扑中抽离出来，使得 Middle box 的部署不再依赖拓扑而能够自由插入、删除和移动，同时采用虚拟化技术使得 Middle box 根据流量负载弹性地完成扩容/缩容，而 SDN 技术则结合策略控制根据不同维度、不同粒度需求编排不同的 Service Chaining 及 Service Chaining 转发路径。

动态 Service Chaining 使得运营商能够从用户属性、业务属性、网络属性等不同层面需求定制用户数据流经过的 Middle box，不仅从运营增值业务及复杂流处理的方式上，而且从 Gi-LAN 的平台环境上做出了极大变革。

10.4.2　Service Chaining 关键技术

1. Service Chaining 概念及标准进展

图 10-3 所示为 Service Chaining 的直观示意。其中 S#表示与底层网络连接的不同的业务功能。由于相对于底层网络 S#是 Overlay 的，因此其可以部署于不同的网络域中。图 10-3 中不同的箭头形状表示不同的 S#组成的 Service Chaining 及数据流经 S#的顺序。

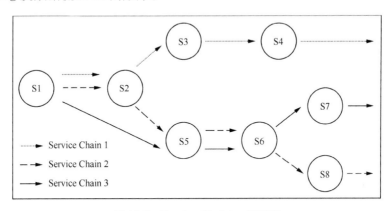

图 10-3　Service Chaining 直观图

虽然目前关于 Service Chaining 的研究、标准及产品都有快速进展，但是目前业内关于 Service Chaining 仍然没有统一的定义。文中引用 IETF 对 Service Function Chaining 的定义如下。

① Service Chaining：多个业务功能按照一定顺序串联提供组合的业务，相同数据流按顺序经过编排的 Service Chain。

② Service Function Chaining：一种创建 Service Chain 并转发数据流经过这些 Service Chain 的机制。

本书中 Service Chaining 与 Service Function Chaining 等同，后续描述中二者可互换使用。

目前各个标准组织及技术团体对 Service Chaining 的应用场景及需求进行了研究。但是不同组织出于自身技术侧重和技术背景，对 Service Chaining 产生了不同理解，进而也产生了不同的名称术语。表 10-1 总结了当前主要标准组织关于 Service Chaining 的活动与进展。

表 10-1　Service Chaining 在标准组织中的活动与进展

标准组织	活动与进展
IETF SFC	SFC 工作组是对 Service Chaining 研究最深入的标准组，其深入研究了 Service Chaining 的场景、架构框架、路由转发、协议及包格式等，IETF SFC 很有可能主导未来 Service Chaining 的技术标准
ETSI NFV	NFV 使用 Forwarding Graph 来描述如何将 VNF 部署于处理链中，Forwarding Graph 侧重节点级的链
ONF	L4-L7 Service Chaining 工作组主要研究基于 OpenFlow 的策略路由实现基于业务特性的链式路由机制
ODL	控制器集成 Service Chaining 流管理功能，Helium 以后的版本已经支持 SFC 功能
BBF	研究 Flexible Service Chaining 的市场需求及应用场景, 侧重固定宽带网边缘的弹性、动态的业务提供模式，对 BBF 已有相关人员进行 Gap 分析
3GPP	研究分组域 Gi-LAN 基于策略的业务流 traffic steering 场景。该报告中列举了基于应用特性、用户特征、网络状态、时间和位置、MVNO 等场景下的业务 Steering，即 Service Chaining
ITU-T	研究 Service Chaining 用例及分组域 traffic steering 要求

与 Service Chaining 相近的术语包括 VNFFG、Flexible Service Chaining、Service Traffic Steering 等，Middle box 与 Service Function（SF）可以等同。

2. 动态 Service Chaining 总体架构

虽然不同的实现方式存在差异，但是总的来看动态基于 SDN 的 Service Chaining 总体架构（如图 10-4 所示）包含如下几个模块。

① 策略控制：管理逻辑 Service Chaining 的静态策略包括逻辑 Service Chaining 的描述信息、逻辑 Service Chaining 对应的用户属性/业务流类型，并作为逻辑 Service Chaining 的选择决策实体。

② 流分类器：能够判定业务流类型，能够根据用户属性及业务流类型决

策使用对应的逻辑 Service Chaining，并向业务控制器下载逻辑 Service
Chaining 对应的路径标签或者触发动态路径建立。

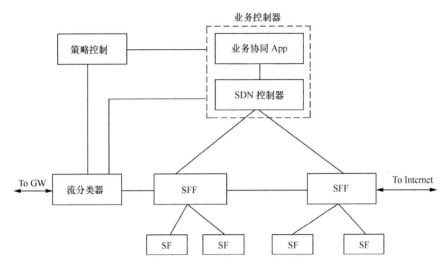

图 10-4　基于 SDN 的 Service Chaining 总体架构

③ 业务控制器：能够感知各个 SF 的网络拓扑、权重因子和工作状态，并
可以为逻辑 Service Chaining 选择经过的 SF 实例，从而直接控制 Service
Chaining 的路由路径，实现逻辑 Service Chaining 到物理转发路径的映射，并
分配转发路径的路由标签。

④ SFF（Service Function Forwarder）：将封装有对应逻辑 Service
Chaining 路由标签的数据报文逐跳路由，或者根据转发规则进行转发。

⑤ SF（Service Function）：对收到的数据包进行特殊处理的功能模块。
一个 SF 可以是虚拟网元，也可以是物理网元。多个 SF 可以在同一管理域存在，
也可以共存于同一个物理设备。SF 可以是 Service Chaining 封装感知的，也
可以是 Service Chaining 封装不感知的。如果 SF 是 Service Chaining 不感知
的，需要经过 SF 代理网元。

一个 Service Chaining 分为两个层次，SF 组成的逻辑 Service Chaining
层和执行 Service Chaining 的转发路径层。

图 10-5 所示为动态 Service Chaining 层次示意。Service Chaining 逻辑
层用于属性描述，主要在控制面使用。Service Chaining 转发路径层将逻辑
Service Chaining 映射到物理转发路径。SFF 间以隧道或者段路由的方式对用
户数据进行封装并转发。SFF 间依靠底层传统路由交换网络传输。SFF 可以与
某些 Switch/Router 合设。

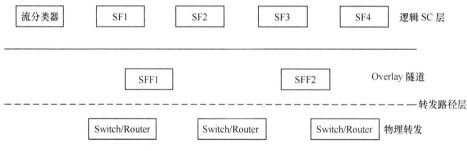

图 10-5　动态 Service Chaining 层次

3. 控制面逻辑编排

业务控制器用于编排逻辑 Service Chaining，包括逻辑 Service Chaining 标识以及对应的 SF 排列顺序。逻辑 Service Chaining 可以自动生成，也可以手动配置生成。逻辑 Service Chaining 由业务控制器下发给策略控制模块。

业务控制器还负责收集业务节点状态信息，如负载状态、存活状态等，根据网络、用户、业务等属性生成逻辑 Service Chaining 映射表，向策略控制模块下发。逻辑 Service Chaining 映射表包括逻辑 Service Chaining 标识以及对应的触发条件，以保证策略控制模块能够为分类器分配正确的逻辑 Service Chaining。

在用户接入网络时，策略控制模块根据用户的签约数据、用户的接入类型及网络当前的状态，匹配逻辑 Service Chaining 映射表中的触发条件，以生成策略下发至流分类器。

流分类器根据规则向策略控制模块请求逻辑 Service Chaining。一旦分类器根据数据流属性获得逻辑 Service Chaining，则向业务控制器请求路径标签或者触发业务控制器动态建立 Service Chaining 的物理转发路径，进而完成数据包的封装和转发。

4. 数据面转发方案

虽然动态 Service Chaining 基于策略生成逻辑 Service Chaining 的基本思路是相同的，但是动态 Service Chaining 的数据面转发方案却存在较大差别。根据底层网络技术和需求不同，动态 Service Chaining 的数据面转发方案也有所区别。

动态 Service Chaining 的数据面转发方案主要包括以下 3 种类型。

（1）基于包中的原有信息做出转发决策

该方案中 SFF 或者流分类器收到数据包后检测数据包中的信息，例如五元组信息（源 IP、目的 IP、源端口、目的端口、协议类型）、MAC 地址、VLAN

等。根据预先配置好的规则，SFF 或分类器将数据包转发到下一跳 SFF 或者 SF，也可以动态地向业务控制器申请转发规则进而完成转发动作。SFF 或分类器的转发规则生成可能根据某一项包信息（如端口号），也可能根据某几项包信息的组合（如端口号和目的 IP）。

（2）基于数据包头中路径标签

方案 1 中每一个流都需要在 SFF 的转发表中保留一个流表条目，导致流表条目过于庞大。通过减少匹配元素的组合，流表条目可相应减少，如仅匹配目的端口号为 80 的数据流，但丧失了根据不同粒度策略建立不同 Service Chaining 的灵活性。因此方案 2 引入了 Service Chaining 路径 Tag。

目前讨论使用 Service Chaining 路径 Tag 最多的是 IETF SFC 组织。该组织建议了专用的网络业务包头（Network Service Header，NSH），其头格式如图 10-6 所示。

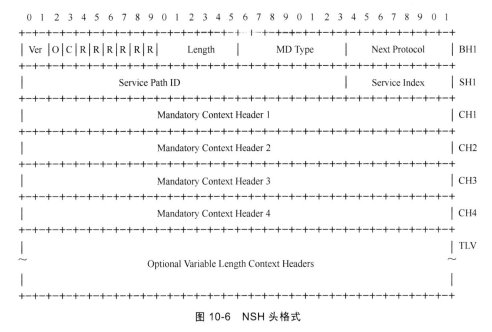

图 10-6　NSH 头格式

NSH 头格式中包含 24 位的 Service Path ID（SPI）。业务控制器将 SPI 作为匹配参数下发给 SFF，SFF 根据数据包中的 SPI 进行比较进而完成转发。业务控制器根据各类需要，如相同 Service Chaining 的负载均衡等，完成业务路径的汇聚或者裂变。

（3）分段路由

分段路由（Segment Routing，SR）是一种源路由的变种。一个节点能够

控制经过该节点的数据包按顺序经过后续的某些节点则被称为分段路由。一个分段可以包括基于指令的、拓扑的或者业务上的段。SR 可以使数据流经过指定的拓扑路径或者业务功能，而仅在 SR 源节点处维持数据流的状态。

分段路由可以直接利用 MPLS 的转发面，可以使用 MPLS 标签标记逐跳路径，也可以使用 IPv6 包中下一跳的扩展头，通过 IP-in-IP 隧道实现分段的逐跳转发。

图 10-7 所示为分段路由示意。A ~ Z 存在多条路径，A 为了使数据包经过 Service S1 和 Service S2，在数据流经过 A 时，其在数据包头中插入段路由标签 {72,9001,78,9002, 65}，路径中 C、S1、O、P 将路由标签逐跳弹出，到达 Z 时恢复为原始数据包。

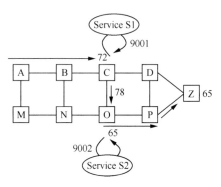

图 10-7　分段路由示意

10.4.3　Service Chaining 挑战

动态 Service Chaining 不仅仅作为一项技术，更多地可以被看作是未来运营商数据流复杂流处理及增值业务部署的平台环境。动态 Service Chaining 虽然有巨大的潜力，但仍面临诸多挑战。

1. 标准成熟度

当前动态 Service Chaining 的技术标准尚未成熟，大多数标准组织还处于需求研究的阶段，尤其是 3GPP、BBF 等电信标准组织研究进展较慢。不同于以往的电信技术，由于动态 Service Chaining 的应用场景较多，而且平台需求一致，包括电信设备厂商、IT 设备厂商、创新软件企业都积极研究相关产品，形成产品先于标准出现的局面。

2. SDN 成熟度

与最初提出 SDN 概念时相比，业内 SDN 环境已经变得比较复杂。一方面，ONF 相关标准的推进有所放缓；另一方面，ODL 则进展迅速，已经发布控制器的最新版本，兼容 OpenFlow 的同时包含其他南向接口甚至厂商私有接口。动态 Service Chaining 如果采用 SDN 来实现，自然受到 SDN 成熟度的影响。

3. 数据面性能

目前动态 Service Chaining 的很多方案都采用了 NFV 技术，一方面便于 SF 的部署，另一方面可以直接借鉴 Overlay 技术解耦 SF 和底层拓扑。但是由于很多 SF 都要处理大量的数据流，虚拟化后的数据面性能会面临挑战。

4. 业务编排及策略

逻辑 Service Chaining 的编排、业务组合及多维策略的获取和使用是动态 Service Chaining 的关键挑战。如何通过一个或几个数据包生成满足需求的 Service Chaining，并且可以根据流的状态动态调整 Service Chaining 是需要重点解决的问题。此外，SDN 控制器的北向接口、PCRF 和业务控制器间的接口等都是非标准接口，这也可能为未来不同厂商之间的设备互通带来阻碍。

5. 运营商认可

NFV 和 SDN 技术正处于成熟过程中，运营商是否愿意将局部网络以 Clean-Slate 方式变更还是期望充分利旧逐步演进的态度，这决定了动态 Service Chaining 被接受的程度。同时，运营商对于数据盈利的模式和思路也决定了运营商是用基于动态 Service Chaining 来构建即插即用增值业务平台，还是继续采用粗粒度流区分的静态 Service Chaining。

|10.5　面向 5G 的核心网架构演进|

10.5.1　5G 服务化架构

5G 核心网采用服务化架构，一个网元内的多种功能以不同的 API 封装并通过服务化接口向外供其他网元调用。NRF（Network Repository Funcion）作为管理网元对其他网元提供服务发现和服务授权管理。

每一个网元都可以作为"服务提供者"向其他网元提供服务，接受服务的网元即为"服务请求者"。服务化接口可以提供的服务分为"请求→响应"和"订阅→通知"两种。

"请求→响应"即服务请求者向服务提供者发送服务请求消息，服务提供

者立刻回复响应消息，如图 10-8 所示。

"订阅→通知"即服务请求者采用显性或隐性的方式向服务提供者订阅相关的服务，当达到服务被触发的条件时，服务提供者会立即通知服务请求者，如图 10-9 所示。

在 5G 网络架构中，服务发现功能是必选功能，使服务请求者发现某一种服务或者特定网元类型对应的具体网元是哪些。

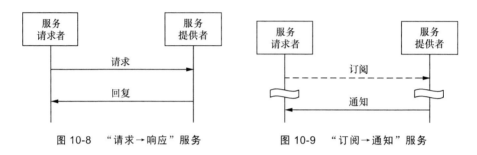

图 10-8　"请求→响应"服务　　　　图 10-9　"订阅→通知"服务

服务发现功能可以本地静态配置，或者通过 NRF 网元进行动态的发现。NRF 网元是专门用于实现服务发现功能的网元。

在动态发现模式下，服务请求者需要向 NRF 发送服务发现请求，请求信息中需要包含期望发现的网元类型或者服务种类以及其他辅助发现的信息（如网络切片信息）。

为了使服务请求者能够正确发现服务提供者，NRF 会在回复消息中携带一个或多个服务提供者的 IP 地址或者域名信息以及其他网元 ID 等信息。基于这些信息，服务请求者可以选择一个特定的网元作为服务提供者来请求服务。

10.5.2　5G 核心网逻辑架构

5G 核心网逻辑架构如图 10-10 所示。

注：受布局所限，图中未体现出 5G 核心网所有 NF 及接口。

5G 核心网架构中主要网元的功能描述如下。

AMF（Access and Mobility Management Function，接入及移动性管理功能）支持以下功能：

- 　　RAN CP 接口（N2）终结；
- 　　MM NAS（N1）终结，NAS 加密及完整性保护；
- 　　注册管理；
- 　　连接管理；

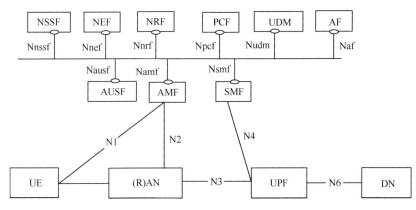

图 10-10　5G 核心网逻辑架构

- 可达性管理；
- 移动性管理；
- SM 消息路由；
- 接入鉴权；
- 安全锚点功能（SEA）；
- 安全上下文管理（SCM）。

SMF（Session Management Function，会话管理功能）支持以下功能：
- 会话管理；
- UE IP 地址分配及管理；
- UP 功能的选择和控制；
- UPF 导流配置；
- QoS 策略执行的控制部分；
- NAS 消息 SM 部分终结；
- 下行数据通知；
- 决定会话的 SSC Mode。

UPF（User plane Function，用户平面功能）支持以下功能：
- Intra-/Inter-RAT 移动性锚点；
- 数据报文路由和转发；
- 数据报文检测和 QoS 策略执行；
- 流量统计和上报；
- 上行链路分类器（UL CL）功能；
- 分支点（Branching Point）功能；
- 上行流量认证；

— 下行报文缓存和下行数据通知触发。

UDM（Unified Data Management，统一数据管理）支持以下功能：

— 签约信息管理；

— 注册/移动性管理；

— 接入授权；

— 生成鉴权向量（可选）；

— UDM 使用的签约数据和鉴权数据可存储在 UDR。

PCF（Policy Control Function，策略控制功能）支持以下功能：

— 业务数据流检测及 QoS 控制；

— 基于流的计费、额度管理；

— 具备 UDR(User Data Repository)前端功能以提供用户签约信息；

— 提供网络选择和移动性管理相关的策略（比如 RFSP 检索）；

— 背景数据(Background data)传送策略协商；

— 对通过 NEF 和 PFDF 从第三方 AS 配置进来的 PFD（Packet Filter Descriptor）进行管理；

— 数据流分流管理（不同 DN）；

— UE 策略的配置（网络侧须支持向 UE 提供策略信息，包括但不限于：网络发现和选择策略、SSC 模式选择策略、网路切片选择策略）。

NEF（Network Exposure Function，网络能力开放功能）支持网络能力开放功能，包括网络能力的收集、分析和重组。

NRF（NF Repository Function，网元服务管理功能）支持以下功能：

— 支持服务发现功能；

— 为可用的 NF 实例及其服务维护 NF profile。

AUSF（Authentication Server Function，认证服务器功能）支持以下功能：

— 生成鉴权向量（可选）；

— 执行鉴权的计算流程。

UDR（Unified Data Repository，统一数据库）支持以下功能：

— 由 UDM FE 存储和获取签约数据；

— 由 PCF 存储和获取策略数据；

— 由 NEF 存储和获取结构化数据信息（如位置信息数据、应用数据）。

UDSF（Unstructured Data Storage Function 非结构化数据存储功能）支持非结构化数据的存储功能。

NSSF（Network Slice Selection Function，网络切片选择功能）支持以下功能：

- 选择为 UE 服务的一组网络切片实例；

- 决定 Allowed NSSAI；

- 决定用于服务 UE 的一组 AMF 或一个备选 AMF 列表。

PFDF（Packet Flow Description Function，数据包流说明功能）支持以下功能：

- 存储结构化数据；

- 提供为流识别使用的 PFD（Packet Flow Descriptor）信息，并可提供计费、QoS 等规则信息，用于与不同数据流对应的策略绑定。

5G 核心网有如下网络接口。

（1）服务化接口

服务化接口是 NF 暴露自身能力的接口，NF 通过服务化接口向授权消费者提供了不同的网络功能，从而为不同的消费者提供不同的 NF 服务。

由网络功能提供的每一个 NF 服务都应该是独立的、可重复使用的。一个业务流程可以通过一系列的 NF 服务来构建。

服务化接口包括但不限于：

Namf，由 AMF 暴露的接口；

Nsmf，由 SMF 暴露的接口；

Nnef，由 NEF 暴露的接口；

Npcf，由 PCF 暴露的接口；

Nudm，由 UDM 暴露的接口；

Naf，由 AF 暴露的接口；

Nnrf，由 NRF 暴露的接口；

Nausf，由 AUSF 暴露的接口；

Nnssf，由 NSSF 暴露的接口；

Npfd，由 PFDF 暴露的接口。

（2）非服务化接口

5G 网络中，控制面功能和用户面功能之间，以及用户面功能之间仍采用非服务化接口，非服务化接口包括：

N1，UE 和 AMF 之间的接口；

N2，(R)AN 和 AMF 之间的接口；

N3，(R)AN 和 UPF 之间的接口；

N4，SMF 和 UPF 之间的接口；

N6，UPF 和数据网络之间的接口；

N9，不同 UPF 之间的接口。

10.5.3 跨系统互操作架构

5G 跨系统互操作系统架构如图 10-11 所示。

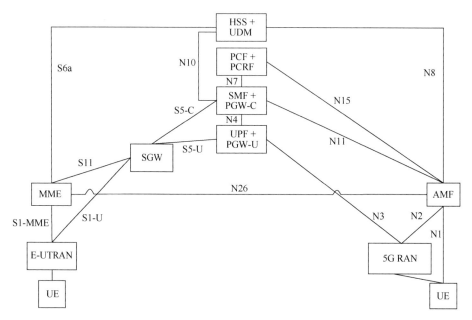

图 10-11 5G 跨系统互操作系统架构

其中，N26 接口是 MME 和 AMF 之间跨核心网的接口，用于支持 EPC 和 5GC 之间的互操作，支持 S10 接口互操作相关的必要功能，为保障后续的语音业务需求，N26 接口应作为必选接口。

PCF + PCRF、PGW-C + SMF 和 UPF + PGW-U 为 5GS 和 EPC 互操作专用网元，不受制于互操作的 UE 可不使用互操作专用实体服务。

10.5.4 5G 核心网演进策略

5G 核心网要求网元设备全部实现虚拟化，同时达到真正的控制和转发分离，具体演进阶段如下。

第一阶段（2017—2018）：部署统一电信云，按业务域选择厂商，实现业务无状态、高效弹性的网络架构，同时进行边缘—地区—全国的三级 DC 部署架构，并实现电信云跨 DC 部署，提升灵活性与可靠性，实现灵活、无损升级，提升业务上市速度，实现敏捷、开放、弹性的基础网络架构。图 10-12 所示为

5G 核心网第一阶段演进策略。

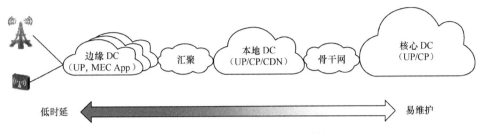

图 10-12　5G 核心网第一阶段演进策略

第二阶段（ 2018—2019 ）：部署虚拟化 vEPC 和 vIMS，实现网元云化部署，同时引入 CU 分离网络架构，确保 5G 核心网网络架构就绪，并同现网、传统网元实现混合组网。图 10-13 所示为 5G 核心网第二阶段演进策略。

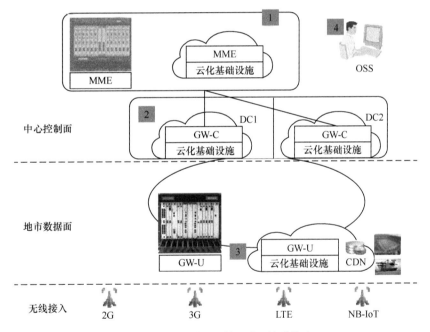

图 10-13　5G 核心网第二阶段演进策略

- 云化 MME 与传统 MME 混合组 Pool；
- 云化 GW-C&MME 跨 DC 部署和容灾；
- 重用现有传统平台设备作为用户面；
- 统一运维管理。

第三阶段（2020— ）：引入 5GC，vEPC 网络演进至支持跨系统互操作的

5G 核心网网络架构，整体网络平滑演进至 2G/3G/4G/5G 融合网络。图 10-14 所示为 5G 核心网第三阶段演进策略。

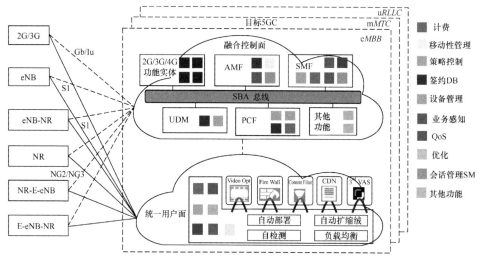

图 10-14　5G 核心网第三阶段演进策略

｜本章参考文献｜

[1] Kostas P, Yan W, Weihua H. MobileFlow: Toward Software-Defined Mobile Networks[J]. IEEE Communications Magazine, 2013, 51(7): pp.44-53.

[2] 薛淼, 符刚, 朱斌, 等. 基于 SDN/NFV 的核心网演进关键技术研究[J]. 邮电设计技术, 2014(3): pp.16-22.

[3] ETSI GS NFV 001: Network Functions Virtualization (NFV); Use Cases [EB/OL].

[4] 薛淼, 符刚. 基于 SDN/NFV 的 Service Chaining 关键技术研究[J]. 邮电设计技术, 2015(2): pp.1-6.

[5] Ying Z, Neda B, Ludovic B, et al. StEERING: A Software-Defined Networking for Inline Service Chaining[C]. IEEE International Conference on Network Protocols (ICNP), 2013, pp.1-10.

[6] Service Function Chaining[EB/OL].

[7]　Wanfu D, Wen Q, Jianping W, Biao C. OpenSCaaS: An Open Service Chain as a Service Platform Toward the Integration of SDN and NFV[J]. IEEE Network, 2015, 29(3): pp.30-35.

[8]　3GPP TR22.808, Study on Flexible Mobile Service Steering (FMSS)[R]. 3GPP, Dce, 2015.

[9]　CCSA. 移动软网络需求及架构研究[R]，2015.

[10]　苗杰，高功应. 移动核心网虚拟化演进趋势探讨[J]. 邮电设计技术，2014(5): 5-9.

[11]　苗杰. 移动核心网虚拟化影响和演进分析[J]. 邮电设计技术，2015(2): 33-36.

[12]　何建波，陈艳庆. 运营商网络转型加速，NFV 部署进入快车道[J]. 邮电设计技术，2015(2): 7-10.

[13]　王大鹏，李建峰. 加速发展中的核心网 NFV[J]. 邮电设计技术，2015(2): 17-23.

[14]　何华江，陈丹. 基于网络功能虚拟化（NFV）的 IMS 核心网演进[J]. 邮电设计技术，2015(2)28-32.

[15]　王大鹏，沈蕾，邹立. 基于 NFV 技术的未来通信网络架构与运维体系[J]. 电信网技术，2015(2): 33-37.

第 11 章

数据中心

本章介绍了 SDN/NFV 在数据中心的发展情况,首先介绍了数据中心的现状和发展趋势, 然后介绍了基于 SDN/NFV 的数据中心解决方案, 包括 DC 内部和 DC 互连的解决方案,城域边缘数据中心是运营商的研究应用新热点。本章还介绍了基于 SDN 的城域边缘数据中心改造方案。

|11.1 IDC 的发展趋势 |

11.1.1 市场发展趋势

在云计算、大数据和网络视频等新兴互联网业务的拉动下，数据中心进入了高速增长时期。据统计，2012 年，全球 IDC 整体市场规模达 255.2 亿美元，增速为 14.6%。2008—2014 年，中国 IDC 市场规模年均增长超过 38%。2014 年中国 IDC 市场规模已经达 323.9 亿元人民币，同比增长 23.4%，远超世界平均水平。2014—2017 年中国 IDC 市场规模仍保持 30% 以上的增长速度。2017年，中国 IDC 市场总规模将达 946.1 亿元，同比增长率 32.4%，增长率放缓 5.4个百分点。IDC 市场规模的绝对值仍然保持增长趋势。目前 IDC 市场增速趋缓，整体市场规模仍将保持上升趋势，2018 年超过 1200 亿元，预计 2020 年将超过 2000 亿元，具体如图 11-1 所示。

在这一需求的推动下，IDC 业务提供商纷纷加大对 IDC 基础设施的投资，以期在未来的云计算、移动互联网、大数据等市场竞争中占领主导地位。作为全球云计算服务的领军者，亚马逊已在美国、爱尔兰、新加坡、日本和澳大利亚等地建成 9 个数据中心。近期亚马逊又与我国宁夏签订协议，计划在宁夏中卫投资建设其全球第十个数据中心,成为成功落户中国的第一家国际云计算服务提供者。其一期计划建设 20 万台服务器,总投资 95 亿元。这一趋势导致 IDC 在建设上呈现出两大特点。

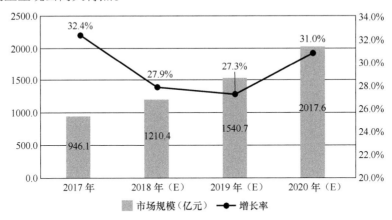

图 11-1　2014—2017 年中国 IDC 市场规模预测

1. 单站点规模不断增大

如图 11-2 所示,2012 年被调研 IDC 服务商机房拥有服务器数量在 5000 台以上,所占比例与 2011 年几乎没有变化,被调研的 IDC 服务商机房拥有服务器数量在 1000～3000 台的所占比例下降到 23%,这种现象说明这两年行业进行重组整合,较小的 IDC 服务商已经被重组或者淘汰。

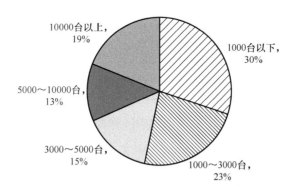

图 11-2　2012 年中国 IDC 公司的机房服务器数量

2. 多站点间互联需求明显增加

随着 IDC 规模的增长,单站点已不能满足主要 ICP 在业务规模、服务质量

SDN/NFV 重构下一代网络

和数据安全等方面的需求，它们纷纷开始在全球各主要业务点布设 IDC 站点。在这一背景下，将分布在不同地区的数据中心站点进行整合变得越来越重要。国外以谷歌、亚马逊，国内以腾讯、百度、阿里巴巴为代表的大型 ICP 纷纷采用自建或租用光纤线路的方式，整合自己的 IDC 资源，构建一体化 IDC 网络。

11.1.2　业务发展趋势

目前，IDC 提供的主要业务包括主机托管（机位、机架、VIP 机房出租）、资源出租（如虚拟主机业务、数据存储服务）、接入服务（共享带宽和独享带宽）、系统维护（系统配置、数据备份、故障排除服务）、管理服务（如带宽管理、流量分析、负载均衡、入侵检测、系统漏洞诊断）以及其他支撑、运行服务等。这些业务主要分为基础业务和增值业务两大类。

中国 IDC 市场传统业务如主机托管（35%）和接入服务仍然是 IDC 服务商最主要的业务，但其占比也一直在缩小，目前的增长很大一部分来源于云业务增长对基础资源需求的拉动。云计算相关服务业务占比持续上升，基本保持 40% 以上的增长率。

11.1.3　IDC 的技术发展趋势

无论是在发达国家还是新兴国家，新建的数据中心基本上都是以云计算架构搭建为主。在发达国家，建立云计算数据中心主要是考虑自身业务的发展以及用户对云计算需求的拉动。在新兴国家，特别是中国，资源和环境约束越来越明显，劳动力、土地、能源等要素成本不断上升，而政府和企事业单位购买的大量机器的利用率较低（只有 7%~8%），传统的依赖规模扩张的粗放型产业发展模式难以为继，产业转型升级迫在眉睫。而云计算架构的数据中心较传统数据中心能够节省约 70% 的电能消耗，较传统信息化实施项目节省 90% 的实施时间。因此，在国家引导下，新建数据中心都是以云计算架构搭建为主，更加注重绿色节能、可扩展性。

现在国内大部分 IDC 云计算平台只局限于最底层的基础架构，即 IaaS 这一层。在这个行业里做法有几类：第一类就是用一些高性能的设备来做云计算，如刀片服务器、存储以及万兆级的光纤设备。这种架构下要求全部都是 x86 的服务器。第二类使用虚拟化主机来承载更多的计算单元，所以每一台服务器芯片的性能要求很高。另外，从管理的角度来看，对存储、服务器、网络的管理进行优化，就会对融合系统有高的需求。更重要的是在工作上，一方面使 IT

职员高效率地完成数据中心的工作,另一方面他们还会给组织带来更多的创收。

据估算,采用云平台承载企业 IT 能为企业节省约 60%的费用,传统企业数据中心和云数据中心的比较见表 11-1。

表 11-1　传统企业数据中心和云数据中心的比较

	传统的企业级数据中心 （1000 台服务器）	云数据中心 （10 万台服务器）	比值
网络成本	95 美元 Mbit/s/月	13 美元 Mbit/s/月	7.1∶1
存储成本	2.2 美元 GB/月	0.4 美元 GB/月	5.7∶1
管理成本	单个管理员管理 140 台服务器	单个管理员管理超过 1000 台服务器	7.1∶1

从表 11-1 中我们可以看到,包含 1000 台服务器的传统数据中心与包含 10 万台服务器的云数据中心的各项成本的比值,网络成本比值为 7.1:1,存储成本比值为 5.7:1,管理成本比值为 7.1:1。这就不难理解为什么如此多的企业会对云计算着迷。

近年来云计算在各行业的应用逐渐落地,例如云计算解决了大型互联网企业对低能耗、可扩展性和支撑业务峰值的需求;政务云可以帮助政府行业打破部门间的数据堡垒,实现部门间的信息共享和业务协同,提升公众服务能力;电信云有利于运营商整合内部分散的信息系统,减少运营成本;金融云对中小银行成本节约和业务拓展方面的支撑等。随着云计算安全体系的逐步完善,云计算在各行业细分领域的应用能力将进一步得到提升。其中以互联网、政府、电信、教育、医疗、金融、能源和电力等行业为重点,云计算在中国市场将逐步被越来越多的企业和机构采用。

11.2　现有数据中心组网现状及问题

目前,国内主要运营商在全国已建有数百个数据中心,年收入达上百亿元。这些数据中心大多从数据机房演变而来,主要提供机架出租和主机托管等附加值较低的业务。与业界领先者相比,运营商 IDC 存在以下问题。

1. 网络技术落后,扩展性受限

虚拟机的大规模使用是云数据中心区别于传统数据中心的一个最主要特点。由于虚拟机迁移要求,迁移前后的网络属于同一个二层网络。因此,新一

代的数据中心组网技术如 Trill、SPB 等都专注于构建数据中心内部的大二层网络。而运营商传统数据中心网络如图 11-3 所示。

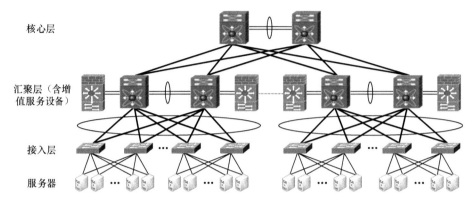

图 11-3 传统数据中心网络拓扑

其中，运营商只负责提供接入层以上的设备。租户需要通过自备的网络设备汇接其所有服务器，然后再通过配置静态路由将流量导入接入层交换机。在路由协议配置上，接入交换机为二、三层网络分界线，接入层以上的设备运行三层网络协议，包括 OSPF（Open Shortest Path First，开放式最短路径优先）和 BGP（Border Gateway Protocol，边界网关协议）。在这种方式下，二层业务被限制在网络边缘。整个数据中心被分割成相互独立的多个烟囱式的业务网络，极大地限制了虚拟机迁移的范围和用户网络的扩展性。同时各业务网络彼此隔离、无法复用，降低了网络资源（如接入带宽和端口资源等）的利用效率。

2. 运营模式粗放，业务开通速度慢

亚马逊、阿里巴巴等互联网公司已为用户提供 PaaS、SaaS 等云服务，这些云服务对用户技术要求低，且业务开通仅需几分钟。运营商数据中心机房目前多以提供机房、机架出租等低附加值业务服务为主。用户开通新业务需要通过提交申请、网络划分、逐台设备配置等繁琐的步骤，平均业务开通时间通常在几周甚至几个月左右。

3. 高端资源不足，低端资源无法整合

作为互联网行业的基础服务体系，数据中心站点正在向大规模、集群化方向发展。谷歌、微软、腾讯等互联网公司新建的数据中心站点都已拥有上万台物理服务器。而运营商现有的 IDC 机房中，规模较大的五星级、四星级机房仅占机房总数量的 20% 左右。这无疑难以满足用户对资源需求的增长趋势，不适

于未来 IDC 业务的长期发展。同时，由于设备和组网技术的限制，多个数据中心资源无法整合在同一个二层网络中形成一个逻辑资源池。当面对网络资源需求较大的用户时，一方面各机房无力单独满足用户的使用规模需求，另一方面大量资源被闲置和浪费。

4. IDC 资源利用率不均，分布不合理

由于不同种类的业务对网络时延的要求不同，各用户对 IDC 机房地理位置的敏感度也存在差异。如提供页面访问业务的用户对机房位置的要求不太敏感；而金融和政府用户则多要求部署在一、二线城市；中小用户则要求就近部署在本地。

目前，运营商在一线城市机房的机架利用率和出口带宽利用率基本达到上限。而三、四线城市机房的机架和带宽尚有可利用空间。但由于不支持虚拟化功能和统一的管理调度平台，使得 IDC 无法通过业务调度的方式，实现对现有网络资源的整合。

5. 缺乏多数据中心协作机制，难以发挥固网资源优势

目前运营商不同等级的数据中心之间缺乏协同工作机制与热点流量推送机制，与 Google、Facebook 等公司的数据中心互联模式相比，用户体验还有很大差距。

此外，云计算、移动互联网和服务器虚拟化的大规模应用对数据中心网络提出了以下更高的要求。

① 无阻塞网络，并具备近似无限的高扩展性。

② 能够感知虚拟机，支持虚拟机在单数据中心内部和多数据中心之间的漂移，并保证相关网络策略随之迁移。

③ 支持多业务、多租户，能在同一物理网络上根据业务需求自由构建业务网络并保证网络安全性。

④ 网络统一运维，高度自动化、智能化管理。

为满足上述需求，业界主流厂商推出了一系列新的技术和解决方案，如 Trill、SPB、VEPA 等。但这些技术都需要新的网络硬件，即各级交换机设备。显然，对于已建有数百个数据中心的运营商而言，这些技术和解决方案的成本十分高昂，是否值得应用也有待考验。

此时，SDN 和 NFV 技术的适时出现，为利用现有网络设备、整合数据中心网络资源、实现云化升级等策略提供了一种解决思路。

SDN 的控制转发分离、逻辑集中控制、开放网络编程 API 等技术特点使

其具备能够良好地满足数据中心网络的使用需求的能力。

（1）高扩展性和网络资源利用率

通过对转发表的集中管理，Controller 能够实时控制网络各链路中流量的大小和走向，进而能够实现对网络带宽资源和网络功能元件的虚拟化管理。计算、存储、网络全部实现虚拟化管控，使得网络扩展不再依赖于网络架构。从粗放的网络模块增加转变为细颗粒度的资源池扩充，网络扩展性和资源利用率都得以大幅提升。

（2）支持虚拟机迁移和统一运维

由于 Controller 可以控制网络中的流量流向，因此虚拟机迁移仅仅是修改下发到交换机的转发表项，易于实现。同时，由于 SDN 与 VM 服务管理器（VCenter）以及 IDC 网管平台都采用集中式管理架构，便于整合，实现高度自动化的统一管理。其中，SDN Controller 主要用于实现对网络设备（包括驻留在服务器的 vSwitch）的集中管理和控制；VM 服务管理器主要用于实现 VM 的管理，包括了 VM 的创建、部署和迁移等；IDC 管理平台主要用于实现整体的协同和控制，完成 VM 服务管理器与 SDN 控制器的协同，实现数据中心计算资源、存储资源、网络资源的统一协调和控制。

（3）支持多业务、多租户

SDN 实现了网络资源虚拟化和流量可编程，因此可以很灵活地在固定物理网络上构建多张相互独立的业务承载网，如图 11-4 所示为利用 SDN 技术构建逻辑网络示意，其满足多业务、多租户需求。

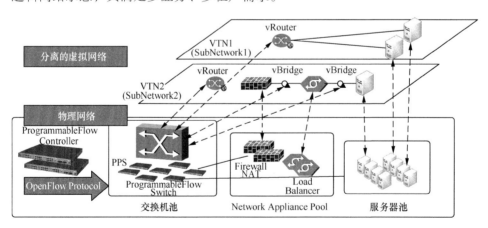

图 11-4　利用 SDN 技术构建逻辑网络

SDN 对 IDC 的影响主要表现在流量调度方面。目前云数据中心网络仅被用来配合计算、存储资源虚拟化，使网络不成为影响使用的瓶颈。SDN 的引入第一次真正实现了网络资源的虚拟化，从而为资源的有效整合、系统的全自动化管理、物理网络向逻辑虚拟网络的转变奠定了基础。

在 IDC 内部，SDN 的影响主要有以下三个方面。

① SDN 把网络功能从基础硬件中提取出来后对网络进行虚拟化。网络虚拟化使得网络功能（如防火墙）和网络带宽实现池组化，为简化网络设计难度、提高网络资源利用率创造了条件。

② SDN 具有灵活调度网络流量的功能，使得虚拟机迁移不再必须处于同一二层网络，极大地增加了网络的扩展性和使用的灵活性。

③ SDN 允许网络通过编程具有伸缩性，在网络控制方面提供了更大的空间。

在 IDC 到外部网络（包括 IDC 站点间、IDC 到用户侧），SDN 可以根据网络实时带宽情况和承载业务的 QoS 需求，灵活选择传输路径和转发时间，使网络资源利用率和服务体验同时得到提高。目前，思科、华为、中兴等主要设备厂商都已提出相应的技术解决方案。

云计算可通过 SDN 北向接口使用软件来划分逻辑网络。由于软件的灵活性，这种划分不依赖于网络架构，且具有可调整性。由于这种逻辑网络对网络设备是透明的，因此在传输上不会产生差异。这种方式使得用户能够通过一个统一的框架管理其逻辑网络，同时也为用户业务的快速部署和调试奠定基础。

11.3　基于 SDN 的 IDC 解决方案

数据中心网络按通信范围可划分为 4 个部分，如图 11-5 所示。

① DCF（Data Center Fabric）：单站点网络。

② DCI（Data Center Interconnection）：多数据中心互联网络。

③ DCC（Data Center Core）：数据中心核心网。

④ DCA（Data Center Access）：数据中心接入网。

从 SDN 的角度，这 4 种网络可以划分为两类：其中 DCF 侧重于实现数据中心内部各功能需求，包括多租户、虚机迁移、业务链等；其余三种网络侧重于利用 SDN 实现基于带宽的差异化服务，如流量工程等，在满足用户对服务质量要求的同时优化链路利用率。为此，我们分别针对这两类网络研究 SDN 的实施方案。

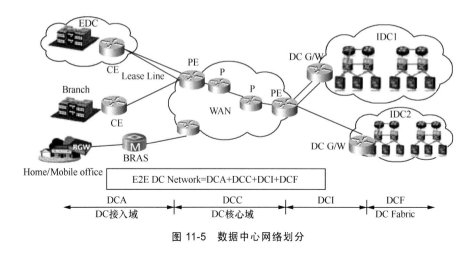

图 11-5 数据中心网络划分

11.3.1 数据中心单站点（DCF）SDN 组网方案

1. 主要业务场景及功能需求

（1）多租户逻辑网络虚拟化应用场景

传统网络业务应用需要人工预先规划，并在分布化的多个网络节点分别进行配置，不仅繁琐还需要技术人员熟悉网络实现技术，导致网络整体运维成本高。

网络虚拟化后仅对用户呈现逻辑网络，面向用户的网络业务视图简化了网络的操作难度。用户仅需要根据业务需求对逻辑网络进行配置、管理和监控，不需要关心底层复杂的物理网络的配置，从而简化了网络的配置和管理，如逻辑网络包括租户名称、虚拟网络、虚拟接口、QoS、访问控制策略等。

从运营者角度看，第一，网络开放标准化接口，支持资源管理平台或其他SDN 应用系统自动化地调用网络资源、部署虚拟网络业务，节省运营成本。如租户申请开通虚拟机业务时网络资源和策略同步生成，而且当租户虚拟机部署发生变化时，网络策略能够同步迁移。第二，目前运营者网络资源出租业务面临的两个主要限制问题是租户数量有限、网络资源难复用。采用重叠网技术（如NVO3 等）或 OpenFlow 技术将扩展网络可支持的租户数量，并增强网络资源复用能力。第三，运营商捆绑广域网+数据中心网络资源，为租户建立虚拟私有云。

（2）大二层网络应用场景

业务灵活调整与扩展、网络弹性伸缩等需求要求在数据中心内提供二层网络，但是传统二层网络广播机制、VLAN 数量等问题限制了二层网络的规模和能力。

SDN 数据中心网络应具备集中的控制面，替代由于 ARP 带来的整个 VLAN 内广播的问题，扩大二层网络规模。同时，采用重叠网技术（如 VXLAN 等）或 OpenFlow 技术后将扩展网络可支持的租户数量。

（3）租户业务链应用场景

业务链（Service Chaining）是引导业务报文依次通过多个业务处理节点的转发技术。基于 SDN 的数据中心网络通过集中化控制的方式可以建立不同网段之间的业务链，将网络服务插入到通信流量中。

租户根据业务需求，在逻辑网络界面上自助部署 Service Chaining 业务，将不同网络服务应用到特定类型的流量上，可以缩短业务开通时间，提高业务开通灵活性。如对与外部交互的 HTTP 流量部署 NAT 和负载均衡服务，对内部不同安全域间的互访流量部署防火墙服务。

（4）支持网络演进及逐步部署应用场景

从市场发展来看，目前传统的机架出租及三层网络接入业务、主机托管业务仍是运营商最主要的业务之一。因此在数据中心网络向 SDN 演进过程中，仍要求基于 SDN 架构的数据中心网络与传统网络通过标准以太或 IP 协议互通。

为了实现上述多种应用场景的综合业务使用需求，基于 SDN 的 IDC 网络应具备以下功能。

① 租户逻辑网络自助开通、管理和维护，具体包括如下几点：

－　租户可自助创建、删除、更改逻辑虚拟网络（包括二层逻辑网络、三层逻辑网络、逻辑业务链），网络创建可与计算、存储等资源创建联动；

－　租户可自定义逻辑虚拟网络资源（VLAN、IP 等）和网络策略（访问控制、QoS 等策略），租户间网络资源可复用；

－　租户可维护、监控逻辑网络，如逻辑网络流量可视化；

－　租户具备自有应用识别能力。

② 高度智能化、自动化的运维管理功能，具体包括如下几点：

－　网络设备即插即用，免配置；

－　物理网络流量可视化、逻辑网络流量可视化；

－　支持网络故障自动检测和定位；

－　开放网络控制接口，包括网络路径、网络策略、路由信息、网元信息、网络日志、系统调试等常规 SNMP 可提供的管理信息等。

③ 流量管理功能，具体包括如下几点：

－　根据网络拓扑、链路状况、选路策略、业务等级流量调度能力；

　　　　－　支持从传统数据中心到基于 SDN 的数据中心的平滑迁移。

2. 实现方案

（1）网络方案

运营商数据中心 SDN 改造分为数据中心出口和数据中心内部资源池两部分，运营商城域 IDC 改造方案如图 11-6 所示。

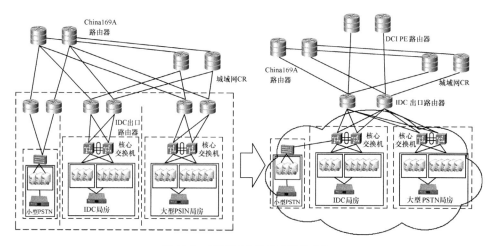

图 11-6　运营商城域 IDC 改造方案

在图 11-6 的左图运营商城域传统架构中，同城的多个数据中心机房彼此隔离。每个机房都配置有出口路由器。各机房网络仅能满足三层互通需求，二层网络隔离，无法构成资源池。

SDN 改造后，在 DC 出口位置，所有机房共用一对出口路由器。该路由器同时上联城域网 CR、骨干网 AR 和 DCI 网络，分别疏导流向本城、流往外地和高质量 DC 间的流量。全城多个机房的统一接入可以实现对同城 DC 南北向流量的汇聚并按策略进行统一调度，包括下发 QoS 策略或者流量调度策略保障 VIP 用户及本地用户的带宽和服务质量。

由于 SDN 支持 Overlay 解决方案，因此 DCF 网络的范围已从传统意义上的单机房内扩展到同一区域内池化后的所有 DC 资源。这里先简单介绍下 Overlay 的概念。

Overlay 与 Underlay 相对。Underlay 即实际的网络拓扑，而 Overlay 则指建立在实际网络拓扑上的逻辑网络，图 11-7 所示为 Overlay 示意。为了组织 Overlay，用户需要在 Underlay 地址及寻址方式之外，额外定义一条用于 Overlay 节点间通信的地址和寻址方式。Overlay 早期主要是被各类业务应用，如 P2P 软件。用户不需要了解 Underlay 网络的组成，只需要明确其通信节点的 Overlay 地址及其与 Underlay 地址的对应关系即可。在 SDN 中，Overlay 网络主要是隧道特别是 VXLAN 隧道构造，VXLAN 报文格式如图 11-8 所示。

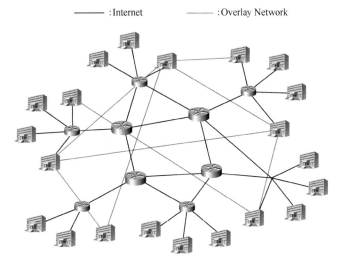

图 11-7　Overlay 示意

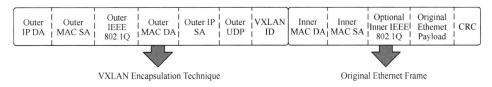

图 11-8　VXLAN 报文格式

Overlay 技术为运营商将多个数据中心站点整合为一个二层资源池并在此基础上按需划分逻辑网络提供了技术手段。图 11-7 所示为 Overlay 示意，是使用 SDN 及 VXLAN 技术整合的多数据中心资源池的组网方案。

通过在各 DC 局房部署支持 SDN 及 VXLAN 特性的交换机，利用 VXLAN 构造同城跨多机房的大二层网络，并通过 VNI 标示不同的逻辑租户/业务网络实现逻辑隔离，通过 SDN 集中控制来实现各业务网络的弹性调整。运营商城域 IDC 改造方案如图 11-9 所示，该方案可以提高整个网络的承载能力和资源利用率。

（2）功能架构

基于 SDN 的数据中心架构分为 4 层，如图 11-10 所示。

① 应用层（App）。应用层包括应用软件和网管系统。

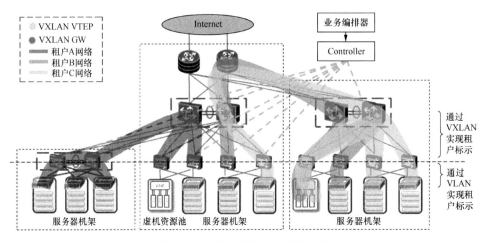

图 11-9　运营商城域 IDC 改造方案

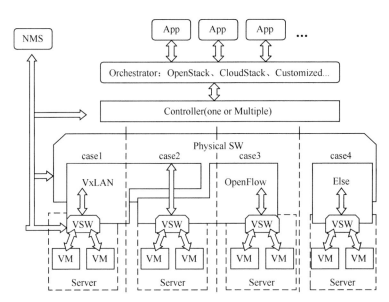

图 11-10　基于 SDN 的数据中心架构

应用软件通过软件算法感知、优化、调度网络资源，实现如租户逻辑网络隔离与管理、提高网络的使用率和网络质量等功能。应用层与网络操作系统之间采用标准的接口格式，如 RESTful API、Java、Pathon、Json、Netconf 等。

网管系统实现对转发设备和 SDN 控制器中的各类管理对象的管理、虚拟化网络资源的分配、SDN 控制器策略的配置和管理等。网管系统可以逻辑独立于转发层、控制层和应用层，在某些应用场景中也可以作为应用层的一种特殊应用存在。

② 协同层（Orchestrator）。SDN 数据中心的协同层主要包括 Openstack、Cloudstack、资源池管理平台等。协同层用于联动计算、存储、网络资源，同时协同层与各控制器采用标准接口，屏蔽控制器差异。

由于目前各厂商在控制器与交换机对接的南向接口实现方式差异较大，因此，现阶段通过部署协同控制器来实现异厂商统一管理是一个比较现实的解决方案。协同器与其他相关网元的位置管理如图 11-11 所示。

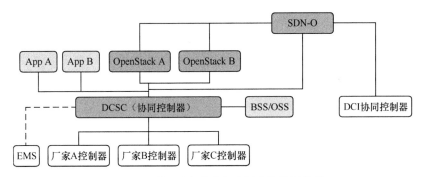

图 11-11　协同器与其他相关网元的位置管理

协同器南向对接多个厂商的控制器设备，实现对网络的统一管理功能。其北向对接业务 App、OpenStack、跨域业务编排器（SDN-O），以分别支持对本地网络、云业务和跨域业务的统一网络配置下发。

协同器部署实现了网络设备与网络业务的隔离，协同器北向直接面向各类网络业务，南向则面向不同厂商的网络设备。

③ 控制器（Controller）。为逻辑集中地控制实体（物理上可集中式资源实现或者分布式资源实现），将应用层业务请求转化为转发层的流表转发并配置到转发层网元中，接受转发层的状态、统计和告警等信息。综合各类信息完成路径计算、基于流的流量统计、策略制定和配置、虚拟化网络等功能。控制器与转发设备之间运行 OpenFlow/VxLAN/ Netconf/BGP 等协议。

④ 转发层（Switch）。由具有分组转发功能的物理设备（物理网元）或虚拟交换设备组成，根据 SDN 控制器通过控制—转发接口配置的转发表完成数据转发。转发设备内包含管理代理、控制代理和转发引擎等基本单元。

SDN 控制器全面管理数据中心的网络资源，负责网络拓扑的探测和最优路径的选择，控制数据包的转发策略。同时，SDN 控制器能够与 OpenStack 等上层云资源池管理平台互通，协同完成计算和网络资源的统一调度。控制器控制所有的 vSwitch 以及交换机，与外部网络的出口路由可能单独部署，也可能

出口点直接部署在 OpenFlow 交换机上。控制器应支持集中的路径计算功能，根据 OF 交换机的能力信息和约束条件（链路代价、带宽和网络资源信息等）来计算转发路径。控制器上需要运行 OSPF 协议/BGP 与外部网络交换路由信息。SDN 控制器架构如图 11-12 所示。

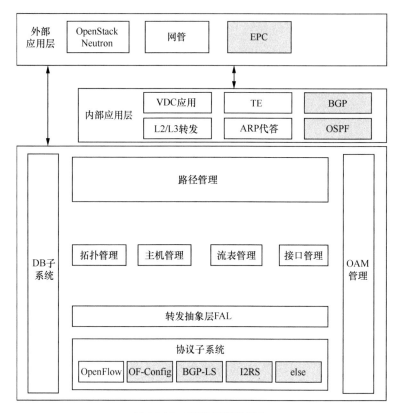

图 11-12　SDN 控制器架构

① 协议子系统。南向接口，支持 OpenFlow、OF-Config、I2RS、BGP-LS 等协议。其中，OF-Config 将实现 OpenFlow 交换机的 OF 协议、逻辑交换机、逻辑端口等配置，BGP-LS 实现对非 OpenFlow 转发面的拓扑发现、控制功能，I2RS 实现对 I2RS 标准路由器的控制。

② 转发抽象层。转发面抽象子系统对上提供统一的接口，屏蔽各种不同类型的转发面的差异性，完成 SDN 控制器节点级的抽象。

③ 拓扑管理。根据交换机上报的端口以及端口状态，计算网络拓扑，可基于 LLDP 等协议实现。控制器支持将物理网络划分为多个逻辑网络，逻辑网络维护端口/主机和虚拟网络的对应关系，并为每个虚拟网络计算路径。

④　路径管理。控制器应支持集中的路径计算功能，根据交换机的能力信息和约束条件（链路代价、带宽和网络资源信息等）来计算转发路径。

⑤　主机管理。实现 MAC 和 ARP 学习，记录下主机的位置以及 ARP 信息，并根据定时器进行老化。当控制器新学习到一个主机后，控制器订阅相应的应用，由应用执行相关的表下发流程。

⑥　转发表管理。提供集中的业务转发表进行存储和优先级合成，提供路由合并、重分发等基本功能。

⑦　接口管理。接口管理模块维护系统中所有的接口信息的配置，包括动态接口信息，比如从转发面上报的端口信息；另外，还包括静态配置信息，包括端口组信息、接口—虚拟网络对应关系、L3 接口配置、Overlay 接口配置、NAT 接口、外部 GRE 隧道接口配置等，接口模块负责生成各类具备 IP 地址端口的虚拟 ARP 表。

⑧　数据库管理。管理系统的各类转发表以及 OpenFlow 流表，具备 1+1 主备数据同步能力。

⑨　OAM 接口管理。接受来自于不同呈现层的命令，包括命令行终端、可视化网管服务器，将配置命令数据写入 DB，并且提供操作维护接口，由应用予以实现。

⑩　内部应用子系统。支持 OpenStack 或其他云平台的 RESTful 接口，支持基本的 L2/L3 层转发和基本的流量工程能力，支持 ARP 代答，控制器上需要运行 OSPF 协议/BGP 与外部网络交换路由信息。

基于 SDN 的交换机功能模块如图 11-13 所示。

交换机功能主要包括以下两部分。

①　协议层。协议层包括 OpenFlow agent 模块、配置管理模块、传统协议栈功能模块及转发资源配置管理模块等。其中 OpenFlow agent 模块用于连接 SDN 控制器，接收配置信息，上报交换机能力信息（包括交换机特征、流表特征、组表特征和 meter 表特征），上报交换机流统计信息和端口状态信息等。配置管理模块用于进行 OAM 配置，包括 of-config、net-config 等配置接口，完成交换机基本参数的配置、实例配置和转发资源划分等。传统协议栈运行 IP/MPLS 等传统路由协议，进行协议和路径计算，配置传统 L2/L3 转发表。转发资源管理，用于转发资源的划分、接口映射和转发表适配等，进行转发资源的统一管理和配置。

②　转发层。转发层包括一个或多个 OpenFlow 转发实例流水线及传统业务流水线，OpenFlow 实例之间相互隔离，OpenFlow 流水线和传统业务流水线允许互通。

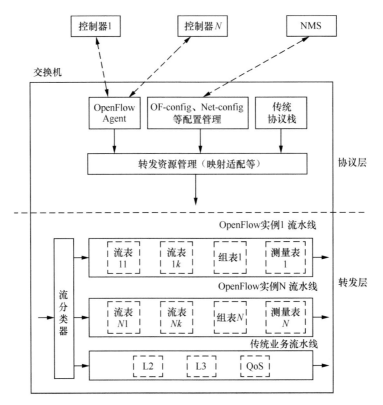

图 11-13　SDN 转发设备架构

11.3.2　基于 SDN 的 DCI 网络流量疏导方案

1. 需求分析

在业界目前的界面划分中，DCI、DCC 和 DCA 统一为 DC WAN 或广义上的 DCI（DCC 和 DCA 可以看作是 DCI 的延伸，后文 DCI 均指广义上的 DCI）。DCI 目前主要有以下三个使用场景。

（1）多租户 VPC+VPN 的虚拟网络服务

传统网络中为用户提供联通多个数据中心业务，无法做到实时开通、实时撤销。业务提供不灵活。

基于 SDN 的跨数据中心网络应为租户在多个数据中心或多个站点之间提供按需、实时创建/删除/修改的虚拟网络，包括节点、子网个数、子网 IP 规划、访问控制策略、带宽、服务质量等网络参数。租户之间的虚拟网络应相互隔离。

当用户在数据中心内创建好虚拟私有云，或拥有自己的数据中心时，其可以通过跨数据中心的资源管理界面订购虚拟网络，连接资源，并选择 VPN 连接类型、设定连接带宽等。

当业务网络同时存在于传统数据中心（非 SDN）和 SDN 数据中心时，应通过新增转发设备，使 SDN 控制器统一管理传统和 SDN 数据中心。

（2）数据中心出口流量均衡

现网多出口的数据中心由于网络扩容不均衡、出口带宽不对称会导致出口流量不均衡问题。"人工观测+路由调整"方式的解决效果有限，且实现难度大。

基于 SDN 的数据中心出口应提供自动流量均衡能力，实现以下功能：

① 分析链路流量、租户流量及大象流统计；

② 基于流量统计、路由可达性和调整策略进行集中路径计算，实现链路流量自动优化；

③ 策略下发、调整结果预览及确认、网络拓扑实时展示。

（3）跨数据中心智能流量调度

数据中心之间的骨干网络基于传统方式转发时，流量仅基于拓扑转发（如最短路径），经常出现整网平均利用率低、局部链路拥塞的情况，使得整网的服务质量下降。同时，现有 QoS 机制的 IP 网络很难对业务和租户的服务质量做到严格保证。

基于 SDN 的跨数据中心网络应提供智能流量调度能力，实现以下功能：

① 基于业务、租户的差异化质量保证；

② 数据中心之间网络带宽利用率优化；

③ 跨数据中心流量路径优化（包括对东西向流量和南北向流量的优化）。

2. 实现方案

多个数据中心组网架构如图 11-14 所示。

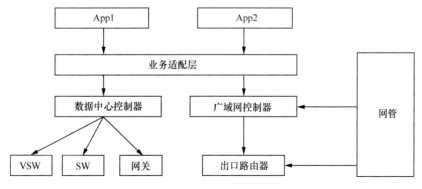

图 11-14 多个数据中心组网架构

DCI 应用场景如图 11-15 所示，对于自定义的 VPC+VPN 虚拟网络场景，该架构将多数据中心网络和数据中心间的 VPN 网络资源池化，实现用于不同租户的 VPC+VPN 网络按需创建，构成 VPC+VPN 的虚拟化端到端网络结构。在该架构下，数据中心内、数据中心间支持跨域协同工作机制，即控制面和数据面完成相应的信息交互和映射。

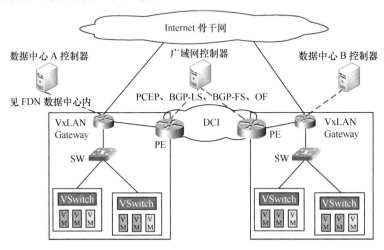

图 11-15 DCI 应用场景

当存在传统数据中心时，用户能够在传统中心部署 SDN 接入设备，并由 SDN 控制器统一管理。

在控制面，数据中心内由 FDN 数据中心控制器生成并下发流表，数据中心间由广域网控制器生成并下发流表。FDN 数据中心控制器和广域网控制器之间交互控制面信息，传递 VXLAN 和 MPLS VPN 映射关系，采用的控制协议包括但不限于 PCEP、BGP-LS、BGP-FS、OpenFlow，目前在大规模网络大多采用 BGP-LS。

在转发面，数据中心内部采用 VXLAN+VRF/vR 实现多租户隔离。由 VXLAN 网关终结或透传 VXLAN 封装。由 DCI PE 设备根据 VXLAN VNI 映射为 DCI 内的 VPN 标示。

智能流量调度场景实现原理示意如图 11-16 所示。

DCI 网络转发设备收到跨 DC 流量时，能够通过 FDN 控制器和上层 App，识别不同业务或租户，将它映射到 DCI 网络的优先级标示。对于非严格带宽保证的业务，可以将这些业务用共享的 MPLS 或 IP 网络的 QoS 进行承载，由控制器对转发设备进行队列配置。对于严格带宽保证的业务，应在 DCI 网络分配端到端带宽加以保证。

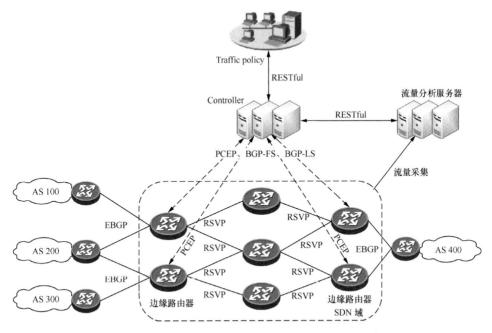

图 11-16 智能流量调度场景实现原理

由流量采样和采集系统实时感知当前各条路由的流量以及网络剩余带宽情况，采用全局集中调度机制，考虑用户和业务优先级、业务需求、带宽需求等约束条件进行集中计算，并通过配置下发给转发设备，实现全局网络带宽优化功能。

应用层由流量分析服务器和策略服务器共同组成，感知网络流量及拓扑下的带宽利用情况，并进行流量调度策略的生成。

控制面通过北向接口接受调度策略，采用 PCEP、BGP-FS、BGP-LS 等协议进行拓扑发现和路径下发。

转发面将不同业务质量的流量放到不同隧道中，或通过 BGP-FS 进行策略路由，制定逐跳转发路径。

目前隧道技术以 RSVP-TE 为主，未来隧道技术将向 Segment Routing 技术演进。

Segment Routing 是一种源路由机制，用于优化 IP，MPLS 的网络能力。它可以使网络获得更佳的可扩展性，并以更加简单的方式提供 TE、FRR、MPLS VPN 等功能。在未来的 SDN 网络架构中，Segment Routing 将为网络提供与上层应用快速交互的能力。

对于出口流量均衡场景，基于 FDN 的出口流量系统通过集中控制器感知

链路带宽利用率，收集、分析流量分布情况，并在汇总整理后，通过 API 接口发送至流量调度系统。流量调度系统统一计算、调配可用链路，并生成逻辑转发路径下发给集中控制器。集中控制器（或本地控制器）转换成可执行流表下发给 FDN 网络转发设备。

流量工程服务器可根据当前的业务需求和链路情况调度流量，实现链路带宽资源的有效利用。

系统需要具备以下 4 个基本功能块。

① 流量采集：实时获取基于前缀的接口、前缀、AS 的入流量统计。

② 流量分析：对采集的数据进行分析，并实现流量可视化。

③ 策略管理：按照业务优先级、流量趋势、链路带宽、利用率，自动进行前缀级别流量分析，给出集中计算所需要的约束条件。

④ 控制器集中计算并下发给网络设备：控制器根据策略管理器输入的策略，进行集中计算，并下发给网络设备路由或 LSP。

11.3.3 传统 IDC 的 SDN 演进方案

1. 网络迁移分阶段进行的考虑

从传统网络向 SDN 网络迁移有两种方法：一种被称为直接迁移（Direct Upgrade），即从初始网络（Starting Network）到目标网络（Target Network）一步到位进行迁移；另一种被称为逐步迁移（Phased Migration），即经过初始网络（Starting Network）、过渡网络（Phased Deployment）和目标网络（Target Network）三个阶段逐步完成网络迁移。

利用 Overlay 技术（例如 VXLAN、NVGRE）建设的传统数据中心网络建议采用逐步迁移（Phased Migration）的方法进行迁移，利用非 Overlay 技术建设的传统数据中心网络建议采用直接迁移（Direct Upgrade）的方法进行迁移。

（1）初始网络（Starting Network）阶段

传统数据中心网络采用传统的分布式网络协议。

（2）过渡网络（Phased Deployment）阶段

针对利用 Overlay 技术建设的传统数据中心网络，该阶段为边缘设备集中控制的 Overlay 网络。该阶段只对网络的边缘设备进行升级改造，由 SDN 控制器集中控制 Overlay 网络内外转发标识映射关系的收集和分发，网络设备仍然根据传统转发表进行转发，转发表的建立仍然依赖传统分布式网络协议。

针对利用非 Overlay 技术建设的传统数据中心网络，该阶段可跳过。

（3）目标网络（Target Network）阶段

针对利用 Overlay 技术建设的传统数据中心网络，该阶段为全网设备集中控制的 Overlay 网络。该阶段对全网的网络设备进行升级改造，实现 SDN 控制器对 Overlay 网络边缘转发标识映射关系和全网转发的集中控制。

针对利用非 Overlay 技术建设的传统数据中心网络，该阶段对全网的网络设备进行升级改造，实现 SDN 控制器对全网转发的集中控制。

① 网络迁移所需工具的考虑。目前已经有一些可用的 SDN 网络迁移工具，这些工具用于帮助传统网络向 SDN 进行迁移。网络迁移工具可分为三类，监控工具、配置和管理工具以及测试和验证工具。网络迁移工具的功能包括支持 OF-Config、故障诊断和排除、协议版本互操作以及统一的多层视图。

② 网络迁移过程中性能参数的收集。网络性能参数的收集需要在预迁移（Pre-Migration）阶段、迁移中（Phased Migration）阶段和迁移后（Post-Migration）阶段三个阶段分别进行，用于对网络迁移方法和过程进行评估，并根据评估结果采取相应地措施，以确保网络提供服务的能力在网络迁移的各个阶段满足业务需求。

目前业界已经为传统网络定义了一系列可评估的网络性能参数，在此基础上，针对网络迁移过程需要重点评估的网络性能参数包括两组。一组是 OpenFlow 协议相关的性能参数，具体包含 4 类，分别是 OpenFlow 协议消息的数量、OpenFlow 协议消息的反应时间、OpenFlow 控制器性能和 OpenFlow 交换机性能。另一组是与 SDN 高度相关的现有性能参数，具体包含 4 类，分别是丢包率、包延迟/延迟抖动、故障时间和业务激活时间。

2. 实现方案

利用 SDN 技术和 NFV 技术，我们可以通过软件方式实现对现有数据中心的云化升级，具体可分为以下几个阶段进行。

第一阶段，对服务器实施虚拟化改造，并使用支持 VXLAN 的开源 OVS 虚拟交换机构造大二层网络，图 11-17 所示为传统数据中心在服务器虚拟化改造后的效果图。

已有大量实践证明，通过使用虚拟化技术可以将服务器的资源利用率提高 30% 以上。同时，将原来需要多台服务器承载的业务集中到一台服务器上的多台虚拟机处理，大幅降低了所需服务器的数量。这样也节省了网络接口资源，使业务网络实现"瘦"化，提高数据中心的整体承载能力。同时由于使用了 VXLAN 技术，使得不同的 IDC 站点只要 IP 可达，就可以在逻辑上构成大二层 Overlay 网络，从而实现整合多个数据中心网络资源的目的，提高资源利用率。

由于使用的是开源软件，升级成本十分低廉。

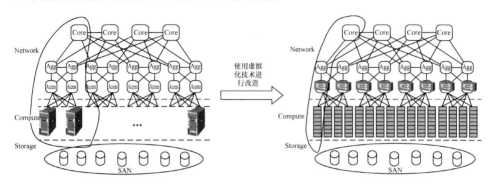

图 11-17　传统数据中心在服务器虚拟化改造后的效果

第二阶段，利用 NFV 技术提供防火墙、负载均衡、私有云等业务。在传统数据中心的组网方式下，有两种方式提供防火墙和负载均衡等增值业务。一种是用户自备相关硬件，串接或旁挂在与接入交换机相连的网络设备上。另一种则需要将相应的硬件旁挂在核心路由两侧，供所有业务共用。由于用户网络规模有限，前一种方式容易导致资源浪费。后一种方式则难以针对具体各业务提供定制服务。

NFV 技术出现后，通过在虚拟机上安装防火墙、虚拟路由器等功能镜像，实现了针对各业务网络的资源弹性部署，在降低组网成本的同时提高了服务种类和处理精度。

第三阶段，增加 Controller，并通过 Controller 与 OVS 和 NFV 管理平台的对接实现对 OVS 和 NFV 设备的统一控制，提高业务的按需自动化弹性部署能力。

增加 Controller，并将其与 OVS、NFV 管理平台实现对接。引入 SDN 集中控制功能，实现 Service Chain 的自动化部署，可以大大提高业务开通的自动化程度和速度。为了降低成本可以使用开源的 Controller，如 OpenDaylight、ONOS 等产品。

第四阶段，当网络规模和流量足够大时，将现有接入交换机更换为支持 VXLAN 封装的交换机，提高业务处理能力。

由于 OVS 仍属于软件范畴，因此相对硬件存在性能瓶颈。在改造初期，由于运营商现有数据中心的网络规模大多较小，对性能的要求也相对较低，OVS 还能满足使用需求。但随着互联数据中心站点数量的增加，用户对 OVS 的性能要求（如流表数量）也直线上升，其性能问题就可能成为业务发展的瓶颈。此时，原有的接入交换机已基本接近使用年限，用户可借助更换新型接入交换机的时机，将 OVS 对数据包的部分处理功能，如 VXLAN 封装，转移到硬件的接入交换机侧，从而降低 OVS 的性能压力，满足业务的使用需求。

以上几个步骤实现了在尽可能利用现有网络设备的情况下，以最小的代价完成传统数据中心向云数据中心的升级。

11.4 基于 SDN 的城域边缘数据中心改造

11.4.1 城域边缘数据中心的特点

由于光进铜退，现网将产生大量的 PSTN 机房，如果将这些机房进行数据中心改造，那么大量的零碎城域边缘数据中心统一管理以及多种混合的业务如何统一运营将成为重大挑战。

① 各地市单独建设和运维数据中心，规模小、承载能力有限。

② 分布在不同城市和地区，给运维管理带来了很多困难。

③ 地区发展不平衡，部分地市资源紧张（需要扩容），另外一些城市资源浪费。

④ 主要业务是提供租赁机房和网络带宽，产品附加值低、盈利能力差。

为了解决上述问题，用户需要以物理分散、逻辑统一的分布式数据中心构建跨域计算、存储、机架及网络资源的融合资源池，具备跨数据中心资源的统一管理、资源共享、弹性分配和迁移等能力，灵活支撑网络演进、内部业务系统及外部属地化政企用户的综合 ICT 业务需求。

11.4.2 城域边缘数据中心的业务

城域边缘数据中心可承载以下业务。

1. 三层机架出租业务

三层机架出租业务是指运营商为中小企业提供完整的机房环境，以机架形式向第三方政企用户/中小型用户、IDC 运营公司等对象提供空间租赁业务，用户或者运营公司自行购买服务器/存储等设备接入运营商网络。为了方便网络设备的统一规划和设计，这种场景下 ToR 交换机可以由运营商提供，并提前布线，

用户可以做到即插即用。

2. 租户自带网的二层机架业务

此类租户一般为大型的企业用户，自带网关和增值业务，此类租户仅仅需要运营提供物理机架空间，用于放置设备。

① 整机架出租，租户自带网关。

② 互联网业务由运营商提供三层互联服务。

③ 对于内部访问业务，需要实现跨机房/机架私网二层互联和跨公网三层互联。

3. 租户不带网关的二层机架业务

与租户自带网关的二层机架业务类似，如果租户有公共业务需要通过Internet 进行访问,那么运营商需要为租户提供 NAT 规则需要的公网 IP 信息。

4. 对外云业务

运营商 DC 直接提供应用给第三方用户，用户无需自建任何设备，直接使用边缘云提供的各类业务。

对外云业务的主要业务种类有以下几种。

① 公共站点服务：租户通过管理员上载 FTP/HTTP/Mail 等站点的内容，运营商提供公网 IP 地址和域名注册等服务。

② 云盘服务：对政企用户提供网络存储业务，政企用户可以直接在云端存储自己的私有内容。

③ 云桌面：将存储空间、计算存储资源以桌面化的方式发布给租户，租户可以使用各类终端接入。

④ 云数据库：边缘云 DC 为租户提供稳定可靠、可弹性伸缩的在线数据库服务，用户直接使用云端数据库接口进行程序设计。

⑤ CDN 业务：用户直接租用云端部署的 CDN 业务，以获得较好的业务加速体验。

⑥ 云安全：为了节省防火墙、IPS、VPN 接入和 DDOS 等安全防护设备的投资，用户直接租用云端部署的安全类服务，为政企用户自身提供安全防护业务。

5. 对内云业务

边缘云 DC 作为私有云，运营商通过在云端部署电信类 App，为移动网和固网用户提供对应业务，已达到节省部署成本、改善业务体验、减少运维强度的目的。目前现有的新业务种类主要包括以下内容。

（1）移动互联网

① vEPC-U：为了改善 2G/3G/4G 移动网络用户的业务体验， EPC 网络中的 SAEGW 用户面转发部分可以部署在边缘云，以使用户可以就近接入 PDN 网络，改善用户业务体验。

② vRAN：部分无线侧功能例如 BBU 设备以虚拟化形态，作为资源池部署在边缘云，为基站的无线部分提供接入服务。

③ vSeGW：以 IPSec VPN 形式接入不受信 eNB 的安全网关，以 NFV 的形式部署到边缘云，终结隧道后传输到 EPC 核心网。

④ vSBC-U：固网 IMS 和移动 IMS 的 SBC 转发面以虚拟化方式部署到边缘云，减少用户面报文的转发路径。

（2）固定网络

① VBRAS-U：BRAS 作为城域网的边缘上设备，可以将其转发面基于 NFV/SDN 技术部署在边缘云，以减少用户接入时间，改善用户业务感知。

② vBNG：将 BNG 设备的业务功能全部虚拟化（包括 vBRAS、vCGN、vDPI、vFW 等）部署在边缘云，实现完整的 BNG 转发面功能虚拟化部署。

③ vCPE：作为用户网关虚拟化（vCPE）实现，将分散部署的接入功能上移并集中部署在边缘 DC 或者区域 DC。

④ vOLT：虚拟GPON光线路终端在边缘云上进行虚拟化部署，为实现成本效益的最优化。

（3）通用业务

vCDN：将 CDN 设备以虚拟化形式部署在边缘云上，为固定网络和移动网络的用户提供 Cache 服务，改善用户的业务体验，提升业务竞争力。

11.4.3　城域边缘数据中心的改造方案

利用 SDN 技术改造数据中心，为多业务系统提供虚拟、隔离、可扩展、自管理的 NaaS 服务。

将各 DC 出口设备更换为支持 SDN 和 VXLAN 的核心交换机，并视其内部架构和业务部署支持 VXLAN 的接入交换机或虚拟交换机。

所有 DC 共用同一对出口路由器，该出口路由器同时外接城域网 CR 和骨干网的接入路由器。

所有 DC 内设备共用同一 SDN 控制器，控制器可以以服务器或虚拟机的形

式部署在 DC 内部。

如图 11-18 所示,SDN Overlay 组网同时支持网络 Overlay、主机 Overlay 和混合 Overlay 三种组网模型。

① 网络 Overlay:在这种模型下,所有 Overlay 设备都是物理设备,服务器无需支持 Overlay,这种模型能够支持虚拟化服务器和物理服务器接入。

② 主机 Overlay:所有 Overlay 设备都是虚拟设备,适用服务器全虚拟化的场景,物理网络无需改动。

③ 混合 Overlay:物理设备和虚拟设备都可以作为 Overlay 边缘设备,灵活组网,可接入各种形态服务器,以充分发挥硬件网关的高性能和虚拟网关的业务灵活性。

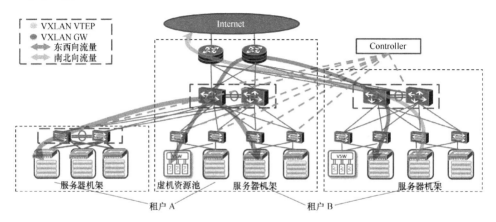

图 11-18 利用 SDN 改造后数据中心物理架构

|本章参考文献|

[1] 2014—2015 年中国 IDC 产业发展研究报告,IDC 圈[EB/OL].

[2] 杨波,王蛟. 新一代数据中心的论述[J]. 中国电业:技术版,2012(11).

[3] 邓孟城,科技风. 基于云计算 IAAS 的 IT 基础架构建设方案探讨[J]. 2011 (11).

[4] 陈言虎. 云计算数据中心与传统数据中心的区别[J]. 智能建筑,2013(4).

[5] 张建雄,魏伟,刘玮. 面向电信运营商的云计算能力开放[J]. 通信企业管理,2013(11).

[6]　耿竞一. 数据中心大二层 TRILL 解决方案的研究[J]. 电子科学技术，2015(3).

[7]　江波，王宏，刘为民. SPB 技术研究及在数据中心网络的应用[J]. 全国青年通信学术年会，2013.

[8]　杨茜雅，赵中新，季德超. 云计算助推档案信息化的跨越式发展[J]. 中国档案，2013(1).

[9]　威尔·奈特. 互联网已成为用户体验实验室[J]. 中国孵化器，2014(10).

[10]　黄鑫. 可扩展的数据中心网络互联关键技术研究[D]. 武汉大学博士学位论文，2014.

[11]　王健. 基于软件定义网络架构的数据中心网络若干关键问题研究[D]. 北京邮电大学博士学位论文，2015.

[12]　李晨，段晓东，黄璐. 基于 SDN 和 NFV 的云数据中心网络服务[J]. 电信网技术，2014(6).

[13]　朱亚波，王雅栋. 网络功能虚拟化 SDN 对传统电信网络架构的变革[J]. 数字通信世界，2013(11).

[14]　饶少阳，陈运清，冯明. 基于 SDN 的云数据中心[J]. 电信科学，2014(8).

[15]　叶柯. VXLAN 网络技术在 SDN 环境下应用的研究[J]. 宁波广播电视大学学报，2015(13).

第 12 章

安全

本章介绍了 SDN/NFV 在安全领域的发展情况。SDN/NFV 的特性可以为网络提供更强的安全保护能力，但新的架构也容易受到外界的安全威胁，因此本章主要介绍 SDN/NFV 的安全防护策略。

| 12.1　概述 |

SDN 具有高度的可控性,其对于网络的安全防护比传统网络具有更多的优势。例如 SDN 可以使网络流量和安全服务密切配合,而不是将安全设备部署在网络路径的某个位置。而且,SDN 可以聚合网络流量用以进行全局和局部分析,更好地发现和处理攻击行为、网络隐患或进行流量控制等。但与此同时,SDN 也引入了一些全新的网络安全风险,使一些未知的攻击手段成为可能。

| 12.2　SDN 可提供的安全服务能力 |

SDN 在网络安全方面最大的优势在于两点:一是能够有效解决应用程序的高带宽和动态性问题,提供实时的流量监测并提高控制能力;二是极大地降低管理和操作的复杂程度,使网络更加智能地进行自我管理。全局视图、多粒度网络控制能力等特长使得 SDN 技术对系统故障或攻击行为具有更好地感知、预警和隔离能力,在故障排除、负载均衡和流量清洗方面也能有更好地表现,

为网络安全问题的改善带来了新的机遇。本节将选择几个重点的角度阐述 SDN
在网络安全方面的优势。

12.2.1　出色的流量控制能力

SDN 将网络流量的控制能力从交换设备中分离出来进行集中管理，在节
能、提高设备利用率、提升设备可靠性和安全性等方面都非常出色，还能够为
网络管理人员提供简洁清楚的全局视图，极大地提升网络管理的便捷性，这不
仅有利于网络的实时监测与部署，还能使网络安全策略的实施更加方便快捷，
在应对流量攻击方面也有着明显优于传统网络的巨大优势。

1. 流量攻击检测和控制

目前最常见的流量攻击方式称为拒绝服务攻击（Denial of Service，DoS），
而现有的分布式网络中则更多地采用分布式拒绝服务攻击（Distributed Denial
of Service，DDoS）。DDoS 通过控制大量存在安全漏洞的主机向目标主机注入
数量庞大的无意义流量，迫使目标主机无法响应正常的网络连接，进而处于网
络瘫痪状态，而一些针对系统状态发起的 DDoS 甚至可能造成目标主机死机、
重启等。在传统网络中，正常流量和攻击流量之间的相似性使得对攻击流量的
识别会占用较大的网络开销，对于攻击流量的控制也很难做到实时、准确。相
比之下，目前利用 OpenFlow 进行的 DDoS 识别技术能够以更小的网络开销对
攻击流量与正常流量进行识别，而 SDN 控制器的网络策略下发机制可以快速
地将流量清洗策略下发到每一台交换设备，从而实现实时、智能、快速的 DDoS
的监测和控制。

2. 边界流量控制

在传统网络中，内/外部网络的边界处部署的网络安全设备（如防火墙、边
界网关等）对于保护内部网络安全有十分重要的意义。但随着网络功能虚拟化
的趋势愈发明显，内外/部网络的物理边界也会变得愈发模糊，这对防火墙等安
全设备的部署会造成一定的困难。但 SDN 可以根据网络拓扑和带宽负载等因
素将穿越边界的流量全部定向到特定的防火墙进行安全监测，这样对于防火墙
的物理位置要求就会降低很多。当然，一台防火墙的处理能力是有限的，要过
滤网络边界处的所有流量会对其造成非常大的负载，而 SDN 可以提升其细粒
度的流量控制能力，将穿过边界的流量均衡地定向到分布式部署的多台防火墙，
从而保障内网的网络安全。

12.2.2 强大的网络控制能力

大型数据中心和云往往具有较复杂的网络结构和较大的节点负载，这使得对于网络的监管工作较难开展，而 SDN 则可以提供更加快捷方便的监管机制，在保证正常网络流量的情况下及时处理发现的网络安全威胁。目前已经成熟的安全设备中，已经存在基于 OpenFlow 的安全网关，其在发现某一台虚拟服务器被恶意攻击或感染病毒、木马时会将情况上报 SDN 控制器，由 SDN 控制器向数据平面下发安全策略，隔离被感染的服务器，并将流量重新定向到其他安全的服务器处。

此外，SDN 还可以提供更加便捷可靠的网络接入审核机制，管理员可以通过安装 API 等多种方式设置新用户接入模块。新进入网络的数据包会被边界处的交换机发送给 OpenFlow 控制器用以执行接入管理模块，只有在数据包头的源地址 GID 和目的地址 GID 都符合要求时，此数据包才会被转发，否则就会被拒绝。通过在网络高层部署安全策略和分布式监控推断系统，OpenFlow 可以提供更加灵活、便捷且更细粒度的网络接入控制能力。

12.2.3 灵活的 IP 防御能力

传统网络中，一般转发设备只是简单地根据数据包中提供的目的地址进行转发，而不进行源地址的验证，这使得以 DDoS 为代表的攻击手段往往能够成功。以 DDoS 为例，攻击者通过修改数据包中的源地址，破坏需要利用源地址进行鉴别的网络协议，造成目标主机的系统错误，同时还能很好地隐藏自身位置，使得网络管理人员很难对其进行追查。虽然传统网络中存在如 SAVI 的源地址验证标准，但这种标准存在许多缺陷，效率低下且验证效果欠佳。

在 SDN 中，全局视图和集中控制能力能够实现敏捷灵活的源地址验证操作，有效地降低资源开销。现有技术已经可以成功实现透明、迅速、灵敏地改变目标防御，这种技术能够在网络内部实现 OpenFlow 随机主机突变，利用 OpenFlow 的灵活性以不可预见的方式改变 IP 地址，有效躲避 DDoS，且这种改变具有很好的透明度，不会影响网络的正常传输。

12.2.4 便捷的网络溯源能力

网络溯源手段对于保护网络安全十分重要，网络溯源不仅可以找到攻击者的位置对其进行屏蔽，还可以为执法机关提供重要的法律依据，进而追究攻击者的法律责任。传统的网络溯源手段主要有两种：第一种是数据包标记法，即选择数据包包头的特定字段作为标记空间，加入路由器信息或链路信息等状态信息，然后受攻击对象对状态信息进行分析汇总，从而查找出完整的真实路径；第二种是路由日志标记法，即由路由器对数据包信息进行日志记录，在发现攻击行为后根据路由器记录的信息进行路由回溯，查找真实的攻击者地址，但这需要海量的路由器存储空间，资源开销非常大。

在 SDN 中，溯源策略不需要下发到路由器中，而是由 SDN 控制器集中完成。如图 12-1 所示，当终端 C 受到攻击时，此终端抓取入侵数据包并将包头域发送给控制器，控制器利用全局视图、集中控制、转发溯源策略等，

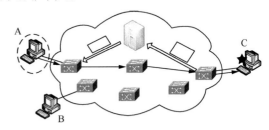

图 12-1 SDN 溯源

匹配包头域中的 MPLS 标签等信息即可找到攻击源 A，之后通过下发相应的安全策略屏蔽攻击源 A，从而将其从网络中隔离，保护整体网络安全。此过程中，正常用户 B 不会受到影响，网络的转发能力也不会受到干扰。

网络溯源对于打击网络犯罪、维护绿色和谐的网络环境有着十分重要的意义，但传统网络中的网络溯源工作往往是一个漫长、繁琐且滞后的过程，为相关人员进行取证工作带来阻碍。但在 SDN 中，整个回溯过程由受到了重点保护的控制器完成，网络溯源可以更加方便、快捷。

|12.3 SDN 安全威胁|

SDN 的出现为未来的网络发展带来了难以想象的空间，但网络安全方面的威胁也一定会成为 SDN 的严重制约。SDN 领域的研究者特别在意对于未来应用前景的研究，其中也包括利用 SDN 解决现有网络中安全问题的研究。各方面技术日渐成熟，商用 SDN 的尝试越来越多，SDN 本身带来的安全威胁也同样不应被忽视。因此，许多研究者也开始关注 SDN 安全威胁的问题，并展开了深入的研究探讨。SDN 所面临的最大的安全威胁是针对 SDN 设备的网络攻击手段，使得 SDN 在保障全网安全的同时，自身也成为网络安全的弱点，可能会面临许许多多的威胁。

12.3.1　SDN 控制器面临巨大挑战

SDN 面临的最显而易见的安全隐患在于，对网络的控制能力被集中到控制器，使控制器成为重点的攻击目标。在传统网络中，造成整体的网络瘫痪需要攻击者对绝大多数的交换机都发动成功的攻击，而部署 SDN 后则只需要切断控制器的正常工作就可以实现大范围的网络瘫痪。此外，如果 SDN 控制器被恶意控制，那么整个网络将会成为规模巨大的僵尸网络。传统攻击方式中的拒绝服务攻击、非法接入访问等形式依然能够对 SDN 产生影响。

1. 拒绝服务攻击

针对 SDN 控制器的 DoS 的典型手段称为饱和流攻击，攻击者控制若干台主机，并将其成为"肉鸡"，然后控制这些主机同时向交换机发出大量无意义的无效伪造流。根据 OpenFlow 协议，交换机在收到未知流时会将流信息发送给控制器，等待控制器传回路由信息再进行转发。但攻击者发出的数据流中源地址和目的地址都是伪造的，使得控制器不得不在短时间内处理大量的无效流，这将大量占用控制器的系统资源，影响正常流的路由计算和传递，使得控制器基本处于瘫痪状态，而相关的交换机也会被迫为无效流分配存储空间和接收缓存，致使正常流由于无法缓存而被丢弃，影响正常用户的使用。控制器和交换机都无法正常工作，导致网络出现大规模瘫痪。

对于针对 SDN 本身的 DDoS，比较有效的方法是实时监测是否存在 DDoS，将攻击流和正常流进行分离，再对攻击流进行过滤，从而减轻攻击的程度。为防止 SDN 控制器收到 DDoS，有研究者提出可以考虑限制频繁发生的事件在短时间内大量访问控制器，将部分功能下放到转发层完成，但同时要保障网络的灵活性和扩展性。

2. 非法接入访问

非法接入访问也是 SDN 的安全隐患之一，一旦攻击者以非法身份进入控制器，则可以访问所有文件并获得网络的控制权，从底层设备建立僵尸网络，威胁网络整体的安全性。攻击者可能利用木马、蠕虫、网络监听等方式窃取管理员的用户名和密码，从而伪造合法身份访问控制器并取得管理权限，所以管理员在对控制器进行远程访问时必须进行严格的身份验证，增加防止网络窃听的机制，防止重要信息遭到窃取。

不仅如此，控制器通过 OpenFlow 与底层设备直接相连，所以有必要防止非法设备连接控制器，形成安全隐患。因此，对于连接控制器的设备需要进行登记并定期检查，对于在册的底层设备也要定期进行核查，防止有攻击者利用非法设备或通过控制合法设备的方式对控制器进行非法接入。有新的设备连接控制器时也应当进行严格的安全核查，实时更新设备列表，并监测已连接设备是否存在反常行为，当某台设备的反常行为达到一定程度时，控制器自动将其隔离。

12.3.2　网络接口面临潜在安全威胁

1. 南向接口安全

南向接口主要指链接控制层和数据转发层的 OpenFlow 协议，主要采用 SSL/TLS（Secure Sockets Layer，安全套接层；Transport Layer Security，传输层安全）机制对控制器与交换机之间的 OpenFlow 传输进行加密。但 SSL/TLS 协议不是十分安全，比如在链接建立之后就无法确认通信终端是否对系统有危害。此外，SSL/TLS 在面对中间人攻击时较为脆弱，因为许多常用的上层协议（如 HTTP、IMAP 等）对 SSL/TLS 是完全信任的，而 SSL/TLS 不能很好地与上层协议紧密结合，这使得攻击者可以先攻入正常用户的计算机，挟持其浏览器并伪装成合法用户。利用 SSL/TLS 的重置加密算法机制和 HTTP 请求数据关键值就可以整合出窃取所需要的信息。此外，控制器与交换机之间会通过交换证书的形式进行双向认证，这也使得攻击者可以利用 SSL/TLS 的安全漏洞窃取证书，然后利用伪造的证书与控制器取得连接，并利用与控制器之间的交互窃取所需的信息。

为解决 SSL/TLS 协议的安全问题，不能仅依靠将 SSL/TLS 与 OpenFlow 协议进行结合，而是采用多种安全加密方式，并对数据进行编码，分片传输。

OpenFlow 协议的缺陷还不止于此，攻击者可以拦截、伪造连接建立过程中的 OFPT_HELLO 或 OFPT_ERROR 消息，阻止连接的正常建立，或者通过重复某些不被允许但没受到监控的行为实现重放攻击，达到窃听的目的。

对于这些缺陷，虽然已有科研人员提出基于可靠性感知的控制器部署以及流量控制路由等方式用以弥补这些缺陷，但要从根本上解决问题，仍需要 ONF 中的各方通力合作，在 SDN 大规模商用之前完善 OpenFlow 协议，弥补明显缺陷，以提高 OpenFlow 连接的可靠性。

2. 北向接口安全

北向接口的定义一直都是 SDN 的热门话题。北向接口允许第三方开发商

通过 API 连接控制器为用户提供多元化的应用服务，也使 SDN 的灵活性和多样性得到最大的体现。但北向接口的开放意味着允许管理员以外的人员连接控制器并取得一定的控制权限，这也为控制器安全带来了巨大的隐患。由于北向接口既要在安全性和开放性之间寻找一个适当的平衡点，还要为未来的网络发展提供足够的空间和可能性，这使得 ONF 等国际组织一直在北向接口的定义方面保持着十分慎重的态度。一方面，控制器部分功能和权限的开放会使第三方 API 成为 SDN 网络安全中的薄弱环节，恶意的攻击者可能会利用 API 非法取得权限控制网络；另一方面，第三方应用自身的特点也会使用户隐私面临更多威胁。

如果攻击者无法通过交换机和南向接口攻破控制器，那么他们完全可以去寻找安全防范方面比较薄弱的第三方开发商作为突破口。比如先攻破开发商的内部网络，取得控制应用服务器的权限，然后伪装成开发商的应用管理员访问 SDN 控制器，再通过北向接口开放给开发商的权限寻找攻入控制器的突破口。在用户隐私方面，第三方开发商可能由于应用功能的需求，读取并存储用户的一些重要信息，其中可能包括银行付费信息、地址、电话等隐私内容。一旦第三方开发商的系统被攻破或控制，那么北向接口将成为攻击者获得源源不断的用户隐私的通道，为用户的隐私安全和使用体验带来巨大的影响。

然而，如果因为顾虑安全问题而将北向接口设定得过于严格，将开放的 API 权限限制在非常小的空间内，就会使 SDN 未来的发展受到极大地影响，其开放性、灵活性、可编程性的重大优势就很难切实地发挥出来。因此，对于北向接口的定义的确应当保持谨慎的态度，这其中的平衡点的确需要长远的眼光和智慧才能找到。

12.3.3　策略下发和执行面临潜在冲突

SDN 策略运行在控制器上完成，之后转变为流表项下发给底层交换机执行，而交换机只会从控制器取得策略并且执行，却不具备分析能力，所以 SDN 策略的下发和执行需要控制器进行严密精确的分析处理，以保证其实施的有效性和全网的一致性，这在进行策略更新时尤为重要。

SDN 控制器将策略转变为流表项后需要下发给各交换机执行，而下发过程中交换机完成流表部署的时延可能存在差异从而导致数据转发逻辑不一致等问题。例如，某台交换机较早地完成了流表的更新并且依据新流表进行了数据转发，接收数据的交换机可能还未接收到控制器下发的流表项，仍然按照旧的流表进行转发，这就会导致逻辑上的冲突并产生错误。所以，在控制器下发新的策略时需要设定一种机制保证各个交换机以同样的策略进行数据转发，而不是混合应用多种策略。

12.3.4　突发意外事件

虽然企业部署的 SDN 一定会受到层层保护但随着网络技术的发展，恶意攻击者也会不断开发出新的技术用于危害网络安全的行为，因此已经部署好的网络要不断面对攻击能力越来越强、危害越来越大的攻击行为，这就有可能使得控制器等网络设备被攻陷，网络进入瘫痪状态。除此以外，重大的自然灾害也可能造成设备断电、设备间损毁等，导致网络无法正常运行。

| 12.4　SDN 安全防护策略 |

SDN 安全参考架构如图 12-2 所示，该架构描述了 SDN 各层应具备的安全防护能力，分析各层各自独立的安全需求和安全措施，及各层之间的接口安全。基于上述网络安全的架构，本节将全面分析 SDN 各层安全解决方案，各层相关安全措施如下。

1. 应用层安全

支持对管理员、SDN 控制器进行身份认证，及对用户/管理员访问进行授权；具备数据加密、完整性保护功能；应用程序上线前需要进行安全检测或可信验证。

2. 控制层安全

支持对应用程序、交换机和管理员进行身份认证，及对应用程序/管理员访问进行授权；具备数据加密、完整性保护功能；要求定期对操作系统进行安全加固及软件漏洞进行扫描；对南/北向接口、东/西向接口传输的数据提供保密性和完整性保护。

3. 资源层安全

支持对用户、管理员和 SDN 控制器进行身份认证，及对 SDN 控制器/管理员访问进行授权；具备数据加密、完整性保护功能，且防止流表溢出。

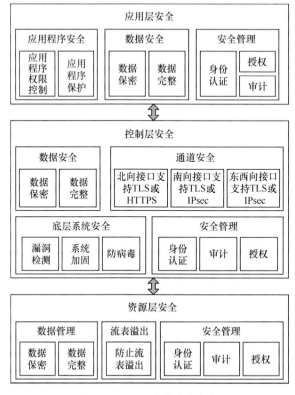

图 12-2　SDN 安全参考架构

12.4.1　应用层安全

SDN 应用层需要具备的安全功能如下。

1. 认证

应用程序对用户、管理员、SDN 控制器进行身份认证，并对用户/管理员的访问进行授权。

常用的身份验证机制包括但不限于基于预共享密钥的身份认证机制和基于证书的身份认证机制。

2. 数据保密性

应用程序应具备数据加密功能，并在必要时对通过北向接口向控制器下发的网络策略（包括安全策略和 QoS 策略）进行加密，以防止攻击者窃听。

3. 数据完整性

应用程序在利用北向接口向控制器传输网络策略（包括安全策略和 QoS 策略）时，应对该网络策略进行完整性保护，以防止被篡改。

常用的数据完整性保护技术包括但不限于散列值、MAC、HMAC 和数字签名。

4. 密钥/证书管理

密钥/证书管理中的密钥管理同[b-ITU-T X.800]中的定义一致，证书管理同[b-IETF RFC4210]中的定义一致。

5. 应用程序保护

SDN 应用层应部署相关攻击检测工具（如入侵检测系统、防火墙），用来保护应用程序的安全稳定运行。攻击检测工具可采用基于异常行为和基于数字签名的两种方式，基于异常行为的检测工具适用于简单应用程序的安全防护，而基于数字签名的工具适用于复杂应用程序的安全防护。

6. 安全管理

安全管理是指对系统平台、资源的访问控制，避免非授权使用或修改相关安全策略。安全管理可以对用户进行审计、控制错误密码尝试次数、最小化系统平台需要的配置、强制执行操作系统的安全策略。安全管理还可以对网络中的各类信息数据进行整合分析，用来实现相应攻击检测等功能。

12.4.2　控制层安全

SDN 控制层需要具备的安全功能如下。

1. 认证

SDN 控制器对 SDN 应用程序进行身份认证，以确保 SDN 应用程序是真实的，不是伪造的。

SDN 控制器对 SDN 交换机进行身份认证，以确保 SDN 交换机是真实的，不是伪造的。

SDN 控制器对管理员进行身份认证，以确保管理员是真实的。

常用的身份认证机制包括但不限于基于用户名/密码的身份验证、基于相移

键控的身份验证和基于证书的身份验证。

2. 授权

SDN 应用程序和管理员访问 SDN 控制器时需要遵守访问控制策略。

常用的访问控制机制包括但不限于白名单/黑名单、访问控制列表（ACL）和基于角色的访问控制（RBAC）。

3. 数据保密性

SDN 控制层应具备数据加密功能，并在必要时对通过南向接口向交换机下发的流规则进行加密，以防止攻击者窃听。

敏感信息（如配置信息、用户信息）应加密存储在 SDN 控制器，防止信息被窃取。

4. 数据完整性

SDN 应用程序下发的网络策略（包括安全策略和 QoS 策略）在被解释为流规则前，需要先由 SDN 控制器进行数据完整性验证。

SDN 控制器在利用南向接口向交换机下发流规则时，应对该流规则进行完整性保护，以防止攻击者篡改。

SDN 控制器在接到 SDN 交换机的流规则查询请求时，应先对该请求进行完整性验证，再查询相应流规则。

管理控制平台下发的配置信息应先由 SDN 控制器进行完整性验证，再执行相应的配置更新。

SDN 控制器应对存储在其中的敏感信息（如配置信息、用户信息）提供完整性保护功能，防止其被攻击者篡改。

常用的数据完整性保护技术包括但不限于散列值、MAC、HMAC 和数字签名。

5. 密钥/证书管理

密钥/证书管理中的密钥管理同[b-ITU-T X.800]中的定义一致，证书管理同[b-IETF RFC4210]中的定义一致。

6. 流规则推送机制

流表项被推送至 SDN 交换机的方式分为实时推动和周期性推送。

对于由安全防护系统/应用（如防火墙、DPI、IDP）产生的，用于缓解或阻断攻击行为的表项，必须采用实时推送机制。

对于可容忍延缓执行的表项，可采用周期性推送机制。

为使 SDN 控制器识别出哪些表项需要被实时推送至交换机，可考虑给数据流新增一个属性，用来标记其推送优先级。

7. 操作系统加固

操作系统加固能够最大程度消除安全风险，使操作系统更加安全。操作系统加固涉及一系列操作，如正确配置系统和网络组件、删除无用的文件、删除所有不必要的软件程序、更新补丁、格式化硬盘、只安装服务器必须的功能、禁用来宾账户、重命名管理员账户等。

8. 软件漏洞检测

软件漏洞检测技术分为静态检测（如模式匹配和数据流分析）和动态检测（如故障注入、Fuzzing 测试）两类，通常需要两类技术配合使用。

9. 通道安全

在 SDN 应用程序和 SDN 控制器上实施和部署 TLS 或 HTTPS，用来支持 SDN 应用程序和 SDN 控制器之间的相互认证功能，同时也可以给通过北向接口传输的数据提供保密性和完整性保护。

在 SDN 控制器和 SDN 交换机上实施和部署 TLS 或 IPsec，用来支持 SDN 控制器和 SDN 交换机之间的相互认证功能，同时也可以给通过南向接口传输的数据提供保密性和完整性保护。

在 SDN 控制器上实施和部署 TLS 或 IPsec，用来支持多个 SDN 控制器之间的相互认证功能，同时也可以给通过东西向接口传输的数据提供保密性和完整性保护。

10. 安全管理

安全管理是指对系统平台、资源的访问控制，避免非授权使用或修改相关安全策略。安全管理可以对用户进行审计、控制错误密码尝试次数、最小化系统平台需要的配置、强制执行操作系统的安全策略。安全管理还可以对网络中的各类信息数据进行整合分析，用来支撑相应攻击检测等功能。

12.4.3　资源层安全

SDN 资源层主要提供的安全功能如下。

1. 认证

SDN 交换机对 SDN 控制器进行身份认证，以确保 SDN 控制器是真实的，不是伪造的。

SDN 交换机对管理员进行身份认证，以确保管理员是真实的。

常用的身份认证机制包括但不限于基于用户名/密码的身份验证、基于相移键控的身份验证和基于证书的身份验证。

2. 授权

SDN 控制器和管理员访问 SDN 交换机时需要遵守访问控制策略。

常用的访问控制机制包括但不限于白名单/黑名单、访问控制列表（ACL）和基于角色的访问控制（RBAC）。

3. 数据保密性

SDN 交换机应具备数据加密功能，并在必要时对利用南向接口向控制器发送的流规则请求进行加密，以防止攻击者窃听。

敏感信息（如配置信息、用户信息）应加密存储在 SDN 交换机，防止信息被窃取。

4. 数据完整性

SDN 控制器下发的表项在被添加至流表前，需要先由 SDN 交换机进行数据完整性验证。

SDN 交换机在利用南向接口向控制器发送流规则请求时，应对该流规则请求进行完整性保护，以防止攻击者篡改。

管理控制平台下发的配置信息应先由 SDN 交换机进行完整性验证，再执行相应的配置更新。

SDN 控制器应对其中的敏感信息（如配置信息、用户信息）提供完整性保护功能，防止其被攻击者篡改。

常用的数据完整性保护技术包括但不限于散列值、MAC、HMAC 和数字签名。

5. 密钥/证书管理

密钥/证书管理中的密钥管理同[b-ITU-T X.800]中的定义一致，证书管理同[b-IETF RFC4210]中的定义一致。

6. 防止流表溢出

除常见的几种防止缓冲区溢出策略（如指针保护、可执行空间保护）外，SDN 交换机和流表设计应进一步增强这方面的能力[b-arXiv 2015]。如 SDN 交换机自身可以决定删除某流条目，并与 SDN 控制器进行同步。

7. 安全管理

安全管理是指对系统平台、资源的访问控制，避免非授权使用或修改相关安全策略。安全管理可以对用户进行审计、控制错误密码尝试次数、最小化系统平台需要的配置、强制执行操作系统的安全策略。安全管理还可以对网络中的各类信息数据进行整合分析，用来支撑相应攻击检测等功能。

| 本章参考文献 |

[1] Charter of Security Project, Dacheng Zhang, Sriram Natarajan, Aubrey Merchant-Des, Sandra Scott-Hayward, Open Networking Foundation, 2014/11/25.

[2] IETF. SAVI status pages [EB/OL]. [2013-11-18]. http://tools.ietf.org/wg/savi.

[3] 戴斌，王航远，徐冠，等 SDN 安全探讨：机遇与威胁并存[J]. 计算机应用研究，2014,31(8):2254-2262.

[4] Trusted Computing Group. TCG Specification Architecture Overview[EB/OL].

[5] BOND M. ANDERSON R. API-level Attacks on Embedded Systems [J]. Computer of IEEE, 2001,24(10):67-75.

[6] MANNAN M., Van OORSCHOT P C. Reducing Threats from Flawed Security APIs: The Banking PIN Case[J]. Computer & Security, 2009,28(6):410-420.

[7] FELT A, EVANS D. Privacy Protection for Social Networking APIs [C]//Proc of Web 2.0 Security and Privacy Workshop, 2008.

[8] LI C, YANG CUn-gang, QIN Ling, et al. Intergrating Role-based Access Control Model with Web Server[C]//Proc of the 2nd

International Conference on Applications of Digital Information Web Technologies. [S.I.]: IEEE Press, 2009: 615-618.

[9] Yue Yu, SUN Hao, KONG Ya-nan. Expand the SSL/TLS Protocol on Trusted Platform Module[C]// Proc of International Conference on Computer Application and system Modeling. [S.I.]: IEEE Press, 2010:48-51.

[10] Beheshti N, Zhang Ying. Fast Failover for Control Traffic in Software Defined Networks [C]// Proc of IEEE Global Communication Conference. [S.I.]: IEEE Press, 2012: 2665-2670.

[11] Reitblatt M, Foster N, Rexford J, et al. Abstractions for Network Update [C]// Proc of ACM SIGCOMM Conference. New York: ACM Press, 2012:323-334.

[12] SON S, SHIN S.YEGNESWARAN V. et al. Medel Checking Invariant Security Properties in OpenFlow [C]//Proc of IEEE International Conference on Communication. [S. I.]; IEEE Press. 2013:1974-1979.

[13] PORRAS P. SHIN S. YEGNEWWARAN V. et al. Defending Against Hitlist Worms Using Network Address Space Randomization [J]. Computer Networks, 2007,51(12): 3471-3490.

[14] SHIN S. PORRAS P. YEGNESWARAN V. et, al. FRESCO: Modular Composable Security Services for Software-defined Networks [C]//Proc of ISOC Network and Distributed System Security Symposium. San Diego:Internet Society, 2013.

[15] McGEER R. A Safe, Efficient Update Protocol for OpenFlow Networks[C]//Proc of the 1st Workshop on Hot Topics in Software Defined Networks. New York:ACM Press, 2012:61-66.

第 13 章

ICT 产业的融合与变革

近年来，随着通信、信息、互联网领域各种新技术的蓬勃发展，全球 ICT 产业正处在不断变革的时期，既面临着史无前例的发展机遇，也正在经历着前所未有的深刻变化，具体表现为产业重组不断加速、新兴行业频繁涌现、服务质量持续提升。这些 ICT 领域的新变化将最终创造一个全面互联、充满活力的"网络世界"，在 ICT 产业变革转型过程中，以下几大趋势将特别引人关注。

|13.1　智能化家庭|

随着室内无线连接技术的成熟与应用，家庭娱乐市场的争夺硝烟四起，各种智能电视、机顶盒、次世代游戏机纷纷登场，电视触网、娱乐分享势不可挡，家庭安全与自动化也呈现出五彩纷呈的发展态势。近年来，多个运营商推出了智能家庭方案，如 AT&T 的"Digital Life"方案涵盖家庭安全监控以及对包括中央空调在内的多个家庭设施进行远程、自动化管理。谷歌 32 亿美元现金收购提供家庭智能恒温器与智能烟雾探测器的 Nest，加上之前隐隐浮现的 Android@Home，其进军智能家居的决心不可小视。此外，英国政府推动的智能抄表项目，诞生了业界最大的 M2M 合同（西班牙电信获得 15 亿英镑合同，负责英国三个地区中的两个地区的服务），将英国 5300 万个智能电表与煤气表通过通信网络连接起来。以上种种现象表明运营商在智能化家庭领域商业化进展的日益深入。随着 2016 年谷歌围棋人工智能 Alpha Go 战胜顶级棋手李世石，全球人工智能的发展速度加快，智能家庭产品已经逐步出现，并形成系列。

|13.2　车联网|

随着物联网技术的落地应用，欧美等主要国家的车联网市场在 2013 年以后呈现出爆炸式增长的态势，众多汽车公司纷纷推出计划。如通用汽车与 AT&T 合作从 2014 年起将 LTE 模块预置到大部分北美销售的车型中，沃尔沃与爱立信合作的车联网云在基本的车辆安全与车内娱乐、导航功能之外还增加智能化的停车位寻找及付费、远程热车等功能。此外，多个运营商（包括德国电信、沃达丰、Verizon 等）也争先恐后地推出 UBI（User Behavior Insurance）服务，通过在车内增加一个联网终端来监测驾驶人的习惯，为安全驾驶以及保险公司的车险计算提供支持。结合无处不在的 4G 网络，车联网的发展会步入快车道。2017 年，车辆联网的比例增长到 50%以上。随着人工智能的发展，无人驾驶成为未来发展的方向，无人驾驶对车联网的需求大大加强。

|13.3　融合通信|

移动宽带的不断升级将把整个社会的信息化基础设施提升至新的历史高点。各个产业的信息和数据得以在不同的平台上自由流动。云计算一方面降低了信息开发的软件和硬件壁垒，另一方面又使得数据和内容的分发如同水电煤气一样变得高效和无处不在。智能终端和拥有功能强大的 App 联合起来，使得数据分析和内容呈现变得更加简洁和方便，极大地降低了数据和内容的交付壁垒。这一切成为产业融合发展的催化剂、黏合剂和基础平台。

"移动智能终端+宽带+云"打造的平台终将沉淀为网络社会的基础设施，与其他的能源和公用事业一样成为整个社会和各个行业运转的基础平台。从这个角度看，所有可以被整合的行业都将成为 ICT 生态系统的一员，无论是以主动参与的形式，如零售，还是被动整合的方式，如传统纸媒行业。ICT 生态系统因此被扩展至整个社会，涉及我们生活的方方面面。其中所蕴含的商业价值也将因此扩展至无限：信息内容从生成、转化直至湮灭的各个环节都将以不同的价值形态呈现。而为这些信息内容探寻到合理的价值交换模式的过程将被抽象为各种形态的商业模式，ICT 系统的各个环节从而得以维持和发展。

信息内容因此成为产业竞争的焦点，差异化的武器。围绕信息内容的争夺战已愈演愈烈，对于内容资源的争夺以及由此而发生的各种并购与整合将成为推动 ICT 产业进一步演化的重要力量。尤其是，伴随着 LTE 的兴起，视频内容到移动终端的"最后一公里"不再成为瓶颈，众多运营商开始追逐跨平台跨终端的视频战略，从积极地尝试 LTE 广播服务，到大手笔进入视频内容领域一次次刷新内容价格的新高，这将极大地改变产业格局。

|13.4　移动通信与大数据|

数据流量是一切信息传递的基础产物，数据流量在未来的数年里将呈现井喷式增长。到 2019 年，全球移动数据流量（不包含 Wi-Fi、M2M 流量）的增长超过 10 倍，智能手机的月流量会从 2013 年的 600MB 增长到 2019 年的 2.2GB，具体如图 13-1 所示。

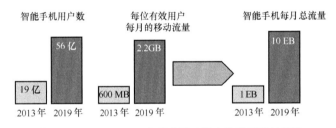

图 13-1　2013—2019 年每个移动用户的流量增长情况

数据流量激增对运营商业务和运营模式产生深刻的影响。用户的信息消费方式从传统的以话音和短信为核心，逐渐转移至以移动数据为核心的移动互联网方式。这使得定义用户体验的标准由以往简单的"有没有信号"过渡到"应用能否使用"以及"应用好不好用"等具体和细致的层次。衡量用户体验标准的变化成为推倒整个多米诺骨牌的第一步，由此而引发的网络和运营方面的变革成为移动数据时代运营商重构核心竞争力方面的重点内容。应用覆盖、多网融合、大数据支撑的业务保障体系都成为变革中的焦点。经过专家的分析，移动大数据具有如下几个特点。

13.4.1　海量数据

在信息社会，人、机、物之间的高度融合与互联互通激发了海量数据的涌现。在信息社会，人、机、物之间的高度融合与互联互通激发了海量数据的涌现。思科预测到 2022 年移动互联网流量将达到 1ZB，这大约将占全球 IP 流量的 20%，是 2012 年全部数据流量总和的 113 倍。全球手机用户的数量将在 2024 年达到 55 亿，较 2017 年的 50 亿有小幅上涨。思科预测到 2022 年会有超过 120 亿台物联网和移动设备接入互联网，而 2017 年这一数字仅为 90 亿台，该公司还预计全球移动网络的平均速度将在 5G 技术的助力下从 2017 年的 8.7Mbit/s 上升至 28.5Mbit/s。

13.4.2　业务类型演进

随着移动互联网应用的发展，传统蜂窝网络所承载的业务正在由传统语音、短信向多样化的具有互联网特征的新业务类型拓展，例如微信等即时通信类业务、社交网站和搜索引擎等交互类业务、在线视频和在线音乐等流媒体业务。新业务继承互联网的特征，而传统无线通信网在通信机制、互联互通规则等方面与互联网有完全不同的设计理念，难以适应新业务的需求。例如以即时通信类业务为代表的小包持续性突发实时在线业务类型，其包含频繁的文本、图像信息和周期性的 pings，这导致无线网络在连接和空闲状态间进行频繁的切换，不仅增加设备的能耗，还造成严重的信令开销，使得资源利用率十分低下。然而在移动互联网业务中，即时通信业务的比例日益增高。

13.4.3　数据多样化

海量的在线数据将引入新的计算、存储方式，网络业务将呈现不同的特征和属性，而移动数据类型更加繁多，包括结构化数据、半结构化数据和非结构化数据。现代移动互联网产生了大量非结构化数据，包括各类视/音频信息、办公文档等数据类型所占比例呈现升高态势。根据 Gartner Group，如今 80% 的数据为非结构化数据，而移动互联网中这一比例已达到 95% 以上。大量非结构化的数据随机散落于不同的智能终端中，其数据格式互不兼容，读取和存储具有随机性，为系统的传输带宽、控制信令开销、资源分配等带来了严峻挑战。另外，在无线接入网络侧可获得多种特征的大数据。在物理层可获得信号强度、信噪比（SNR）、用户接入位置（中心/边缘）、多普勒（Doppler）速度等具有典型无线特征的数据信息；在媒体接入控制层（MAC）可获得用户级别、请求速率、调度优先级、单次接入时延（如 QQ 和下载应用）等具有服务质量特征的数据信息；在应用层可获得用户业务习惯（如平均通话时长）、用户感知体验

（如网络容忍度）、用户套餐（如付费习惯、续约习惯、消费分析）等具有用户
行为特征的数据信息。如何有效地利用海量多样化的大数据，挖掘其价值并服
务于网络是未来值得研究的重要内容。

13.4.4 数据的空—时域动态变化

用户的随机趋同性使得网络的业务密度分布在空—时域上呈现不均匀的
特性，热点区域业务量占70%。图13-2所示为某移动运营商现网实测话务数
据样本的业务分布图，数据流量的密度呈现空—时域非均匀特性。空间域上，
城市中心的局部地区业务量超大，而城市边缘地区数据业务量却低于平均水
平；时间域上，数据流量的变化剧烈，在工作时间，商务区数据流量大而居
民区数据流量小，休息时间则刚好相反。数据流量在空—时域上的大动态变
化使得无线网络在站点部署、热点覆盖、资源分配等问题上的灵活性和智能
性需求更加迫切。

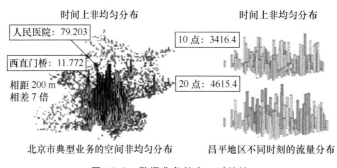

图 13-2　数据业务的空—时特性

| 13.5　产业互联网 |

除了ICT行业本身，产业互联网的概念也在这几年蓬勃兴起。2014年，
李克强总理访问德国，与德国签署了《中德合作行动纲要》，其中一个重要合
作内容就是工业4.0。德国提出的工业4.0的概念是指：通过网络技术来决定
生产制造过程，对整个生产制造的环节进行信息化的汇总管理，其制造过程
本身就一直在处理信息。该概念将工业变革的历程划分为图13-3所示的4个
阶段。

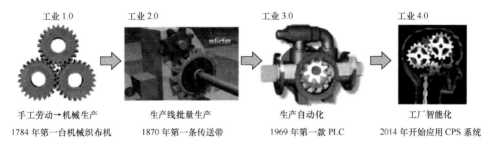

工业 1.0　　　　　工业 2.0　　　　　工业 3.0　　　　　工业 4.0

手工劳动→机械生产　　　生产线批量生产　　　　生产自动化　　　　工厂智能化

1784 年第一台机械织布机　1870 年第一条传送带　1969 年第一款 PLC　2014 年开始应用 CPS 系统

图 13-3　从工业 1.0 到工业 4.0 的变革历程

总体上，如图 13-4 所示，工业 4.0 可以概括为 6M+6C，即建模（Model）、测量（Measurement）、工艺（Method）、设备（Machine）、材料（Material）、维护（Maintenance）、内容（Content）、网络（Cyber）、云（Cloud）、链接（Connection）、社区（Community）、定制化（Customization）。其结果是实现智能工厂内部的纵向集成、上下游企业间的横向集成和从供应链到用户的端到端集成。

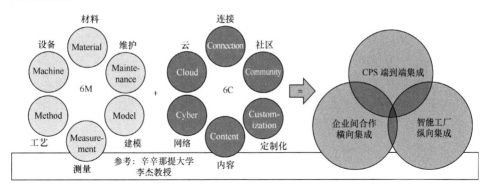

图 13-4　6M+6C 模式

2014 年 3 月，AT&T、Cisco（思科）、GE、IBM 和 Intel 成立工业互联网联盟（IIC），旨在改进物理与数字世界的融合，更好地接入大数据，实现关键工业领域的更新升级。与工业 4.0 相比，工业互联网更加注重软件、网络和大数据，具体如图 13-5 所示。工业互联网的价值体现在提高能源效率、维修效率、运营效率。如果工业互联网只发挥 1%的威力，2011 年到 2015 年若只考虑飞机、石油、电力、铁路和医疗这 5 个领域的话，整体运营成本将节约 2700 亿美元。

根据 GE 等公司的研究，未来产业互联网将出现以下特点。

① 随着智能机器网络的激增，数据创建过程将会加快速度，智能机器开始直接相互对话，传统的数据存储和管理方法将会面临巨大的挑战。

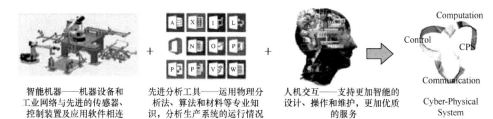

智能机器——机器设备和　先进分析工具——运用物理分　人机交互——支持更加智能的
工业网络与先进的传感器、　析法、算法和材料等专业知　设计、操作和维护，更加优质
控制装置及应用软件相连　识，分析生产系统的运行情况　的服务

图 13-5　工业互联网支撑技术

② 基于速度和成本方面的考虑，模糊记忆将得到发展，并将被证明这比对堆积如山的细节信息进行穷尽式搜索以获得完美记忆更有价值。网络边缘将会进行近乎实时的决策，并将借助机器意识来确定哪些信息应记住，哪些信息最好遗忘。

③ 低成本和数据容量将超越对数据进行传输、分类和存储的价值。

未来产品价值的变化将呈现以下趋势：

① 硬件的创造价值在软件体现；

② 网络连接使价值从产品转向云；

③ 商业模式从产品转向服务。

大数据、智能化/物联网、移动互联网、云计算的结合构成了"大智移云"体系，按照 IDC 的预测，该体系到 2020 年将支撑全球信息产业收入的 40% 和增长的 98%。大智移云将掀起新一轮信息化浪潮，目前已显现其重塑产业生态链的影响力。大数据推进信息技术与材料技术、生物技术、能源技术以及先进制造技术的结合，开启了产业互联网时代。产业互联网对网络的宽带化、移动性、泛在化、可扩展性和安全性都提出了更高的要求，这对于处在转型期的 ICT 企业是挑战也是机遇。

|13.6　SDN/NFV 对 ICT 产业的重大影响 |

综上所述，当今时代是一个 ICT 产业融合、数据业务内容不断增长、流量随机爆发的时代，而 SDN/NFV 技术的出现可以有效提升网络的智能化水平，提升开放网络能力，并有效降低网络建设和维护成本，成为 ICT 产业发展和企业转型的重要抓手。在此背景下，据专家预测，SDN/NFV 将呈现出以下发展趋势。

① IT 和 CT 两大产业的核心问题将由设备硬件设施制造为主转移到软件

设计为主,即网络设备软件化和开放化、硬件通用化和组件化。SDN/NFV 成为软件定义网络的主流途径,多数网络设备功能可由软件实现,需要某种网络功能时按需安装或启用相应软件即可。硬件结构趋于统一和简化,种类繁多的硬件和板卡逐步消失,通用硬件架构向虚拟层提供接口,将硬件资源抽象为虚拟资源,供上层应用调用。硬件由整机"品牌机"逐步发展为组装机或虚拟机,用户可按需组装。网络 IP 化和虚拟化,继而软件控制各类资源和优化,成为下一代新型网络演进的基本方向。要实现软件定义控制的智能化,需要数据中心的云计算虚拟化(无论公有云还是私有云、混合云等)、交换核心网络容量虚拟池化、传送网络资源光电交换和无线网络资源的虚拟化,实现软件和硬件相对独立、转发和控制解耦,才能满足网络业务和流量动态变化的实时需求。

② 业务类型和数据流量的发展决定了 SDN/NFV 将加快发展。SDN 和 NFV 基本能解决业务内容发展和流量瞬发巨变对网络的冲击影响,其网络结构将服从和服务于业务和数据流量的改进,这有其必然性和必须性,而实现途径尚存争议。

③ 网络功能的虚拟化和开放性将对网络结构、商业主体、商业模式乃至整个 ICT 产业产生深远的影响。对设备制造企业中的新兴厂商来说,SDN/NFV 的发展将带来颠覆市场的新机遇,尤其为众多中小软件企业增添了蓝海市场;对于传统设备厂商来说,这意味着垄断格局被打破,有利于激励竞争和技术创新;对于互联网企业来说,网络控制权迁移带来新机遇,将为互联网服务提供商(ISP)带来构建更多业务的廉价、高效网络的机会;对于网络运营商来说,SDN/NFV 构建的智能管道更智能,网络运维管理更高效,网络建设与运维成本更低,还可促进开放底层网络,推动业务创新和灵活部署;对网络研究工作来说,网络虚拟化和控制转发分离成为网络新架构的特征,为构建未来网络试验床提供了基础技术准备。

④ SDN/NFV 的发展引发产业界向以运营企业为首、软件为主的战略调整。国外许多互联网和云服务公司、IT 企业、通信设备制造商、通信运营商以及标准组织等对 SDN/NFV 的态度从持续关注转变为积极研发并部署商用。运营商在 SDN 方面加速行动,葡萄牙电信和 NEC 合作运营 SDN 数据中心,澳洲电信和爱立信以 SDNFV(SDN+NFV)合作优化接入网和业务链,法国 SFA 和加拿大 Telus 评估了 SDN 在数据中心的效应,Verizon 在云系统环境中引导并验证了视频数据流应用 SDN 的优势,AT&T 以 SDN 对企业用户提供虚拟专网 VPN 的服务等。

AT&T、亚马逊、NEC 等多家运营商在其最新设备采购需求中,均提出以软件为主体、加大 NFV 力度的战略,体现了制造业的走向。思科公司 2014 年

完成了"由硬及软"走向软件为主的转型发展战略，针对 SDN 与云、网络虚拟化与业务编排、网络自动化与可编程、芯片量产四大领域，以软件定义技术发力云网络互联，实现网络功能的开放性和自动化，这标志着 IT 领军企业加快了发展 SDN/NFV 的步伐。

｜本章参考文献｜

[1] K. Zheng, F. Hu, W. Wang, W. Xiang, and M. Dohler. Radio Resource Allocation in LTE-advanced Cellular Networks with M2M Communications, IEEE Commun. Mag., vol. 50, no. 7, pp. 184-192, 2012.

[2] The Global Wireless MTC Market-2nd Edition, Gothenburg, Sweden:Berg Insight, Dec. 2009.

[3] Service Requirements for Machine-type Communications (MTC); Stage1, Release 11. Technical Report TR 22.368 V11.0.1, 3GPP, SophiaAntipolis, France, Feb. 2011.

[4] J. Wan, M. Chen, F. Xia, D. Li, and K. Zhou. From Machine-to-Machine Communications Towards Cyber-Physical Systems, Computer Science and Information Systems, vol. 10, no. 3, pp. 1105-1128, Jun 2013.

[5] M. Chen, V. Leung, R. Hjelsvold, X. Huang. Smart and Interactive Ubiquitous Multimedia Services, Computer Communications, vol. 35, no. 15, pp.1769-1771, Sep. 2012.

[6] Y. Zhang, R. Yu, S. L. Xie, W. Q. Yao, Y. Xiao, and M. Guizani. Home M2M Networks: Architectures, Standards, and QoS Improvement, IEEE Commun. Mag., vol. 49, no. 4, pp. 44-52, April, 2011.

[7] M. Chen, J. Wan, and F. Li. Machine-to-Machine Communications: Architectures, Standards, and Applications, KSII Transactions on Internet and Information Systems, vol. 6, no. 2, pp. 480-497, Feb. 2012.

[8] R. Lu, X. Li, X. Liang, X. Shen, and X. Lin. GRS: The Green, Reliability, and Security of Emerging Machine to Machine Communications, IEEE Commun. Mag., vol. 49, no. 4, pp. 28-35, Apr.

2011.

[9] D. Feng, C. Jiang, G. Lim, L. J. Cimini, Jr., G. Feng, and G. Y. Li. A Survey of Energy−Efficient Wireless Communications, IEEE Commun. Surveys & Tutorials, vol. pp, no. 99, pp. 1−12, Feb. 2012.

[10] Z. M. Fadlullah, M M. Fouda, N. Kato, A. Takeuchi, N. Iwasaki, and Y. Nozaki. Toward Intelligent Machine−to−Machine Communications in Smart Grid, IEEE Commun. Mag., vol. 49, no. 4, pp. 60–65, Apr. 2011.

[11] M. Franceschinis, C. Pastrone, M. Spirito, and C. Borean. On the Performance of Zigbee Pro and Zigbee IP in IEEE 802.15.4 networks, in Wireless and Mobile Computing, Networking and Communications (WiMob), 2013 IEEE 9th International Conference on, 2013.

[12] B. Pediredla, K. I.−K. Wang, Z. Salcic, and A. Ivoghlian. A 6LoWPAN Implementation for Memory Constrained and Power Efficient Wireless Sensor Nodes, in Industrial Electronics Society, IECON 2013 − 39th Annual Conference of the IEEE, 2013.

[13] G. Pellerano, M. Falcitelli, M. Petracca, M. Pagano, and P. Pagano. 6LoWPAN Conform ITS−station for Non Safety−Critical Services and Applications, in ITS Telecommunications (ITST), 2013 13th International Conference on, 2013.

[14] S. Dawans, S. Duquennoy, and O. Bonaventure. On Link Estimation in Dense RPL Deployments, in Local Computer Networks Workshops (LCN Workshops), 2012 IEEE 37th Conference on, 2012.

[15] K. Heurtefeux and H. Menouar. Experimental Evaluation of a Routing Protocol for Wireless Sensor Networks: RPL Under Study, in Wireless and Mobile Networking Conference (WMNC), 2013 6th Joint IFIP, 2013.

第 14 章

未来运营商的应对策略

本章从策略的角度介绍了运营商的 SDN/NFV 网络应对策略、业务
模式和运营模式策略，并分析了海外的典型运营商的 SDN/NFV
发展战略。

|14.1 SDN/NFV 对电信运营商的实现意义 |

由前文的论述不难看出，电信运营商在 SDN/NFV 技术的驱动下，业务转型将变得更加便利，但任务将更加繁重，也更加迫切。SDN 技术的推广和应用对传统运营商是机遇也是挑战，一方面 SDN 技术对运营商网络的价值体现在节省投入和运维成本上。在传统网络中，为了更好地提供服务和新功能，运营商需要硬件平台的不断升级和改造，网络的复杂性和成本随之增加。而部署 SDN 后，通过虚拟化和开放平台，服务和新业务可以快速地被添加到网络中。运营商的运营和维护也是基于软件控制的，不需要更新硬件，这将大大降低网络的复杂度和运维投入。同时，在这个基础上也可发掘新业务模式和盈利模式。而另一方面，随着软件化的大规模推广，会更加广泛地开展 OTT 业务，对于传统运营商而言，如何从中获利是一个不小的挑战。传统运营商作为 SDN 领域的积极尝试者已经开始推进 SDN 标准化和一些网络实验项目，并取得了很大进展。当然，目前传统的运营商尚处于对 SDN 技术的研究阶段。SDN 所倡导的软件化和虚拟化已经成为未来网络演进发展的重要趋势和主要特征，与之相关的协议和代表性技术将构成未来网络的基础。虽然如此，如今业界仍然将 SDN 看作是增强当前网络而非取代当前网络的方案。

14.1.1　网络应对策略

传统电信运营商主要在组网架构和运维模式上受到 SDN 的影响。现有基于网络硬件进行控制和转发的架构将发生改变,如何使 SDN 部署在现有架构上,并实现无缝融合是传统电信运营商现阶段面临的问题。同时,网络的核心将向网络的操作系统转移,运营商对这些系统的控制和管理也是一个新课题。另外,运营商打破了以提供网络接入为主的运营模式,借助开放式平台与服务提供商合作,开展在云技术、移动互联网、社交网络以及视频等方面的新型业务和服务,并形成新盈利模式。同样,基于用户软件定制化的网络业务能更加灵活地满足顾客的特殊需求。传统运营商引入和应用 SDN/NFV 技术的驱动力如图 14-1 所示。

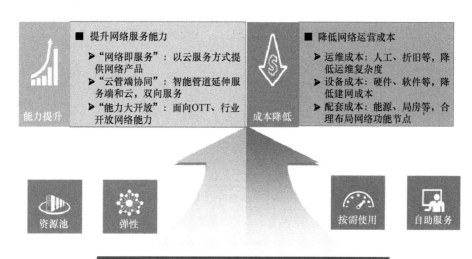

图 14-1　传统运营商引入 SDN/NFV 的驱动力

新兴运营商正在借助 SDN 软件控制网络结构迅速崛起。以 Google 为代表的新兴运营商通过 SDN 技术建立了全球数据中心互联网络并取得了巨大成功。控制与转发分离的技术架构降低了新兴运营商介入网络的门槛,全软件化管控模式降低了组网设备运维成本,全开放式的网络平台也为其提供与传统运营商同台竞技的机会。新兴运营商可以发挥其强大的灵活性和软件开发能力,与传统运营商一较高低。

SDN/NFV 重构下一代网络

14.1.2　业务模式和运营模式策略

就业务模式和运营模式而言，SDN 将现有网络结构从垂直集成的方式发展成水平集成的方式，采用 SDN 后的网络结构如图 14-2 所示。即网络架构被划分为转发、控制、应用三大平面，基础硬件设施会变得更加简单，复杂的设施主要集中在控制层上。在现有的网络结构里，设备商生产具有自身特性的设备，在设备上集成控制平面和软件特性并实施管理。这样做的瓶颈是无法在一个有多种不同设备的网络中方便地控制管理设备。而 SDN 的一个重要用途就是解决统一管理问题，其思路是将网络结构虚拟化，构成若干新型的控制平面和公共统一的编程接口，然后在控制平面上利用各种功能的网络应用全面地控制管理网络。

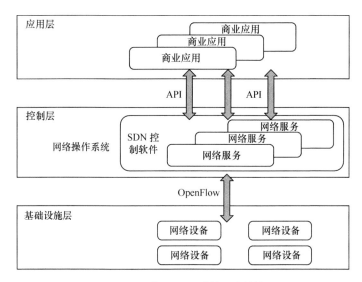

图 14-2　采用 SDN 后的网络结构

因为公共接口的存在，开发网络应用的时间和难度将会大大降低，网络应用开发不再受限于不同的设备。或许在未来，就像 Apple 和 Google 的应用商店一样，一种全新的网络应用商店也会由此产生。基于这种新的生态系统，应用将变得模块化并且具有独立性，因此授权销售单个应用或者将某些应用打包成一个解决方案并进行销售都是有可能发生的。

对网络管理而言，新型控制平面的存在为网络虚拟化提供了更大的灵活性。每一个控制平面都可以成为一种特定的虚拟网络设备，而不同功能的网络应用可以运行在同一虚拟设备上，这将极大地减少网络基础建设的费用，也能方便管理网络和挖掘网络内的数据。

对于物理网络，SDN 将帮助我们方便地实现 pay-as-you-grow 模式，这是一种新型的授权模式，这种授权模式允许销售商或者服务提供商根据用户需求，逐步地开放或关闭某些服务或者软件。在这种模式下，用户并不需要在不确定的情况下一次性购买大量功能，从而节约初始成本。他们可以根据企业发展的实际情况，要求供应商开启或关闭某些功能，并支付相应费用。这种授权模式需要供应商具有非常强的网络服务配置能力和即时反应能力，而 SDN 显然是满足这些要求的必备技术。

对于计费，针对 SDN 相关的技术、软件、服务，消费者还有多种可行的付费模式。除了简单的一次性购买，还有一些其他的模式可供我们选择。比如，嵌入模式是指在被销售主体仍然是硬件的情况下，配套销售软件的模式。这种模式下，软件可以免费，其成本将会被附加在硬件上。显然，这种模式并不适应 SDN 的未来愿景，但是在初期部署使用阶段，仍然将是大家都熟悉并愿意接受的付费模式。云模式是指利用云端虚拟机的方式进行销售的模式。这类似于亚马逊中根据使用情况进行销售的模式，即将服务集成在云端，向用户发放云端软件的使用权，再根据他们的使用情况进行收费。SDN 与当下流行的云技术有机结合既可以降低成本，也能方便服务的即时部署和应用。订阅模式是指向订阅软件或控制器的用户推送服务的模式。用户以付年费或季费的方式来订阅一些他们需要的内容，供应商会负责维护和升级这些内容。该模式有利于集中管理服务，特别适用于 pay-as-you-grow 模型。

运营商的运营模式和策略也会随着新业务模式而改变。传统运营商的常规运营模式是基于用户的前向收费，即通过直接渠道向最终用户收取网络通信和运营费用；但 SDN 会对这种模式产生很大的冲击。SDN 可以让运营商更容易地管理网络并提供更灵活的网络服务，这就意味着运营商可以轻松地根据不同应用的要求来提供定制化的网络服务。在这种模式下，运营商可以更好地隐藏在应用后面，并进行后向收费，通过与应用分成来获取利益。但是，像 Google 这样的公司已经绕过运营商独立运维管理他们的数据中心，因此，在 SDN 大规模部署后，在基于软件定义的网络中，运营商功能被替代的现象可能会非常普遍。这种形势需要运营商认真应对，研究如何以及与谁合作才能从中真正获得价值和利润。运营商的交流和关注对象将变得更加多元化，不仅需要与主流设备厂商进行深入交流，还需要与参与 SDN 的各标准组织开展积极合作。

|14.2 海外运营商基于 SDN/NFV 的发展战略|

14.2.1 AT&T Domain 2.0 计划

为了应对未来日益多样的云终端，应对网络虚拟化和全新运营模式与商业模式的挑战，美国第二大全网运营商 AT&T 正式推出了 Domain 2.0 计划，旨在借鉴数据中心以及云方面的技术来重构基础设施，重新评估预期的未来网络技术、运营方法和采购方式，同时也期望获得新的业务能力以满足用户需求，提供新的技术和基础设施以提高运营效率，以及建立能够培育新技术类型和新供应商的领域。

AT&T 期望借助 Domain 2.0 计划实现服务方式和采购方式的变化，具体主要包括以下几项。

① AT&T 业务将更多地变成以云为中心的工作负载，数据中心以及边缘网络的业务、能力以及策略将被实例化，并通过云平台协调和组合不同规模以及可靠要求的任务。

② 传统边缘路由器的硬件、功能以及应用场景被固化在一台设备中，不同部署地点以及工作负载需要购买不同规格的设备。未来边缘路由器包括 NFV 软件模块、商业转发芯片和相应的控制器。通用设备组成资源池，按需消耗资源。

③ 所有路由器、交换机、边缘缓存和中间件设备均在公共资源池中被实例化，多功能的基础设施共享使基础设施的规划和扩充更容易管理。

AT&T Domain 2.0 计划如图 14-3 所示，从图中可以看出，Domain 2.0 寻求实现 AT&T 网络业务从现有状态到未来状态的转型，网络业务和基础设施像数据中心内的云服务一样被使用、配置和调度，公共基础设施将以类似于用来支持云数据中心业务的 PODs 方式被购买和配置。网络功能虚拟化基础设施将接受软件和软件定义网络（SDN）协议指令去完成多种网络功能和业务，业务将迁移到多业务、多租户平台。基础设施主要包括支持 NFV 的服务器以及基于商业芯片的数据转发能力（可称之为白盒）。

Domain 2.0 云网络架构重新评估未来网络技术、经营模式和采购方法，明确 2020 年及以后公司的业务蓝图和公司架构调整的线路图，具体包括满足用户需求所需要的新能力，提升经营效率的新技术和新架构，为能培育新型技术的厂商颁发供应商认证证书。

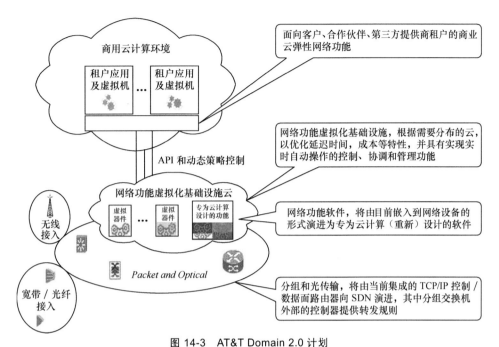

商用云计算环境

租户应用及虚拟机 ... 租户应用及虚拟机

面向客户、合作伙伴、第三方提供商租户的商业云弹性网络功能

API 和动态策略控制

网络功能虚拟化基础设施云

虚拟器件 ... 虚拟器件 专为云计算设计的功能

网络功能虚拟化基础设施，根据需要分布的云，以优化延迟时间，成本等特性，并具有实现实时自动操作的控制、协调和管理功能

网络功能软件，将由目前嵌入到网络设备的形式演进为专为云计算（重新）设计的软件

无线接入

宽带 / 光纤接入

Packet and Optical

分组和光传输，将由当前集成的 TCP/IP 控制 / 数据面路由器向 SDN 演进，其中分组交换机外部的控制器提供转发规则

图 14-3　AT&T Domain 2.0 计划

AT&T 云网络目标架构过渡阶段的实现步骤如下。

① 利用 NFVI（网络功能虚拟化基础设施）并开发新应用以支持现有的单控制平面单元（如路由反射器、DNS 服务器和 DHCP 服务器）。

② 将更多的网络边缘功能和中间件功能迁移进来，包括 SAE 网关、宽带网络网关、用于 IP-VPN 和以太网等服务的 IP 边缘路由器，以及负载均衡器和分配器。这些网元通常无需转发大量的汇聚流量，而且其计算负载可分布于多个服务器中。

为了实现 Domain 2.0 计划中所描述的目标，AT&T 已经为现有网络的多个部分设计了向 SDN 演进的方案，不同网络类型中的 SDN 应用可起到如下作用。

① 数据中心内部互连：SDN 技术创建数据中心的内部虚拟网络，能增强网络的控制能力，使虚拟资源灵活地被调度和管理。

② 简化用户终端接入设备（CPE）：网络服务资源云化，用户终端可方便地调用该资源。

③ 简化物联网（IoT）：利用 SDN 简化物联网中的连接，包括简化设备形态和网络类型。

④ 多业务接入网络：利用 OpenFlow 或其他技术，分流和负载均衡网络流量，使之以更优的方式接入用户。

⑤ 虚拟接入网：通过接入网络提供的应用程序接口（API）将部署在云数

据中心内的应用程序与用户端平滑对接。

⑥ 用户可控制的城域网连接：城域网资源向用户开放，并提供负载均衡、故障转向以及动态拓扑收集等功能。

⑦ 传送网控制平面：通过开发独立于设备厂商的传送网控制平面来实现不同形态的传送设备之间更优的资源协同。

⑧ 增强现有核心网能力：通过 SDN 功能向用户体现结构收集分析、策略控制等网络核心能力。

⑨ 多层网络控制平面：扩展传送网控制平面，并通过 SDN 技术与分组数据网控制相结合对网络进行跨层级的优化。

AT&T 认为除了服务编制控制和策略管理，还需着重构建新兴的运营商软件系统，具体包括以下内容。

① 从系统标准到组件标准的过渡。传统 SDO 标准化过程（如 NGN）是冗长且高成本的，会削弱运营商运用自身技术转化的能力，而且往往无法满足提供资助的企业的利益。Domain 2.0 计划旨在遵循敏捷的开发过程，并避免锁定一个特定的标准化封闭的系统架构，通过 SDN 和 NFV 技术利用相同的支撑基础设施来部署差异很大的网络架构。

② 向垂直整合及核心业务能力内包过渡。在许多 AT&T 公司的业务中，公司从几个关键供应商处获得关键技术，这些关键供应商与公司紧密合作，帮助配置并优化部署技术。在这个模型中，核心技术往往是供应商专有的，它对于 AT&T 的业务至关重要。为了减轻经营风险，AT&T 为第二个供应商制订了业务规则，并评估供应商在破产的情况下的经营风险。这种做法与成功的互联网企业的做法不同。因此，AT&T 公司希望增强自身员工对核心技术理解的深度，使他们可以集成，甚至从头开始设计系统，并与初创企业和小企业进行商业合作。

③ 利用开发开源网络软件的机遇，向信息模型及屏蔽具体设备和协议的软件框架过渡。

AT&T 推出了分布式网络操作系统（dNOS），并表示将把路由器的操作系统软件与路由器的底层硬件分离；为基础操作系统、控制和管理平面以及数据平面内的架构提供标准接口和 API；标准接口/API 可以将控制平面与数据平面完全分离。AT&T 计划在未来几年内安装超过 6 万台开源软件驱动的白盒设备，以支持其 5G 计划。AT&T 表示到 2020 年 75% 的网络将实现虚拟化。

14.2.2 Verizon N²GN 战略

除了 AT&T 以外，美国规模最大的运营商 Verizon 也在积极寻求借助 SDN/NFV

方式实现网络转型的方法，以应对收入与流量增长的剪刀差，不断扩大和高企的 CAPEX/OPEX，不断缩小公司的利润空间的情况。Verizon 希望通过 SDN/NFV 技术开发公司大部分业务功能的软件，并采购低成本网元组成新的网络体系，使业务与收入同步增长，并基于此理念，突出 N²GN 体系架构，具体如图 14-4 所示。

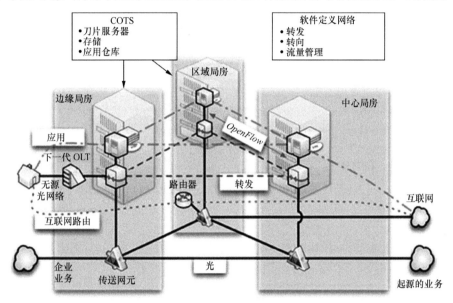

图 14-4 Verizon N²GN 体系架构

在 N²GN 体系架构中，网络功能、缓存、应用和业务引擎都运行在虚拟化的分布式数据中心中，并保持 IP 核心和传输骨干采用低成本 COTS 提供带宽和服务，还用分布式存储替代昂贵的路由/传输系统分发内容以实现网络的快速响应，利用基于软件的业务交付替代硬件方案实现可感知的路由，通过转发和控制分离以便快速引入新业务，适应新的流量模型。

Verizon 宣布将在 IP 多媒体子系统和分组核心演进（EPC）中部署 SDN。阿尔卡特朗讯、思科、爱立信、瞻博网络（Juniper Networks）和诺基亚将成为其 SDN 五家初始供应商。Verizon 和思科系统公司联合推出了一款面向企业用户的软件定义广域网（SD-WAN）服务。

本章参考文献

[1] A. A. M. Saleh. Dynamic Multi-Terabit Core Optical Networks: Architecture, Protocols, Control and Management (CORO-NET),

Proposer Information Pamphlet, DARPA BAA 06-29,

[2] A. G. Chiu, G. Choudhury, G. Clapp, R. Doverspike, M. Feuer, J. Jackel, J. Klincewicz, G. Li, P. Magill, J. Simmons, R. Skoog, J. Strand, A. Von Lehmen, S. Woodward, and D. Xu. Architectures and Protocols for Capacity-Efficient, Highly-Dynamic and Highly-Resilient Core Networks, J. Opt. Commun. Netw., vol. 4, no. 1, pp. 1-14.

[3] A. Chiu, G. Choudhury, G. Clapp, R. Doverspike, J. Gannett, J.Klincewicz, G. Li, R. Skoog, J. Strand, A. Von Lehmen, and D. Xu. Network Design and Architectures for Highly Dynamic Next-Generation IP-Over-Optical Long Distance Networks, J. Lightwave Technol., vol. 27, no. 12, pp. 1878-1890.

[4] G. Clapp, R. A. Skoog, A. C. Von Lehmen, and B. Wilson. Management of Switched Systems at 100 Tbps: The DARPA CORONET program, in Int. Conf. on Photonics in Switching (PS).

[5] A. Von Lehman. Resilient Global IP/Optical Networks: DARPA CORONET, in ECOC.

[6] G. Clapp, R. A. Skoog, A. C. Von Lehmen, and B. Wilson. Architectures and Protocols for Highly Dynamic IP-Over-Optical Networks, in IEEE Military Communications Conf. (MILCOM).

[7] G. Clapp, R. Doverspike, R. Skoog, J. Strand, and A. Von Lehmen. Lessons Learned from CORONET, in OFC/NFOEC.

[8] A. Von Lehmen, R. Doverspike, G. Clapp, D. Freimuth, J.Gannett, K. Kim, H. Kobrinski, E. Mavroiorgis, J. Pastor, M. Rauch, K. Ramakrishnan, R. Skoog, B. Wilson, H. Wong, and S. Woodward. CORONET: Testbeds, Cloud Computing, and Lessons Learned, in OFC, San Francisco, CA, Mar. 9-13.

[9] R. Doverspike, G. Clapp, P. Douyon, D. M. Freimuth, K. Gullapalli, J. Hartley, E. Mavrogiorgis, J. O'Connor, J. Pastor, K. K. Ramakrishnan, M. E. Rauch, M. Stadler, A. V. Lehmen, B. Wilson, and S. L. Woodward. Using SDN Technology to Enable Cost-Effective Bandwidth-on-Demand for Cloud Services, in OFC.

[10] R. D. Doverspike, G. Clapp, P. Douyon, D. Freimuth, K. Gullapalli, B. Han, J. Hartley, A. Mahimkar, E. Mayrogiorgis, J. O'Connor, J. Pastor, K. K. Ramakrishnan, M. E. Rauch, M. Stadler, A. Von Lehmen, B. Wilson, and S. L. Woodward. Using SDN Technology to Enable Cost-Effective Bandwidth-on-Demand for Cloud Services [Invited], J. Opt. Commun. Netw., vol. 7, no. 2, pp. A326-A334.

第 15 章

中国联通 CUBE-Net 理念解析

运营商未来将越来越依赖基础网络服务，"流量经营""带宽经营"自然而然地成为运营商的新追求。然而面对用户端移动化、服务端云化、数据海量化的大势，为实现网络的可持续经营，网络本身必须转型和变革，否则作为运营商根基的网络经营也将危机四伏。基于以上考虑，中国联通从新形势下的用户环境、业务环境的变化入手，分析 OTT 和云服务对网络体系的影响，提出构建"面向云服务的泛在宽带弹性网络（Cloud-oriented Ubiquitous-Broadband Elastic Network，CUBE-Net）"的技术和架构思路，倡导云管端协同的网络发展理念。中国联通将该理念进行完善和细化，提出了 CUBE-Net 2.0 的网络演进思路。

|15.1 CUBE-Net 2.0 架构理念|

CUBE-Net 2.0 顶层架构如图 15-1 所示。该架构由面向用户中心的服务

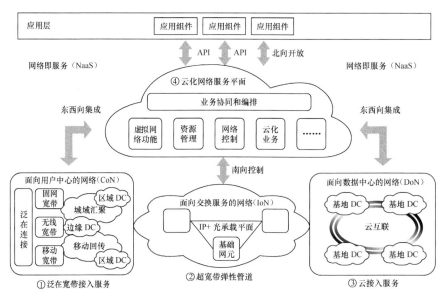

图 15-1   CUBE-Net 2.0 顶层架构

网络（Customer oriented Network，CoN）、面向数据中心的服务网络（DC oriented Network，DoN）、面向信息交换的服务网络（Internet oriented Network，IoN）以及面向开放的云化网络服务平面（Cloud Network Service）4 个部分组成。CUBE-Net 2.0 目标就是将网络作为一种可配置的服务（Network as a Service，NaaS）提供给用户及商业合作伙伴，用户能够按需获取网络资源和服务，并可以自行管理专属分配的虚拟网络资源，比如带宽质量、链路、地址以及接入限制等能力要素。

网络即服务（NaaS）的实现需要以泛在超宽带网络为基础，并引入云计算、SDN 和 NFV 技术进行网络重构和升级，使得基础网络具备开放、弹性、敏捷等新的技术特征。CUBE-Net 主要的技术理念体现为三个方面。

15.1.1　泛在超宽带是基础

泛在超宽带是网络发展演进的基础。以 3G/4G 为代表的移动宽带的迅猛发展极大地促进了宽带的泛在化，无处不在的宽带接入使得云服务也可以无处不在，实现更高速率、更大容量、更好覆盖依然是移动宽带的不断追求。同时以全光接入为特征的固定宽带弥补无线资源的不足，将移动宽带的便捷性、广覆盖与光纤宽带的高带宽、可靠性有机结合，实现 3G/4G/5G 移动宽带、WLAN 无线宽带和光纤宽带的协同与融合，达到宽带资源"无所不在、随需而取、优化利用、高效创造"的目标。

以"高速"为特征的超宽带是网络发展的基本追求，也是微电子、光电子等基础技术进步的自然结果，目的是更好地适应以视频为代表的业务宽带化和大数据发展的需求，同时大幅度地降低单位带宽成本以确保网络的可持续发展。无论是接入、传送还是路由交换都在向着超宽带的方向发展，追求无线频谱的高效利用和追求网络的全光化是超宽带发展的两大主题，构建"超级管道"是整个通信业赖以持续发展的根基。

15.1.2　弹性网络是目标

以云服务为基础的互联网业务对网络需求具有很强的突发性和可变性，不同应用对网络的性能要求也存在很大差异，再加上 OTT 业务增长难以预测和规划，导致网络流量的不确定性加大。此外，从用户端看，用户的业务热点地区会经常变动，导致用户接入端的资源需求也在动态变化。建设"高弹性网络"是适应用户差异服务以及云服务发展的必然要求，也是"云管端协同"的基础

条件。资源虚拟化是弹性网络的关键，基于虚拟化可以对网络资源进行切片，在软件控制下灵活地调配和重组网络。网络弹性体现在三个方面：一是网络的快速重构，即在软件控制下能够基于已有的物理资源快速生成或重构某一云服务所需要的虚拟网络，并能根据需要实现物理资源的快速扩展或调配，满足云服务对网络的需求；二是资源的弹性配置，即无论是光层还是数据层资源，都能实现资源的按需配置、灵活组合、弹性伸缩，从而达到资源利用效率的最大化；三是管理的智能自动，管理自动化是网络弹性化的保障，弹性网络对网络管理的要求大大提高，面对网络的频繁与动态调整，人工配置资源不但无法做到快速响应，而且出错率高，运维成本也高，而智能自动管理不但能提高管理效率，还能极大降低 OPEX，有助于提升网络的可靠性和自愈能力。

15.1.3　云网协同是手段

云服务正在成为信息通信服务的主体，为云服务提供更好的支撑是网络发展的新使命。"云服务"的提供主体多元化，在云服务提供商与网络提供商分离的现实下，二者的协同对于服务质量和用户体验的保障至关重要。协同的前提是坚持"开放"，推动网络服务和云服务能力的双向"开放"，通过网络与云服务之间的协同实现服务的一体化。"云网协同"有以下三方面含义。

一是布局协同，即实现云数据中心与网络节点在物理位置布局上的协同。网络布局调整从以用户流量为中心向以数据流量为中心迁移。云数据中心的选址则更多地考虑土地、能源、气候等因素，我国的西部、北部等地区反而会成为未来数据中心布的局点，而这些地区通常是网络基础设施薄弱的地区，为此就需要调整网络基础设施的布局，使网络跟随云服务迁移。

二是管控协同，即实现网络资源与计算/存储资源的协同控制。云服务建立在网络与计算/存储资源共同作用的基础上，网络与计算/存储资源的管控协同有助于实现资源效率的最优化。"软件定义"以及"网络功能虚拟化"理念为云网在控制面的协同创造了条件，运营商可以为网络和云服务二者建立统一或协同的控制体系，从而使云网二者的对话和协商更加顺畅和灵活。

三是业务协同，即实现 OTT 应用与网络服务的相互感知和开放互动。网络要具备对业务、用户和自身状况等多维度的感知能力，业务将对网络服务的要求和使用状况动态传递给网络。同时网络侧针对体验感知优化调整网络资源，同时通过网络能力开放 API，允许用户以及云服务随时随地按需定制"管道"的能力需求，满足用户端到端的最佳业务体验，从而实现网络与云服务的双赢。

| 15.2　CUBE-Net 2.0 关键特征 |

为实现上述技术理念，CUBE-Net 2.0 的顶层架构特征可概括为 "面向云端双中心的解耦与集约型网络架构"（一项原则+两个中心+三维解耦+四类集约），具体解释如下。

15.2.1　一项原则：网络服务能力领先与总体效能最优

CUBE-Net 2.0 倡导 "网络即服务" 的网络发展理念，坚持以多资源协同下的网络服务能力领先与总体效能最优为建网原则。

网络服务能力是运营商的核心竞争力，传统网络主要服务于自身的业务应用，缺乏面向 ICT 行业的服务能力和服务体系。CUBE-Net 2.0 以提升网络服务能力为出发点，利用云服务方式构建按需的网络服务体系，基于 SDN/NFV 增强网络服务的灵活性和适应性，更好地满足 ICT 行业对网络动态性、开放性和资源快速供给的要求。

成本对于网络的可持续发展至关重要，网络成本不仅与网络结构和网络设备密切相关，还包括局房、能源、运维等成本。在新的技术环境下，资源间的协同更易实现，效果也更为明显，因此更需要综合考虑网络发展各相关要素，尤其要注重能源、土地等不可再生资源的价值。数据中心的合理布局、网络节点和局房的集约、网络设备的绿色节能、网络结构的简化和网络运营的轻资产化对于降低总体成本越来越重要，另外随着人工成本的上升，降低运维成本的意义也越来越大。

总之，CUBE-Net 2.0 一方面希望通过网络服务方式的云化、网络能力的大开放和网络管理的自动化来提升网络核心竞争力，另一方面希望通过数据中心、局房、传输线路、网络设备和计算设备的协同规划和网络运维的简化来降低总体拥有成本（TCO）。

15.2.2　两个中心：云端双服务中心的网络格局

在传统时代，数据与网络都紧跟用户，用户、数据和网络三者紧密耦合，传统网络格局示意如图 15-2 所示。在云服务时代，新的云数据中心选址更多

考虑土地、能源、气候等因素，用户与网络因素退居其次，从而实现了数据中心的布局选择从"网络最优"到"能效最优"的转化，这将导致"用户中心"（信息的产生和使用者）与"数据中心"（信息的存储和处理者）解耦，逐步形成"用户"与"数据"双中心格局，网络将更多服务于"用户"与"数据"（应用）间的沟通以及"数据"本身的分发处理，云服务时代双中心格局如图 15-3 所示。

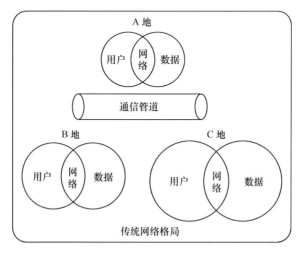

图 15-2　传统网络格局示意

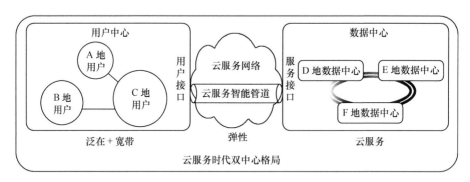

图 15-3　云服务时代双中心格局

对于云服务，网络的灵活性、动态性、开放性和资源的快速提供尤为重要，网络建设理念也需要实现由"云随网动"到"网随云动"的转型。随着移动宽带的发展和智能终端的普及，"用户中心"将更多地体现为移动智能终端和物联网终端，而"数据中心"则成为信息通信服务的基础依托，其地位类似电话服务时代的电话交换机。未来网络的构建将要面向"端"和"云"两个中心，形成云端双中心的网络格局。面向"端"即为用户提供泛在的宽带接入；面向"云"即使网络更深入参与端和云之间的交互，不局限于为端云间的通信提供简单的连接通道，而应该通过增强网络对"云"和"端"的感知能力，为云端通信提供更多的智能增值服务，包括提供云内容分发服务以降低骨干网压力和缩短通信时延，即使网络由纯粹的连接型哑管道转型为具备更强智能和一定计算/存储能力的"云网络"宽带基础设施。

15.2.3　三维解耦：实现弹性灵活的网络服务

传统的垂直建网思路是为满足不同业务需求而建设的不同网络，而且各网络自身的结构和功能常常是固定和紧耦合的，网络设备也十分封闭，因此网络非常不灵活，功能或结构的调整往往牵一发而动全身。功能"解耦"是实现弹性网络的基本手段，CUBE-Net 2.0 提出在以下三个维度实现网络功能解耦。

1. 服务功能解耦

CUBE-Net 2.0 将网络按服务功能的不同划分为用户域、互通域和数据域三个服务功能域。其中用户域负责用户与用户间的通信服务，涉及用户接入网内流量以及用户接入网间的流量；互通域负责用户与云服务之间的通信服务，涉及用户上传到云服务的流量和云服务下发到用户的流量；数据域负责云数据中心间的通信（DCI）以及云数据的分发服务（利用 CDN 将内容数据由基地云分发到边缘云），涉及数据中心间流量以及云数据的分发流量。独立的数据域有助于打造以"数据中心"为中心的网络，使得云数据中心间的联网和数据迁移更为高效灵活。用户与云服务的通信流量已超越用户间的通信流量成为网络流量主体，实现用户域与互通域的独立发展有助于将网络发展的重心逐步转移到用户与云端的通信。

2. 逻辑功能解耦

通信网络在逻辑功能上包括资源、控制和开放等部分，传统的通信网络设备都是资源和控制一体、功能专一、体系封闭。实现资源、控制和开放的解耦不但有利于激发网络技术创新和网络服务创新的活力，增强网络弹性，还有利于降低网络建设和运维成本。SDN/NFV 为构建 CUBE-Net 2.0 提供了重要的技术手段和架构思路，独立的控制平面和基于通用硬件的虚拟化网络功能使网络服务更具灵活性和创新性，并使网络运维管理更为便捷。应用或用户可以通过网络提供的开放能力 API，如同在云计算中订购计算/存储资源一样，随时随

地按需订购对通信"管道"的能力需求。总之，资源、控制和开放三大逻辑功能的解耦从架构上打破了原来依赖于专有网元能力形成的封闭、僵化的网络体系，解除了对专有网络设备的依赖，同时简化了网络运维并提高了网络服务的灵活性。

3. 部署功能解耦

网络的部署通常分为接入网和核心网，核心网还可进一步分为骨干网和城域网。传统上，介于接入网与核心网之间的边缘汇聚层由各类边缘汇聚设备（如BRAS、SR、GGSN 和 xGW 等）构成，是宽带城域网或移动核心网的一个有机组成部分，并未作为一个独立层面显现出来。而在云服务时代，边缘汇聚层的作用和地位需要进一步加强，将其作为一个独立层面去部署和发展有助于运营商在用户与云服务的沟通中提供更好的服务和更强的管控。边缘汇聚层具有用户/业务控制、业务发放、业务监测及业务策略执行等重要功能，是连接核心网络与接入网络的第一道门户，是网络智能化的最关键环节。智能边缘控制将为终端与云服务提供信息"中介"服务，成为用户与云服务提供商的桥梁。总之，用户接入、边缘汇聚和核心转发这三层各有不同的功能和特点，在网络部署上实现这三个层面的解耦，使各层网络根据自身的功能需求和技术进步独立发展，增强网络部署的灵活性，同时各层内部还可根据需要进一步解耦。

15.2.4 四类集约：打造高效经济的网络基础

"解耦"是为了使网络更富弹性和灵活性，而"集约"则是为了降低网络成本和提升资源的效率。伴随着三维解耦，运营商网络未来要实现四类集约，具体包括：通过控制平面的集约，实现对资源的全局控制和协同管理；通过对数据管理的集约，达到构建网络大数据平台、挖掘数据价值的目的；通过数据中心集约，打造规模化、集中化的云数据中心基地；通过网络节点的集约，精简目前的局点设置，实现功能融合，如图 15-4 所示。

1. "控制平面"的集约：实现对资源的全局控制和协同管理

CUBE-Net 2.0 基于 SDN 理念，在转发和控制平面解耦的基础上，实现对控制平面的集约。通过集中控制可以简化网络运维，提高业务配置速度，并有利于实现网络的快速部署，从而达到降低网络运维成本（OPEX）的目的。控制的"集约"既体现在对网络设备/资源的集中控制和全局调度上，也体现在对网络资源与云计算/存储资源的协同上。网络控制器/编排器和开放网络能力的北向接口 API 的自主研发将是未来运营商差异化竞争力的重要体现，在软件开发方面走开源之路应该成为运营商的重要选择。

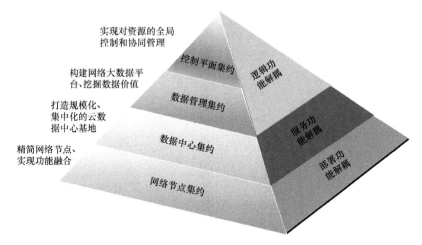

图 15-4　通过四类集约降低网络成本并提升资源利用率

　　通过由厂商提供的设备模型与控制器网络模型的两层建模，实现网络设备控制面与转发面解耦、控制器集中化部署，对全网形成统一的调度策略，提高网络的可编程性和高效性；同时满足网络自动化配置、远程维护和快速故障定位的需求，从而简化网络运维，降低网络运维成本。

　　基于模型驱动是网络自动化配置的关键。通过业务层抽象、控制层抽象、设备层抽象，将设备语言翻译成用户和业务语言。为避免传统 OSS 从设备到业务紧耦合带来的不灵活性，SDN 采取两层抽象架构，实现业务和设备的充分解耦，提高多厂商多业务场景的自动化配置效率。

　　实现网络的快速部署需要远程化、自动化和智能化，可以基于 NFV 实现软硬件解耦，支持业务软件和虚拟网络功能的原子化，并可云化部署。在软硬件解耦的基础上，将计算/存储/网络资源池组化，通过引入 MANO 实现对虚拟网络功能和网络服务的生命周期管理，并通过与 SDN、Service Chain 的协同交互实现网络远程、自动、智能的快速部署，提高网络的灵活性与开放性。

2.　"数据管理"的集约：构建网络大数据平台、挖掘数据价值

　　业务和网络运营中源源不断地产生出海量数据，这些数据既包括网络的运行状态，也包括用户的信息消费特征，诸如网络系统产生的信令数据、用户的位置数据、呼叫的详单数据等。这些"大数据"具有体量大、质量高的特点。体量大，是指伴随运营过程产生的海量半结构化和非结构化的数据，其突出表

现在数据存储的规模大、数据的种类复杂和数据量的快速增长。但同时，这些数据又是高质量的，是最真实的网络运行、用户信息消费的体现，运营商获取的数据更准确、更全面、更便捷，是典型的"大数据"。

"数据"是运营商最宝贵的资产，具有极大的潜在市场价值，是待开发的金矿。从产业发展态势来看，数据资产是产业兴衰更替的关键所在。新兴的公司无不是凭借其独特的数据资产，不断实现商业版图的扩张和对传统产业领地的占领的。

但是海量的半结构化和非结构化数据大大降低了数据处理的效率，庞大的数据规模和复杂的数据种类也为数据的有效利用和管理带来困难。长期以来无论是用户数据还是网络数据都散布于不同的系统中，处于离散和无序状态，未能得到有效挖掘和利用。

要发挥运营商数据资产的作用，运营商首先应该将原本分散的各类数据进行整合，实现网络、存储、计算和数据的集约化运营管理。其次，大数据的核心价值在于数据关联关系的延展和深化。而运营商的数据虽然几乎涵盖了全部的通信行为，但是其多源异构的特性使得进行数据整合和关联显得尤为重要。因此，数据管理的集约和多数据源的关联是挖掘数据价值的基础。

CUBE-Net 2.0 倡导建立统一的大数据平台，实现对用户数据和网络数据的集中管理，并实现数据平台层和数据应用层的解耦，在此基础上根据需要逐步挖掘和应用数据资源。如通过数据分析挖掘，运营商可以精准地掌握用户上网行为及网络运行状况，从而可以更快速高效地响应用户的业务要求，提升用户服务能力，并实现网络的精细化优化和建设。更进一步，运营商可以在确保数据安全、不侵犯用户隐私和符合法律规定的前提下实现数据资源和数据能力的开放，将部分数据资源或经过分析整合的统计结论开放给第三方合作伙伴，开拓数据服务的新蓝海。

3. "数据中心"的集约：打造规模化/集中化的云数据中心基地

作为云服务基础依托的数据中心正在向规模化、集中化和绿色化的方向发展。传统数据中心规模小、布局分散、功能单一、能效低下。整合小型数据中心、将适合集中的数据和服务转移到大型的云数据中心已成为全球趋势。为了满足云业务的快速发展和多种类型的适用需求，传统数据中心要逐步向云数据中心过渡，主要包括以下几个方面。

① 从靠近用户侧的零散数据中心演进到靠近资源的大型集约化、规模化云数据中心基地。靠近资源可以大幅降低土地、能源等建设成本，集中化、规模化部署有利于实现机架、空调、配电等资源的统一规划和模块化部署，运维

人力成本也能得到相应节约。

② 建设能满足多种云业务使用需求的统一资源调度平台，实现地理分散的多数据中心资源池组化。业务部署时可按不同的用户和业务需求对资源进行统一的管理和弹性分配，大幅提高网络承载能力和资源利用率。

③ 通过软件方式针对不同的业务建设不同的标准化业务模块，并实现业务与资源的解耦。根据用户的具体需求灵活选择业务模块并分配相应资源，实现业务的自动化快速部署。

数据中心的集约不但体现为数据中心的规模和体量，也体现为数据中心的模块化建设思路、业务功能的大集成和资源配置的集中管控。传统数据中心的功能单一，而大型云数据中心承担着更多的业务功能，既包括数据存储和处理服务，也包括通信服务和应用服务。数据中心汇聚了计算、存储、网络、动力环境等多类资源，只有依靠集中控制和软件定义，才能实现资源的有效管理和快速交付。

4. "网络节点"的集约：精简网络节点、实现功能融合集中

现有网络布局和局所设置由 PSTN 时代的技术特点所决定，受铜线通信距离的制约，每数公里范围内必须设立一个电话交换机局所，形成了今天传统运营商多局所和多网络节点的格局。另外，网络是依照业务类别独立建设，不同类网络的设备通常部署于不同局房，或者在同一局房内放置了大量功能单一的网络设备，导致局房空间利用率低、能耗大和运维成本高。

随着技术和业务的变革，运营商逐渐有条件也有必要实现网络节点的集约化，简化网络结构，实现轻资产运营。一方面可以通过合并局所，减少局所数量；另一方面可以采用局房 DC 化改造以及设备功能云化，减少网络设备数量。网络节点的集约存在两个关键的驱动力。

① "光进铜退"和传输接入技术的发展。随着接入网光纤化改造的完成和 PSTN 的逐步消亡，用户接入侧可以利用光纤接入手段实现长距离、大容量的综合接入方式，可以为有线和无线接入设立统一的、更为集中的综合接入局所。

② "互联网+"驱动 ICT 技术融合发展。随着业务向互联网迁移，云数据中心的集约化和云业务流量成为主导。从设备层面看，在引入 SDN/NFV 后，设备的业务和网络软件功能与设备的硬件解耦，不同的业务和软件功能可共享相同的硬件，并可以根据业务量的发展弹性伸缩，从架构上具备了融合业务的提供能力。融合和资源共享易于实现网络功能集约化部署，从而实现轻资产运营。

SDN/NFV 重构下一代网络

网络节点集约化的思想在移动核心网池组化（GGSN/SGSN 池、MSC 池）、云化数据中心集中部署、分组传送网，以及 BRAS/SR 融合及池组化、BBU/OLT 拉远或与 SR 共局所放置等领域都已有尝试。网络节点的集约不但可以极大降低网络运行成本，还可以释放出大量的存量局房资源，产生更大的价值。

|15.3 CUBE-Net 2.0 展望|

互联网大潮浩浩荡荡，深刻改变着人们的生产生活，有力推动着社会发展，伴随 "互联网+"战略的实施，互联网的影响将被推到更深更高层次。云计算、物联网、大数据、人工智能等新兴信息技术将继续引领我们迈向更加智能化的信息通信新时代。然而信息应用的一切美好前景都离不开基础网络设施，传统电信网络为信息通信的繁荣和发展、为人与人的信息沟通做出了巨大贡献，但难以承载信息通信新时代的诸多新要求，传统电信网络的转型和变革迫在眉睫。

在传统电信网络力不从心的今天，新兴网络技术应运而生，SDN/NFV 作为其中的杰出代表成为构建新兴网络基础设施的现实技术选择，云计算又为网络服务模式的创新提供了重要技术思想和手段。而在未来网络相关的学术研究中不断产生出的新理念和新技术还将继续为网络长期演进贡献技术源泉，新一代网络的春天正在到来。

网络重构不等于完全摒弃传统网络，CUBE-Net 2.0 是兼容现网并可长期演进的网络架构，在继续坚持 IP 基础技术体系的同时推动网络向 IT 化转型。在该白皮书中我们主要是从网络运营和服务的角度提出对网络架构和未来发展的认识，希望通过"解耦"使网络更富灵活性和开放性，通过"集约"降低网络成本和提升资源效率，期待利用 SDN、NFV、云和超宽带等技术手段实现网络重构。中国联通将以开放心态对待各类符合 CUBE-Net 2.0 顶层架构并有助于增强网络服务能力或降低网络运营成本的具体实现技术，并在未来进一步评估这些技术的商业可行性。

推动现网向 CUBE-Net 2.0 架构演进并非一朝一夕就能达成的目标。但千里之行始于足下，在顶层架构的指引下，现阶段许多具体的研发和实践工作已经启动，期盼局部突破带动整体推进。比技术转型更富挑战的是运营管理、企业文化和人力资源的转型。传统运营商现有的运营体制和人力资源无法适应以软件为中心的 SDN/NFV 网络运营要求，变革是痛苦的，但别无选择，创新是唯一出路。

|本章参考文献|

[1] 中国联通新一代网络架构白皮书（Cube-Net 2.0），2015.

[2] 张成良，韦乐平. 新一代传送网关键技术和发展趋势[J]. 电信科学，2013(1).

[3] 赵文玉，张海懿，汤瑞，吴庆伟，汤晓华. 100G 产业化及超 100G 发展分析[J]. 电信网技术，2011(12).

[4] 曹畅，张沛，唐雄燕. 100G 与超 100G 波分网络关键技术与部署策略研究[J]. 邮电设计技术，2012(11).

[5] 曹畅，简伟，王海军等. SDN 与光网络控制平面融合技术研究[J]. 邮电设计技术，2014(3).

[6] 王光全，周晓霞等. 下一代城域 WDM 技术（NGM-WDM）白皮书，2014.

[7] 郭爱煌，薛林. 绿色 IP over WDM 网络研究进展，激光与光电子学进展[J]. 2012(49).

[8] Zhou Xiang, Yu jianjun. Recent Progress in High-speed and High Spectral Efficiency Optical Transmission Technology[J]. China Communications, 2010(7).

[9] Steven Gringeri, Bert Basch, Vishnu Shukla et al. Flexible Architectures for Optical Transport Nodes and Networks[J]. IEEE Communications Magazine. 2010(7).

[10] YU J, ZHOU X, HUANG Y K , et al. 112.8-Gb/s PM-RZ-64QAM Optical Signal Generation and Transmission on a12.5GHz WDM Grid[C]// Proceedings of OFC, 2010.

[11] ZHOU X, YU J, HUANG M, et al. Transmission of 32-Tb/s Capacity Over 580km using RZ-Shaped PDM-8QAM Modulation Format and Cascaded Multimodulus Blind Equalization Algorithm[J]. J Lightwave Technol, 2010, 28(4): 456-464.

[12] ZHOU X, YU J, HUANG M F, et al. 64-Tb/s (640×107-Gb/s) PDM-36QAM Transmission Over 320km Using Both Preand Post-transmission Digital Equalization[C]// Proceedings of OFC'10, 2010.

[13] C. F. Lam, H. Liu, X. Zhao, et al. Fiber Optic Communication Technologies: What's Needed for Datacenter Network Operations, IEEE Comm. Mag,.

[14] G. Wang, D. G. Andersen, M. Kaminsky, et al. c-through: Part-time optics in data centers, in ACM SIGCOMM, 2010.

[15] N. Farrington, G. Porter, et al. Helios: a hybrid electrical/optical switch architecture for modular data centers, in ACM SIGCOMM, 2010.

[16] A. Singla, A. Singh, K. Ramachandran, et al. Proteus: a topology malleable data center networks, in ACM HotNets 2010.

[17] L. Xu, S. Zhang, F. Yaman, T. Wang, et al. All-Optical Switching Data Center Network Supporting 100Gbps Upgrade and Mixed-Line-Rate Interoperability, in OFC/NFOEC, 2011.

第 16 章

中国联通通信云架构解析

未来网络服务呈现出新的特点，实时、按需提供、永远在线、自助服务已经成为数字时代所有行业的体验标准。要实现最佳体验，就需要运营商采取基于互联网架构的运营系统，并具备互联网化的运营能力。快速增收，提高效率，敏捷服务成为运营商当前面临的重大课题。要实现这些目标，运营商必须对网络进行彻底转型。

随着云技术的不断成熟,把 IT 应用到 CT 领域已经成为可能,而 SDN/NFV 技术结合云计算、大数据正好满足了这一网络转型对技术的要求。标准化组织也在积极推动 SDN/NFV 的快速成熟,产业界正通过共同努力加速这一技术的商用化部署。

构建以 DC 为核心的全云化网络是网络转型的基础,经过提前规划,对网元按照业务要求进行分层部署、构建统一的云平台实现网络的弹性与自动化运维能力,极力打造敏捷、弹性、智能的云化网络,以满足未来网络业务的发展诉求。

目前全球很多领先运营商都开始思考并启动了面向未来网络的转型战略,中国联通发布新一代网络架构白皮书 CUBE-Net 2.0,指明了未来网络的发展方向,并通过不断论证与实践,进一步提出中国联通网络转型通信云架构,希望能够为通信云建设指明方向。

|16.1 概述|

16.1.1 问题与挑战

随着 5G 网络、物联网、视频及云服务等新技术和新业务的不断兴起,传统网络架构在资源共享、敏捷创新、弹性扩展和简易运维等方面存在的明显不足，使运营商面临持续的运营和市场竞争压力。为有效满足用户需求，夯实竞争力，国内外运营商均积极开展网络转型，借助 NFV（网络功能虚拟化）和 SDN（软件定义网络）等领先技术，构建面向未来的全面云化网络。在 PSTN 退网及 CO 机房改造的大背景下，中国联通将提前有计划地进行通信网络规划，以面对新业务和新技术带来的挑战与需求。

1. 现有网络的垂直封闭烟囱式架构无法满足业务扩展性的需求

从业务上看，传统的网络是按照不同业务需求形成的"烟囱型"网络，常常为发展某一个业务建设一张网络。从技术上看，传统网络采用"垂直集成"的模式，控制平面和数据平面深度耦合，且在分布式网络控制机制下，导致任何一个新技术或者新业务的引入都严重依赖现网设备，并且需要多个设备同步更新，使得新技术或新业务的部署周期较长、成本高，网络资源利用率低且不均衡，而通信网络架构云化后，基础设施资源池化和软件分布化将解决业务扩展性差和网络资源难共享的问题。

2. 传统业务领域收入增长乏力，需寻求创新领域的新突破，对网络匹配业务的快速灵活性提出要求

运营商在语音等传统业务规模日趋饱和，同时也在不断遭受其他新商业模式的挑战，在 ICT 新兴领域，运营商受制于传统的产品开发与运营模式而面临 OTT 服务提供商的严峻挑战。面对个人/家庭/企业/物联网业务的需求日益呈现多样化、差异化和多变的特性，运营商快速响应并缩短新产品的上市时间成为商业致胜的关键。新型业务的需求特点是智能便捷和一站式提供等，以往业务的分割、封闭和不连通的运作方式难以支持数字化转型，传统刚性网络进行架构转型势在必行。

3. 5G 的来临和万物互联下的新型业务呈现更低时延、更大带宽、更智能等特点，对网络架构提出新的要求

人类社会正演变成智能社会，包括万物感知、万物互联、万物智能。终端是万物感知的触角，网络连接万物，而云则是万物智能的数字化大脑，运营商网络则是智能社会最重要的基础设施。信息化时代下，网络流量快速增加的同时网络连接数也将从量变积累到大量并发，大带宽、多连接、高可靠低时延的网络连接能力需求达到了新的高度，业务、商业模式、技术标准将发生巨大变

化，未来业务与技术变化的新趋势见表 16-1。这些变化对运营商网络提出了更高挑战，要求运营商实现在架构层面的重构、网络层面的智能化、运营的智慧化、业务的生态化，最终未来运营商的网络将是以云化数据中心为基础的弹性网络，满足简洁、敏捷、开放、集约的目标。

表 16-1　未来业务与技术变化的新趋势

	过去 10 年	未来
业务	语音+数据	语音+数据+视频+IoT+5G+AR.
商业模式	卖连接	卖连接+卖体验+卖生态
技术标准	TDM/IP/ATM	SDN/NFV/Cloud/大数据

16.1.2　通信云的需求

业务的多样性和不确定性愈加突显，快速实现业务商业创新及有效提升用户体验，将成为通信网络演进最重要的驱动力。未来的应用和业务场景将更加多样化（从人与人连接到万物互联），业务速率体验需求和时延体验需求不断提升，这对运营商网络能力和运营提出更高要求，运营商需要提供高效资源利用、网络按需部署以及业务敏捷发放的能力匹配业务需求。

1. 大带宽、低时延：移动视频

移动视频是运营商流量爆发式增长的最强推动力，根据 GSMA 预测，未来 5 年运营商移动网络流量将增长 20 倍，其中视频业务占比 70%，移动宽带技术的发展使视频无处不在，视频业务已逐渐成为继语音业务之后的移动网络基础业务。移动视频从 720P 向 2K、4K、AR/VR 分辨率快速发展，要求网络具备更高的速率、更低的时延，以 2K 高清视频播放为例，平均速率要求大于 13Mbit/s，时延小于 40ms。除高清视频播放外，移动视频业务未来还将发展出大量基于视频的交互应用，特别是 VR/AR 技术支撑下出现的各类游戏、赛事直播、购物、教育的虚拟交互业务，良好的 VR/AR 体验对网络时延的要求为 5~9ms，带宽高达 Gbit/s 级，5G 的到来将加速以 VR/AR 为代表的 eMBB 业务应用，提供更高体验速率和更大带宽的接入能力，支持解析度更高、体验更鲜活的多媒体内容。传统网络架构将无法很好地满足新业务的网络需求，利用云的理念和技术重构电信网络将能够有效提升用户体验。VR 业务对网络的要求见表 16-2。

表 16-2　VR 业务对网络的要求

	早期 VR	入门级 VR	进阶级 VR	极致 VR
典型视频码	16MB	64MB	279MB	3.29GB
典型网络带宽	25Mbit/s	100Mbit/s	418Mbit/s	4.93Gbit/s
典型网络时延	40ms	30ms	20ms	10ms

2. 网络灵活智能、按需自助：政企智能专线

随着移动办公以及云计算的引入，企业应用的部署发生了巨大变化，越来越多的企业开始使用公有云服务，企业分支对公有云的访问量越来越高，但公有云通常部署在少数几个数据中心，通过 Internet 访问，网络质量无法保障，业务体验受限，同时流量"绕行"使得网络延迟增大，影响业务体验。从企业用户体验视角看，需要提供可视化的简单便捷的服务界面，可以像申请云资源一样方便地按需申请网络连接资源，包括网络中的 VPN 连接、安全、DPI、WOC 等资源；从支持业务运营的网络架构视角看，运营商需要提供一个融合多种场景接入、平台更加开放，支持快速部署和变化，软件与硬件解耦，同时可集成第三方应用的网络架构，从而更加方便快捷地为企业提供各种业务。传统专线因业务开通部署耗时久、成本高、难以弹性扩缩容等问题难以满足政企业务新需求，企业业务云化和按需自助服务驱动着运营商网络架构转型和网络云化，SDN/NFV 和云计算等新技术的引入可帮助运营商有效挖掘 B2B 的市场潜力，实现产品的智能化转型。

3. 大连接、广覆盖、低时延：物联网业务

以 NB-IoT、5G、SDN/NFV 等为代表的技术革新将为电信运营商拓展新的商业边界，从传统增强型移动宽带业务到垂直行业应用各类业务，从基于人的消费者用户到更多的行业用户、更多物的连接，典型场景如智能驾驶、智能电网、远程医疗、智能制造。全球物联网应用增长态势明显，可穿戴设备、智能家电、自动驾驶汽车、智能机器人等数以百亿计的新设备将接入网络，Gartner 预测达 2020 年全球联网设备数量将达 260 亿个，物联网市场规模将达到 1.9 万亿美元。面向物联网设备的互联场景，运营商网络需要提供对更高连接密度的控制能力，支持大规模、低成本、低能耗 IoT 设备的高效接入和管理；面向车联网、应急通信、工业互联网等垂直行业应用场景，需要提供低时延和高可靠的信息交互能力，支持互联实体间更高实时、更高精密和更高安全的业务协作，这些都将对传统网络提出更高的要求。

总而言之，为适配业务在时延、带宽、连接等方面的更高需求，通信网络云化将成为趋势。借助 NFV/SDN/云计算等领先技术，构建面向未来的通信云，支撑通信业务和能力开放，实现网络资源的虚拟化，打造高效、弹性、按需的业务服务网络。基于通信云提供灵活、开放、多元化的应用平台，实现业务和应用的持续快速创新，同时帮助运营商用架构的确定性来管理未来技术的不确定性。

16.1.3　通信云的目标和价值

中国联通在网络转型中始终主张聚焦、创新、合作的理念，聚焦移动、固定、IoT、视频等基础管道能力，基于中国联通已有的网络建设部署与运营经验，为支持网络的云化演进、匹配网络转型部署、统一构建基于 SDN/NFV/云计算为核心技术的通信云基础设施，实现个人、家庭、政企、物联网等领域的业务创新，对外开放网络能力，构建合作生态。

通过通信云的建设，中国联通充分利用现有机房，构建 NFV 统一资源池，支撑网络演进。通信云采用分层部署模式，物理分散，逻辑统一，业务驱动，为中国联通通信网络带来了以下价值：

① 构建通信云弹性、自动化的资源池，满足业务的弹性要求；

② 提高业务敏捷性，加快业务上线速度，提高用户满意度；

③ 构建通信云管理协同架构，提升运维效率。

实现 CUBE-Net 2.0 未来网络核心架构逐步演进落地，构建超宽带弹性管道、泛在宽带接入服务、云化业务接入服务、云化网络服务平面，建设灵活支撑上层业务需求的融合 ICT 基础设施。

|16.2　通信云架构|

16.2.1　整体布局

通信云是基于中国联通已有网络建设部署与运营经验，为支撑网络的云化演进、匹配网络转型部署、统一构建基于 SDN/NFV/云计算为核心技术的网络基础设施。

为支撑网络 NFV 不同阶段集中或分布式部署要求，传统网络机房将逐步向数据中心架构演进，从而构建通信云云化网络总体架构。云化网络总体架构沿用传统通信网络接入、城域、骨干网络架构，与现有通信局所保持着一定对应和继承关系，在不同层级边缘、本地、区域进行分布式 DC 部署，实现面向宽带网/移动网/物联网等业务的统一接入、统一承载和统一服务。通信云云化网络架构如图 16-1 所示。

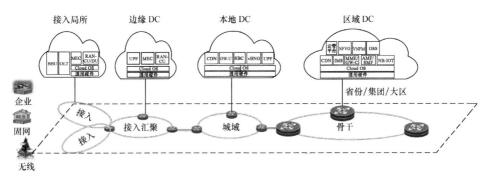

图 16-1　通信云云化网络架构

通信云云化网络架构总体上可划分为 4 个层级单元部署，包含三层 DC 以及一层接入局房。

① 区域 DC：以省域/集团/大区控制、管理、调度和编排功能为核心，如集团 OSS/NFVO、省云管平台、NFVO、VNFM 等，主要承载省域内及集团区域层面控制网元以及集中媒体面网元包括 IMS、GW-C、CDN（内容）、MME 和 NB-IOT 核心网等网元。

② 本地 DC：主要承载城域网控制面网元和集中化的媒体面网元，包括 CDN（内容）、SBC、BNG、UPF、GW-U 等网元。

③ 边缘 DC：以终结媒体流功能并进行转发为主，部署更靠近用户端业务和网络功能，包括 CloudRAN-CU、MEC、UPF 等网元。

④ 接入局所：以提升资源集约度和满足用户极致体验为主，实现面向公众/政企/移动等用户的统一接入和统一承载。考虑到接入局所主要部署接入型/流量转发型设备，暂不考虑接入局所基础设施 DC 化改造。未来按需部署 CloudRAN-CU/DU、MEC 等网元，基于现有机房条件直接入驻。

16.2.2　分层架构

遵循 OPNFV、ETSI、ONAP 等标准和开放性原则，搭建统一通信云平台，

可承载多厂商 VNF。

通信云的分层架构如图 16-2 所示，纵向分为三层，基础设施层、虚拟网络功能层和运营支撑层，横向分为二个域，业务网络域和管理编排域。

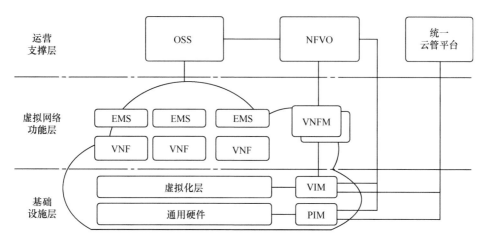

图 16-2　通信云的分层架构

基础设施层基于通用计算、存储和网络资源，部署 hypervisor 层以便运行虚拟化，可以为虚拟网络功能在标准服务器上提供线速的网络性能，同时，还可以结合 SR-IOV、DPDK、vSwitch 等技术，确保电信级网络运行的性能和可靠性。

虚拟网络功能层对应的是目前各个电信业务网元，物理网元映射为虚拟网元 VNF，VNF 所需资源需要分解为虚拟的计算/存储/交换资源，由 NFVI 来承载，VNF 之间的接口依然采用传统网络定义的信令接口（3GPP+ITU-T）。

运营支撑层包括 NFVO,OSS 和统一云管平台。其中，NFVO 负责网络业务编排及其生命周期管理；OSS 负责统一的网络运维保障；统一云管平台负责所在区域内所有基础设施层资源（物理资源、虚拟资源）的统一管理，比如资源池划分、告警/性能监控及相关维护操作。

16.2.3　网络组网

1. 通信云 DC 间组网

随着通信各类业务向 NFV 变革演进，以及不断集中的网元和应用，驱动通信运营商构建以 DC 为核心的新型网络架构，网络架构可分为区域—本地—边缘三层。通信云 DC 间组网模式如图 16-3 所示。

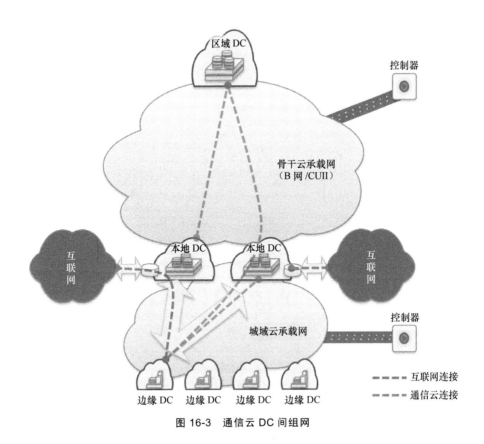

图 16-3　通信云 DC 间组网

全网支持业务灵活调度和配置自动下发，支持全国 DC 间端到端连接，支持本地 DC 互联网流量快速疏导。其中骨干云承载网综合承载城际通信云流量，城域云承载网综合承载互联网和通信云流量。

2. 通信云 DC 内组网

DC 是在一个物理空间内实现信息的集中处理、存储、传输、交换和管理的中心，是 NFV 网元部署的载体。为满足 NFV 后续业务不断的发展，DC 组网要具备弹性，同时可靠及安全方面也要同步考虑。通信云 DC 内组网模式如图 16-4 所示。

通信云 DC 内组网使用 Spine-leaf 交换架构，增强网络的可扩展性，每台 Leaf 节点（接入交换机）同所有 Spine 节点（核心交换机）相连构建全连接拓扑，组网上不仅保证了可扩展性，也提高了通信的可靠性，根据 DC 内外信任域和非信任域的互通、隔离情况，考虑部署防火墙，保障物理及虚拟网络安全。

接入交换机负责各种物理资源连接，按管理/存储/业务三个平面进行物理

隔离，并分别成对配置；核心交换机负责转发 DC 内部的东西向流量；边界设备（Borderleaf）负责对外业务出口，成对配置。如果资源池服务器/存储数量较少，可不部署接入层交换机，边界设备与核心交换机合设。

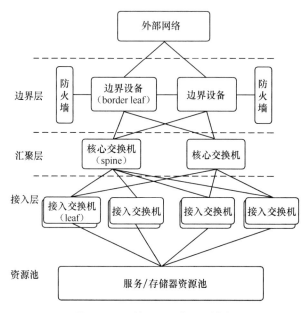

图 16-4　通信云 DC 内组网模式

16.2.4　安全与灾备

1. 安全解决方案从网络安全、平台安全、业务安全三个层次进行设计

（1）网络安全

通过安全域划分、网络平面隔离、引入防火墙、传输加密等手段实现。需要支持分权分域，按域的方式进行隔离和分级权限管理，确保网络安全。

（2）平台安全

① 数据存储安全。从隔离用户数据、控制数据访问、保护剩余信息、加密虚拟机磁盘、备份数据等方面保证用户数据的安全和完整性。

② 虚拟机隔离。实现同一物理机上不同虚拟机之间的资源隔离，避免虚拟机之间的数据窃取或恶意攻击，保证虚拟机的资源使用不受周边虚拟机的影响。用户使用虚拟机时，仅能访问属于自己的虚拟机的资源（如硬件、软件和数据），不能访问其他虚拟机的资源，保证虚拟机隔离安全。

（3）业务安全

包括传输安全、用户管理、日志管理、用户数据管理等方案。这些安全策略针对具体的业务应用。

2. 灾备通信云的灾备按层次分网络层容灾、数据层容灾、业务层容灾、管理层容灾

① 网络层容灾通过网络冗余设计实现，接入交换机、汇聚交换机、核心交换机通过堆叠和双平面设计保证冗余。

② 数据层容灾在 DC 内采用存储冗余设计，系统单点故障不会丢失数据。跨 DC 的数据层容灾主要通过业务层容灾保证跨 DC 可靠性。

③ 业务层容灾，有业务层容灾方案的网元，采用业务层容灾方案，与传统容灾方式保持一致（组 Pool 或者主备）；无业务层容灾方案，却有容灾需求的重要业务，由 NFVI 提供相应的容灾。

④ 管理层容灾，统一云管平台、NFVO、VNFM 采用双机负载分担或主备方式容灾，优选双机负载分担，VIM 在 DC 内多节点部署。

|16.3 通信云管理|

16.3.1 技术架构

为满足未来业务发展需要，通信云管理要从以设备为中心的传统管理方式向以用户体验为中心转变，核心是使能业务敏捷、高效运维和网络能力开放。

通信云管理分为三个层次：网络管理、网元管理、基础设施管理，技术架构如图 16-5 所示。

1. 网络管理

网络管理包括业务编排和业务保障两大能力，使能业务敏捷、自动化运维和网络能力开放。

（1）业务编排

负责整网 ICT 资源（物理资源、虚拟资源、VNF）的统一管理和编排，完成资源及业务的定义、协同调度及生命周期管理，支撑业务快速上线。

（2）业务保障

对整网 ICT 资源（物理资源、虚拟资源、VNF）的告警、性能等信息进行统一采集、监控，并提供跨层告警关联、自动根因分析及闭环管理能力，提高运维效率，保证网络服务正常运行。

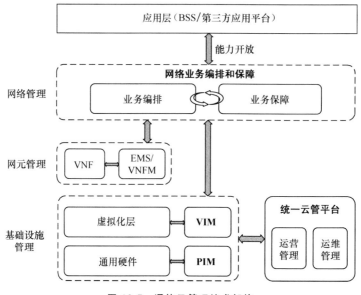

图 16-5　通信云管理技术架构

① 告警/性能监控：对通信云 ICT 资源的告警、性能指标进行统一监控，包括物理资源告警/性能、虚拟资源告警/性能、VNF 告警/性能。

② 跨层告警关联：基于监控告警和性能数据，建立"业务—VNF—VM—服务器"的统一视图，便于故障时快速查询关联层次告警和性能数据，实现快速定位。

③ 自动根因分析及闭环管理：基于监控告警和性能数据，结合故障分析流程库，通过自动流程化分析输出故障根因，实现快速定位。并按照预先定义的策略协调业务编排器完成故障隔离和恢复操作，实现自动化运维，缩短故障影响时间。

（3）能力开放

将 ICT 管理能力封装并提供开放的 API，支持第三方应用平台集成调用，使能新业务快速上线和创新，构筑生态链。

2. 网元管理

网元管理包括 VNFM 和 EMS，分别负责 VNF 网元的生命周期管理和日常运维管理（如配置管理、告警、性能、日志管理等）。

① VNFM：负责 VNF 网元的生命周期管理，包括 VNF 网元的创建、修改、删除、弹性扩缩容等。各厂商 VNF 由各自 VNFM（S-VNFM）管理；引入通用 VNFM（G-VNFM）进行第三方 VNF 管理。

② EMS：负责 VNF 网元的日常运维管理，功能上与传统 EMS 基本相同，支持与 VNFM 对接。

3. 基础设施管理

基础设施管理负责管理基础设施层的物理资源和虚拟资源。根据管理对象和范围不同分为三个管理组件。

① 硬件基础设施管理（PIM）：负责单个 DC 内硬件资源的本地管理，包括设备配置管理、故障监控、性能采集与分析等。

② 虚拟化基础设施管理（VIM）：负责单个 DC 内虚拟化资源的本地管理，包括虚拟化资源分配/回收、告警和性能数据采集、虚拟机 VM 的状态管理等。

③ 统一云管理平台：负责区域内多个 DC 基础设施层的统一管理，资源池划分，监控虚拟化资源和非虚拟化资源的拓扑、告警、性能、容量等信息，并通过报表帮助运维人员评估潜在的风险，及时规避。

16.3.2　部署原则

通信云管理系统的部署应以业务需求为中心，遵循集约化原则，尽量减少层级，降低网络成本和提升资源效率。联通通信云部署架构如图 16-6 所示。

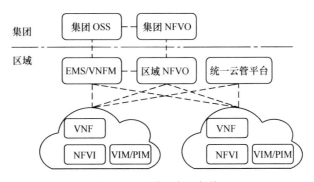

图 16-6　通信云部署架构

网络管理：OSS 由集团统一部署，NFVO 管理编排系统按照省公司和集团

公司两级部署，区域 NFVO 进行区域内网络的统一编排管理，集团 NFVO 进行跨区域网络的统一编排管理。

网元管理：VNFM 分厂商部署在区域 DC；EMS 分厂商、分专业部署在区域 DC，根据业务和运维需求选择 VNF 和 PNF 是否由同一 EMS 管理。

基础设施管理：VIM、PIM 部署在数据中心本地；统一云管理平台按区域进行部署，集中管理区域内所有硬件和虚拟资源。

┃16.4　通信云的发展与演进┃

16.4.1　云化演进路径

随着 NFV/SDN/云计算等技术的逐步成熟，电信网元将逐步向 NFV 化演进。基于网络能力的分类，这里重点讨论固定和移动网络的演进路线。

1. 固定网络

1. 城域汇聚 Bras 专用设备形态转变为通用虚拟化的控制面+高速专用/通用硬件转发，vBRAS-C 控制面省级/地市集中部署，根据芯片性能逐步实现 vBRAS 转发面硬件通用化。

2. CDN、CPE 将按需部署到本地 DC，逐步实现虚拟化部署。

2. 移动网络

1. 移动核心网元（IMS/EPC 等）将逐步云化，到 5G 阶段将最终形成控制云、转发云、接入云的"三朵云"架构。

2. 为提升视频媒体及新型应用的用户体验，核心网实现 C/U 分离，转发面 Gateway 将逐步下沉到地市。

3. 随着 5G 的部署，EPC 将逐步过渡到 5G 核心网。

4. 为满足低时延业务应用需求，在城域边缘部署 MEC，按需部署移动网接入虚拟化功能，如 BBU 池、CloudRAN-CU 等。

综合网络演进的趋势分析，当前网络中路由器、波分等网元短期内不会向 NFV 演进。随着 5G 网络、视频、物联网等业务的引入及发展，VNF 部署中远期路线图如图 16-7 所示。

物联网 vCore vIMS（vCSCF、vAS）	vMME、vSAE-GW	5G NGC（AMF、SMF、UPF）试点	5G NGC（AMF、SMF、UPF）
	MEC 试点	5G MEC（UPF）试点、5G NR（CU）试点	5G MEC（UPF）、5G NR（CU）
vBNG 试验	SDN 控制器试点、vAAA/DNS 试点、vCDN 试点、vBNG 试点	SDN 控制器、vAAA/DNS、vCDN、vBNG 试点	SDN 控制器、vAAA/DNS、vCDN、vBNG
2017年	2018年	2019年	2020年以后

图 16-7　VNF 部署中远期路线

3. 面向 5G 的网络架构与布局

5G 业务主要分为 uRLLC、mMTC 和 eMBB 三大类，不同业务对网络的要求不一样。业界一致认可的"网络切片"的架构满足了 5G 应用对网络的能力要求。切片网络将合适的 SOC-CP 和 SOC-UP 部署在不同层级的 DC，以满足用户对业务的差异化需求。5G 网络的云化部署如图 16-8 所示。

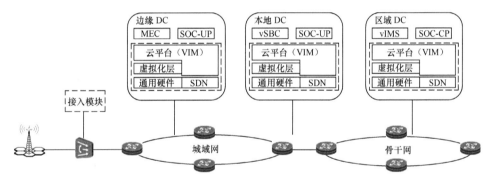

图 16-8　5G 网络的云化部署

uRLLC 强调超低时延，SOC-UP 需要部署到边缘 DC；mMTC 为海量物联网，对时延不敏感，SOC-CP 集中部署到区域 DC，以便集约管理；而 eMBB 强调超大带宽，兼顾时延与集约，部署在本地 DC。

4. 面向物联网核心网（vEPC）的网络布局与架构

4G 物联网具备网络超强覆盖、超大连接等特点，对时延不敏感，初期可在集团集中云化部署，主要包含 vMME、vSGW、vPGW、vHSS 和 vPCRF 等网元。物联网核心网的云化部署如图 16-9 所示。

5. 面向 VoLTE 的网络架构与布局

VoLTE 提供高清语音、高清视频、视频彩铃和 VoWiFi 等实时通信业务，对网络 QoS 敏感。关键部件 IMS 网络采用控制面和用户面分离架构，通过"用户面下沉"严格控制 QoS，"控制面集中部署"实现网络的集约管理。VoLTE 云化部署如图 16-10 所示。

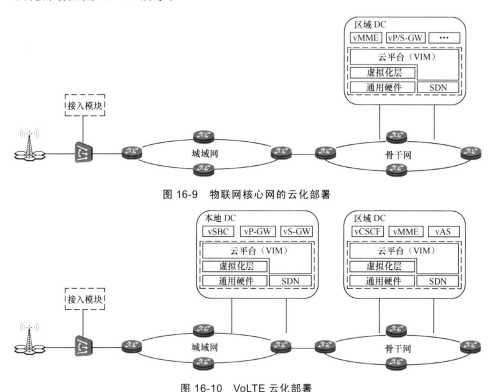

图 16-9　物联网核心网的云化部署

图 16-10　VoLTE 云化部署

VoLTEIMS 集中云化部署在区域 DC，实现集团集约管理和运营。初期，省网云化 EPC 和 SBC 部署于区域 DC，由各省独立运营和维护。随着 VoLTE 用户量逐渐增多，用户面网元 EPC、SBC 会下沉到地市核心，并部署在本地 DC，满足用户低时延体验要求并节省传输带宽。

16.4.2　DC 改造建设

大多数未来新型通信机房 DC 将通过传统通信机房 CO 升级改造为数据中心架构，即 CO 机房 DC 化改造（CORD）。

面向未来高密度、通用化、虚拟化的计算、存储和网络资源承载，高功耗、大体积、大重量趋势对现有 CO 机房空间、电源、空调等配套设施提出了更大的挑战。运营商应积极有序地推进 CO 机房基础设施 DC 化重构，特别是就通信机房的建筑结构、变配电、发电机、不间断电源、空调制冷和消防监控等专业领域做好方案评估和统筹，因地制宜，制定技术效益并重、节能高效的改造建设方案。

总体上，机房基础设施改造应综合考虑应用各种节能技术。

|16.5　总结和展望|

中国联通将秉承聚焦、创新、合作的理念，聚焦基础管道能力，搭建通信云平台，实现业务创新，构建合作生态。通信云的构建将迎接 5G 网络、物联网、视频及云服务等业务转型带来的挑战，以满足大带宽、低时延、海量连接等多样化业务体验需求。

为匹配中国联通 SDN/NFV 网络演进节奏，面向未来需求，统一规划区域 DC、本地 DC、边缘 DC 的分布式三层 DC 部署，实现面向宽带网/移动网/物联网等业务的统一接入、统一承载和统一服务，网络管理从传统设备管理向分层解耦的网络管理、网元管理、基础设施管理转变。中国联通通信云的构建能够将联通自身优势与特色资源能力化、标准化，汇聚合作伙伴共享产业发展商机，实现通信能力全开放。

"以不息为体，以日新为道"。随着通信网络向 SDN/NFV 以及云化演进，中国联通将逐步实施通信云的部署，从而推动网络转型、运营转型以及业务转型，致力于成为全球领先的数字化创新运营商。

|本章参考文献|

[1]　中国联通通信云架构白皮书，2017 年 9 月第一版.

第 17 章

中国联通 CUBE-CDN 技术解析

中国联通 CUBE-CDN 技术是中国联通新一代网络架构 CUBE-Net 2.0 面向内容的延伸与扩展。中国联通将 CDN 定位为基础网络设施资源，聚焦超高清视频业务，提升端到端的用户体验，实现 CDN 的云管端协同发展；利用云网一体化优势，面向固移融合业务构建一张覆盖云端、边缘以及雾端的"全方位、广覆盖、立体化"的 CDN，打造面向内容服务、合作共赢的开放商业生态。

|17.1 概述|

17.1.1 背景

　　CDN（Content Delivery Network）在互联网中起着护航和加速的作用，使得用户可就近获取所需内容，在各种网络环境下尽可能地保障在转发、传输过程中内容的连贯性。CDN 如同互联网中的快递员，可将源站的内容分发到全球的 CDN 节点，快速地响应用户请求，为用户带来极致的业务体验。

　　CDN 与互联网业务紧密结合，随着互联网超高速发展，"大视频时代"的多媒体内容不断丰富、超高清视频业务及应用数量不断激增，大大激发了 CDN 的发展需求。同时，云计算、大数据、5G、SDN（Software Defined Network）、NFV（Network Function Virtualization）、物联网、产业互联网、人工智能等新兴技术不断涌现，要求 CDN 进行革新与重构。

　　中国联通致力于成为"信息生活的创新服务领导者"，着力实施"移动宽带领先与一体化创新战略"，通过提供领先的宽带网络能力以及一体化的服务策略来满足用户各类信息生活需求，充分发挥全国宽带网络资源和服务优势，加快固网宽带升级提速，并推进固定和移动宽带的融合和协同发展。多年来，中国联通的 CDN 服务主要专注于自有视频业务，如 IPTV、手机视频等业务服务，积累了覆盖广泛的 CDN 基础设施建设。当前，CDN 面临新一轮的发展机遇，中国联通将在坚持以"网络运营"为本，在提供高带宽、低时延以及高可靠的网络连接服务的同时，基于现有 CDN 现状能力，结合自身网络价值优势，利用新兴信息通信技术（Information Communications Technology，ICT）技术，构建新型 CDN 架构，开放 CDN 能力资源，实现与产业链各方的合作共赢。

17.1.2　定位

中国联通启动了面向未来可运营的新一代网络技术体系和架构——CUBE-Net 1.0 研究计划。为进一步提升端到端的用户体验、实现 CT 与 IT 深度融合以及云管端协同发展，中国联通又开启了新一代网络架构 CUBE-Net 2.0，CUBE-Net 的内涵进一步丰富，在面向云服务（Cloud）的基础上，引入面向用户（Customer）、面向内容（Content）等新的服务元素。

CUBE-CDN 遵循 CUBE-Net 2.0 的整体架构及技术演进方向，结合 CDN 的业务属性和技术特性，并随着 CUBE-Net 的架构发展和演进及 CDN 技术的发展同步更新。

中国联通将 CDN 的建设和发展定位为基础网络设施资源，聚焦大视频及超高清视频业务，着眼于各类互联网业务的内容分发特性，提升端到端的用户体验、实现 CDN 的云管端协同发展，通过合理利用各类网络节点布局，应用云计算、雾计算、SDN、NFV、P2P、MEC 等新技术，既为自有视频业务提供高效的分发服务，也为互联网内容服务商、第三方 CDN 服务商提供差异化的开放服务，构建覆盖云端、雾端的边缘能力开放的 CUBE-CDN，即面向内容服务的开放商业生态 CDN（Content-oriented Unlimited Business Ecological Content Delivery Network），提供灵活的网络调度和内容分发能力，成为内容服务商和最终用户之间的纽带，构建新型的 B2B2C 商业模式，打造合作共赢的开放商业生态环境。

|17.2　需求和挑战分析|

17.2.1　发展需求

1. 新业务驱动

近年来，互联网数据流量出现爆炸式增长，视频、游戏、社交等业务快速

增长，其中视频业务是推动 IP 流量和总体互联网流量增长的主力军，根据思科可视化网络指数（VNI）完整预测，2021 年视频业务将占互联网总流量的 80%，相比 2016 年的 67% 增长显著。到 2021 年，全球每月互联网视频观看时长将达到三万亿分钟，相当于每月有长达 500 万年的视频被观看，或每秒大约有 100 万分钟的视频被观看。随着视频技术的发展，以 4K、8K、VR、AR 等业务为代表的极致清晰、极致鲜艳、极致流畅、360 度视角的超高清视频成为人们新的需求，由此催生了视频业务发展的新时代的到来——大视频时代！

全球电信运营商积极布局大视频业务，中国联通已经将视频业务等同于语音、宽带等业务，作为基础业务发展，在网络规划与发展中增强与优化网络传送视频的能力。

根据 Conviva 用户视频报告的数据，35% 的用户把视频观看体验作为选择视频服务的首要条件。当遇到卡顿时，56% 的用户会觉得难以忍受，从而选择放弃。4K、8K、VR、AR 等大视频业务的发展将为网络带来数 10 倍的带宽增长需求。4K 的分辨率为 3840 像素×2160 像素，是高清视频分辨率（1920 像素×1080 像素）的 4 倍，经过 H.265 编码后，4K 视频的码率是高清视频的 2~10 倍，对带宽的需求为 22.5~75Mbit/s。8K、VR 则对带宽提出了更高的要求，8K 视频的带宽需求为 4K 的 4 倍，约为 90~300Mbit/s，VR 则为 4K 的 4～16 倍，每分钟视频的传输数据大约为 40GB～120GB，需要高效的传输效率，同时由于涉及多镜头内容拼接，对于实时 VR 的显示要求又高，多流内容之间需要同步传输，可能需要更高的传输质量监测和控制技术。

如此巨大的流量需求将会给运营商的网络带来前所未有的压力。用户视频服务体验对网络延迟和抖动的变化极为敏感，要求网络具备低时延、高性能。因此，CDN 是保障视频业务快速流畅体验的"利器"。

除了超高清晰度的视频加速服务外，Web 加速、应用加速、文件加速等各类 CDN 服务需求也日益旺盛。视频分发过程中的信息安全管理、内容分发过程中的安全服务技术要求也成为 CDN 的必备功能。

因此，要求 CDN 具备新型的内容存储技术、流媒体分发技术、多业务加速技术、路由管理技术、CDN 资源管理技术、用户管理策略、安全监管能力、灵活部署架构、节点向网络边缘下沉部署等新技术，运用这些新技术可构建优质新型的 CDN。

2. 新技术驱动

5G、云计算、NFV、SDN 和 ICT 等技术的发展催生了 CDN 的发展。SDN 通过网络设备控制层面与数据层面的分离，基于软件实现了网络流量的智能控制，将网络的管道功能变得更加灵活，实现网络的集中管控与能力开放，并具备可编程的能力。CDN 可通过调用 SDN 的网络感知能力，实现在 CDN 和传输节点传输和控制资源的按需重分配，由此实现 CDN 的灵活调度与最优路由。

NFV 通过使用通用硬件及虚拟化的技术，实现承载部分的网络功能，网络资源可以达到灵活调用、充分共享的目的，同时实现新业务的快速开发、按需部署、弹性伸缩、故障自愈等能力。CDN 的 NFV 化可实现软硬件解耦，实现 CDN 资源的自动部署和流媒体能力的按需分配。

5G 网络将为用户提供极低时延、超大带宽的业务，多接入边缘计算 MEC（Mobile Edge Computing）是实现这些业务的关键技术，MEC 可以按需、分场景灵活部署在无线网络的边缘,该架构使得无线网络侧业务下沉至网络边缘，构建无线边缘云计算环境和网络能力开放平台，因此无线网络侧的 CDN 边缘节点的下沉可在 MEC 中灵活部署。

ICT 技术的发展加快了各类智能终端的硬件升级，在计算、存储、处理等性能方面有了极大的提升。智能家庭网关、智能机顶盒、智能手机、智能平板等终端设备的硬件性能不断提升，可安装各类插件和外接存储设备。利用智能终端长期在线、具有闲置计算资源和存储资源的能力， CDN 的应用可进一步下沉至用户的家庭终端节点，采用 P2P 技术形成雾计算能力，可提供更加优质的内容分发服务。

3. 产业发展驱动

面对大视频时代下超高清视频业务的快速增长，网络边缘需要部署大量的 CDN 节点，以提升用户体验。互联网 CDN 服务商、OTT 视频的 CDN 节点只部署在集中的 IDC 内，而边缘节点的部署将面临巨大的带宽资源和机房资源的成本投入。电信运营商则天然具备广泛覆盖在边缘网络资源、海量用户终端网络的计算资源和带宽资源，但是却缺乏 CDN 的开发、运营能力，面对互联网复杂多样的内容分发需求，无法提供灵活多样的软件迭代开发能力。互联网 CDN 服务商则在 CDN 的技术积累、运营经验、服务品质、网络布局上占有很大优势，有成熟的 CDN 系统软件和支撑系统。电信运营商对 CDN 的运营是互联网转型的重要尝试，利用 CDN 的运营可掌控互联网的内容及数据信息，通过大数据的分析形成价值链，参与互联网内容及数据运营。

综上，电信运营商与互联网 CDN 服务商在 CDN 的运营上各有千秋，各有发展诉求。因此，电信运营商通过各种网络资源的整合与统一能力开放，可以与互联网 CDN 服务商、OTT 视频内容商进行合作，通过灵活的商业模式加快整个 CDN 产业的发展，优化用户视频业务的感知，提升用户满意度和粘性，提升内容、感知、成本掌控力，支撑流量运营和增值业务，打造多方共赢的产业圈，助力运营商战略转型。

SDN/NFV 重构下一代网络

17.2.2 挑战分析

1. 挑战 1：紧耦合架构

中国联通已经建设了覆盖全国各地市的 IPTVCDN，但各省 CDN 是独立发展建设的，形成了"烟囱式""孤岛式""紧耦合"的架构，省内多套独立的 CDN 平台共存，与各自的 IPTV 业务平台紧耦合，只能提供 IPTV 业务，不能形成资源共享与互通，无法实现 CDN 资源的能力开放，只能在省内服务，不能实现全国的分发能力。

然而，IPTV CDN 已经具备相当大的规模，并且具备大量的下沉至网络边缘层面的节点资源，如何将这些资源进行改造和再利用，形成满足新业务需求、应用新技术发展的新型 CDN 架构，是当前迫切需要解决的问题。

2. 挑战 2：管道化趋势

随着互联网 OTT 业务的蓬勃发展，电信运营商逐渐失去优势价值，面临被管道化的困境。主要表现为用户感知受制于内容提供商（CP）及 CDN 服务提供商，互联网企业通过 CDN 逐渐渗透电信基础网络业务。电信运营商很难通过 OTT 业务获利，面临被管道化的危机。

因此，电信运营商需要利用自身优势进行转型，运营 CDN 是转型的重要举措。在数据业务时代，CDN 将网络价值最大化，依靠运营商的基础网络、基础设施的资源优势，通过自建互联网 CDN，开展差异化的 CDN 业务服务，以最优的质量、低廉的投资提供业务。通过与互联网 CP/SP 及第三方 CDN 公司的合作，将 CDN 资源进行能力开放；通过对大量流经 CDN 的互联网内容进行数据分析与识别，掌控内容资源、数据资源，构建"双赢"的平台，重新获得运营话语权，避免被管道化的困境。

|17.3　CUBE-CDN 总体架构|

17.3.1　总体架构及部署

CUBE-CDN 的核心思想是构建覆盖云端、网络边缘、雾端的服务能力，可提供固移融合的、面向自营业务的 B2C 业务及面向 CP/SP 的 B2B 业务，通过边缘能力开放、网络虚拟化、智能精准调度、P2P 终端服务等技术，构建图 17-1 所示的中国联通 CUBE-CDN 目标技术架构。该目标技术架构包括集中控制与资源管理的云化平台、下沉固移网络边缘节点服务能力和家庭终端提供对等服务的雾节点三个部分。

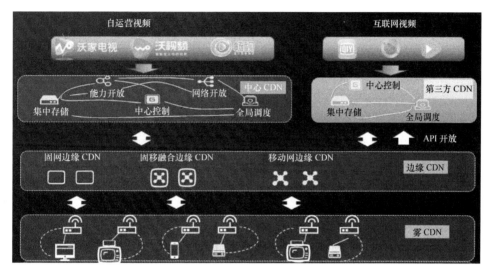

图 17-1　中国联通 CUBE-CDN 目标技术架构

1. 集中控制与资源管理的云化平台

云计算技术在信息通信领域广泛应用，将 IT 基础设施变成如水电一样按需使用和付费的社会公用基础设施，正在成为信息服务的主体模式。CUBE-CDN 将中心控制、管理、存储等部分业务功能部署在云资源上，可实现计算能力、存储能力和承载调度能力的资源平衡与灵活调配，同时实现统一的能力开放。

云化的平台可提升系统的扩展性和可运营性，在迎接未来业务发展时，可提供更加敏捷的技术支持、自动高效的运营支撑、灵活丰富的业务接入模式，灵活适应各类互联网业务应用，快速响应业务与部署，支持未来新出现的各类新业务，并满足自动化、智能化、开放化的运营需求，为多租户提供优质调度路由、QoS 保障等差异化服务。同时，整个系统的稳定可靠性得到提升，当某个节点瘫痪或负荷过重时，云化平台自动将用户调度到其他节点服务，防止热点瓶颈的产生，保障用户服务的连续性，提供稳定的服务质量。采用虚拟化的架构，云化平台将各类计算资源、存储资源形成虚拟资源池，根据具体需求动

态分配资源，可大幅节省建设运维成本。

2. 下沉固移网络边缘节点服务能力

未来 4K、8K、VR、AR 等超高清视频业务的普及发展要求网络具备高带宽、高并发、高突发、高感知、低时延的特性。为了降低骨干网络压力，提升用户访问响应速度，规避网络传输过程中的瓶颈，最有效的方案是将 CDN 下沉至网络边缘，为用户提供快速响应的分发服务。边缘 CDN 重点提供边缘节点的内容存储与缓存、局部负载均衡与调度，为边缘用户提供内容分发服务，形成一张敏捷、智能和有价值的边缘 CDN 资源网络。

对于固定网络，CDN 节点下沉至 BNG（Broadband Network Gateway）业务控制网络设备层，在人口稠密的热点地区可进一步下沉至 OLT 接入网络设备层；对于移动网络，5G 网络 MEC 的部署为 CDN 提供了下沉至移动网络内部的技术解决方案，可根据 MEC 节点的部署及业务规模的需求下沉至 IPRAN（Internet Protocol Radio Access Network）汇聚层，在热点业务区可下沉至基站层。随着 CO（Central Office）重构的发展，构建边缘 DC（Data Central），固移网络挂接在汇聚网络层面的 CDN 节点可融合部署，将移动网与互联网业务深度融合，利用虚拟化技术、SDN/NFV 技术将节点虚拟化，通过云化 CDN 的资源调度提供第三方应用集成，实现网络和应用的无缝结合。边缘 CDN 是电信运营商独有的能力资源，可统一开放给各类 CP/SP、第三方 CDN，按需提供资源服务。

固移融合的边缘 CDN 可有效减少超高清视频业务流量的传输路径，减少丢包、延时现象，有利于提高视频业务质量；同时，由于用户视频业务就近得到服务，极大减轻了汇聚网络和核心网络的扩容压力，继而大幅降低网络建设成本。

3. 家庭终端提供对等服务的雾节点

随着 IT 技术的发展，家庭终端的计算能力、存储能力越来越强，家庭网关、光猫、机顶盒、路由器等设备数量庞大，并且存在大量的空闲资源。整合这些终端资源并将其作为"雾节点"，利用 P2P 技术把雾计算的概念引入 CDN，形成"雾 CDN"。雾计算拓展了云计算（Cloud Computing）的概念，相对于云来说，"雾比云更贴近地面"，即用户获取内容的节点，雾 CDN 的内容存储及服务相关的处理和应用程序都集中在用户终端设备，由终端设备直接为用户提供服务。

雾 CDN 利用终端间的 P2P 传输提供 CDN 服务，将 CDN 的边缘节点延伸至家庭网络内。通过云端的后端调度管理中心部署这些终端的内容资源以及雾节点的连接互通，并根据访问需求调度到最优的雾节点，由雾节点直接为各类用户提供服务。

雾 CDN 的引入为运营商带来诸多好处。首先，由于雾节点离用户更近，时延更小，可以为 4K/VR 等超高清视频提供优质的用户业务感知，提升用户的业务满意度；然后，由于用户获取的资源更多地位于用户终端上，因此用户可以不用从边缘 CDN 节点获取内容，从而可以大幅缓解边缘 CDN 节点的压力，同时节省骨干网络的流量压力，节省网络建设成本；最终利用宽带网络丰富的"闲置"上行带宽资源，将雾 CDN 资源出租给 CP/SP 及第三方 CDN，从而创造新的业务收入。

17.3.2 云化 CDN

1. 云化 CDN 平台

云化 CDN 平台将计算资源、存储资源进行池化，具备智能化、高可靠性等优势。为了进一步提升 CDN 的扩展性和可运营性，将 CDN 的中心控制、管理、存储等部分业务功能部署在云资源上，云化 CDN 支持全网流量定向智能化调度、兼容固移网络业务，支持多平台服务器协同管理服务，可实现计算能力、存储能力和调度能力的资源配置与灵活调配，并实现整个 CDN 的统一能力开放。

云化 CDN 平台充分利用云计算的自动化、快速应用部署和开放接口带来的诸多便利，云化资源池提供了部署的灵活性、自适应、高可靠性、高可扩展性等特性，极大地提高了 CDN 资源利用率、服务效率，加快了全网资源配置速度，增强了管理控制节点的可靠性，节省了运营建设成本。

云化 CDN 由物理层、平台层及应用层构成，云化 CDN 架构如图 17-2 所示。

（1）应用层

应用层提供 B2B 合作业务和 B2C 的自营业务等应用。B2B 业务可面向 CP/SP、互联网企业、第三方 CDN 企业提供 CDN 出租服务；B2C 业务可提供 IPTV、手机视频、OTT 视频、应用加速等服务。依据不同业务的个性化需求，应用层灵活地配置业务服务功能，快速适应业务需求的变更。

（2）平台层

在物理层所提供的虚拟化资源、网络资源的基础上，平台层将云化 CDN

SDN/NFV 重构下一代网络

管理应用到部署的虚拟化资源池中,利用云计算海量处理数据的并行处理能力,使云平台资源具备更高的性能和利用率。

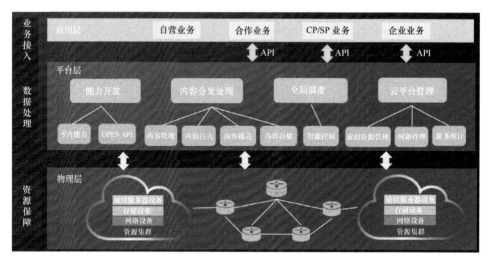

图 17-2　云化 CDN 架构

平台层主要包含内容分发功能、全局调度功能和云平台资源管理等功能,同时提供统一的 API 向 B2B 业务用户进行能力开放。

1)内容分发处理功能

云化 CDN 统一管理视频、大文件、小文件等内容资源注入、存储调度、内容分发等业务逻辑,由内容注入模块、内容分发模块、存储调度模块组成。

① 内容管理:负责内容在 CDN 内各项属性的信息登记与管理,包括内容 ID、媒体元数据信息、生命周期、内容状态、更新策略等功能。

② 内容注入:根据 CP 的内容注入请求,从指定的地址获取相应的内容元数据信息及实体文件,并根据相应的文件做适当的预处理工作,预处理后将内容保存在云化 CDN 内容存储设备中,CP 可根据部署地点就近选择云化 CDN 中心进行内容注入,多个云化 CDN 中心内部自动实现注入内容的实时同步。

③ 内容推送:内容推送依据内容调度策略、边缘节点 CDN 或雾 CDN 的请求分发内容。根据 CDN 中各内容的热度情况、是否新片等,其以推、拉的方式动态地调整内容在边缘 CDN 或雾 CDN 中的分布。

④ 内容存储:内容存储模块为云化 CDN 系统存储各种内容文件,作为 CDN 系统的中心存储模块,受内容管理模块管理。该模块支持智能空间管理,根据磁盘空间、内容访问热度等多种策略更新自身存储内容,以提高缓存命中

率。用户可实时查看云化 CDN 内存储占用情况以及内容列表。

2）全局调度功能

云化 CDN 平台主要负责接受终端用户业务访问请求，作为 CDN 业务的访问入口，负责将用户根据策略调度到不同的 CDN 节点，并为各类终端用户提供业务服务。

① 智能控制模块：智能控制模块负责 CDN 系统的全局调度控制，根据调度策略被调度到合适的节点提供服务。在接收用户的服务请求后，该模块查找内容的存储位置，根据节点的健康状况、负载情况将服务调度到最优的节点，由节点业务服务器向用户提供服务，智能调度的准确性和效率决定了整体 CDN 的效率和性能。智能控制模块支持基于 DNS 解析、HTTP 重定向、IP 地址调度等多种调度方式。随着承载网络向 SDN 方向的发展，智能控制模块可通过与网络 SDN 控制器之间相互协同合作，灵活满足用户的网络需求，是未来构建内容分发网络的智能调度功能的重点。

② 能力开放功能：云化 CDN 平台提供并建立 OPEN API（Application Programming Interface）体系，提供了一个通用的 CDN 服务能力，允许各类企业用户（CP/SP、第三方 CDN 服务商）调用中国联通 CDN 资源。

当终端用户向企业用户发起内容请求时，由企业用户控制该过程，既可以使用其自有的 CDN 节点传输内容，同时也可以通过 API 将用户请求发送给中国联通开放的 CDN 资源，服务于终端用户。云化 CDN 控制 API 接入的权限，使企业用户安全地使用中国联通的 CDN 资源节点。

OPEN API 定义了企业用户自身的调度控制模块和云化 CDN 的调度控制模块交互所需的信息，开放式的多级调度控制模块对接可以跟踪并记录内容访问历史、轨迹，终端用户的位置信息、内容信息等，接口将这些信息开放给云化 CDN 和企业用户，最终由调度控制模块对其进行调度，选择距离终端用户最近、传输链路最短、链路带宽最宽的节点分发内容。

3）云平台管理功能

① 虚拟资源：管理各类虚拟化资源的生命周期，根据用户需求添加、移除或更改虚拟资源的配置，是共享计算资源、网络资源、存储资源的集中管理模块，同时支持多租户管理功能，为不同的租户提供差异化的业务，实现云平台虚拟服务器资源、存储资源、网络资源的统一管控。

② 网络管理：网络管理对云平台进行全方位的指标监控，包括服务器、数据库、网络设备等网元的负载和性能等指标监控，提供云化 CDN 设备的网络拓扑结构，提供分级的网络拓扑图像及其相关信息，维护和管理网络资源，并按照多种业务策略配置监控告警策略。

③ 服务统计：提供统一的服务统计功能，实时收集云化 CDN、边缘 CDN 及雾 CDN 的运行状态、网络状态、用户访问数据等各类日志数据，根据服务对象提供统计分析功能。

（3）物理层

物理层为平台层提供计算、存储和网络资源，由 x86 通用服务器、网络设备、存储设备等组成，通过虚拟化等技术将物理资源池组化，并作为基础设施资源保障所提供的能力被平台层按需使用和访问。

在云化 CDN 的部署上，为了保障整体云化 CDN 系统的高可靠性，云化 CDN 的部署采用分布式多中心方式。选取全国不同区域或地市的机房部署两个或多个资源集群，建设分布式集群；多个中心的功能、地位相同，互相协同工作，为并行的业务访问提供服务。当其中一个云化 CDN 中心发生故障无法服务时，其他的云化 CDN 中心可以快速接管业务，达到异地备份的效果，实现用户对故障无感知的效果。

2. 结合 SDN 的 CDN 智能调度

随着未来 SDN 技术的成熟和应用，CDN 可按需获取 SDN 资源。基于 SDN 的 CDN 智能调度如图 17-3 所示，根据 CDN 业务需求实现精准调度和配置网络资源，通过与 SDN 控制器协同工作实时调用 SDN 连接、拓扑、带宽和 QoS 等网络能力，结合 CDN 感知用户业务质量，基于用户体验为各类终端用户提供差异化的、实时的、动态的内容分发服务。

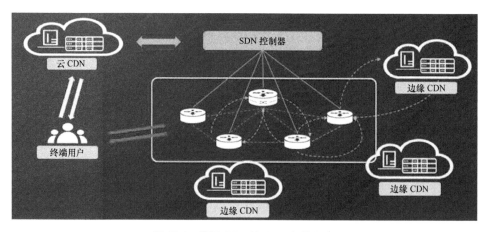

图 17-3　基于 SDN 的 CDN 智能调度

SDN 控制器可以根据实时网络流量，在网络上转发控制用户流量，从实时并发网络流量、历史网络链路资源负荷两个维度上配置策略，通过 SDN 控制器动态计算网络拓扑和流量状态并分配最优路径，最大化利用网络资源，在节点上提供服务。

结合 SDN 控制器，云化 CDN 的调度将从传统的基于负荷调度机制转变为基于终端用户体验和网络资源的智能调度。根据终端用户行为、业务模型，CDN 节点在线并发的时间曲线，云化 CDN 调度按照业务需求向 SDN 控制器申请网络资源，SDN 控制器依据业务需求调度网络资源和优化策略配置，实现智能地分发网络内容和灵活地调度资源。

17.3.3　边缘 CDN

边缘 CDN 是部署在网络边缘节点，为高带宽、低时延类业务提供高质量的内容分发服务，边缘节点提供内容存储与缓存、局部负载均衡与调度等功能。边缘 CDN 架构如图 17-4 所示。

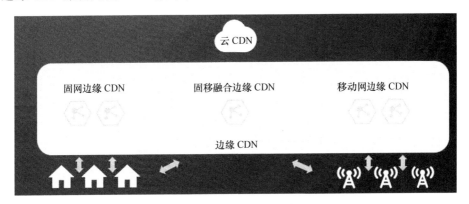

图 17-4　边缘 CDN 架构

固定网络边缘 CDN 节点一般部署在 SR/BNG 网络设备层，在热点地区、人口稠密地区下沉至 OLT 接入网络设备层，使 CDN 节点更贴近用户。移动网络边缘 CDN 节点是随着未来 5G 网络 MEC 部署架构进行移动 CDN 节点的下沉部署。随着 NFV、虚拟化的技术发展，将边缘 CDN 向虚拟化 vCDN 演进。

1. 固定网络边缘 CDN 部署

固定网络边缘 CDN 以基础承载网络模式构建，向下服务多种终端用户，采用分布式的架构建立高效综合的内容分发网络，从而更好地支持超高清视频业务，固定网络边缘 CDN 部署方式如图 17-5 所示。

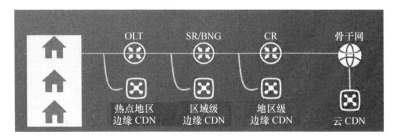

图 17-5　固定网络边缘 CDN 部署

（1）地区级固网边缘 CDN 部署

地区级固网边缘 CDN 部署在某省、地市的核心机房内，旁挂于城域网 CR 设备。

在业务流量相对较小、带宽容量充足的地市，地区级的边缘 CDN 可满足该地区的全部业务需求；在业务量较大的地市，地区级的边缘 CDN 与更下级的边缘 CDN 协同工作，可以作为区域级 CDN、热点地区边缘 CDN 服务能力的补充和服务中继节点。

（2）区域级固网边缘 CDN 部署

边缘 CDN 部署在城域网的 SR/BNG 网络设备层，边缘 CDN 节点旁挂于多个 SR/BNG 部署，区域级 CDN 服务范围覆盖依赖于 SR/BNG 的覆盖范围，适用于大规模、大流量的视频内容分发业务。

固网边缘 CDN 部署在 SR/BNG 是目前采用较多的 CDN 部署方案，从传输链路上来看比较接近用户，传输路径较短，保障了服务质量；减少了核心 CR 至 SR/BNG 和大带宽业务流量对核心网 CR 设备的容量冲击，降低了核心承载网的压力。

（3）热点地区边缘 CDN 部署

在部分热点地区可将 CDN 部署到接入机房，热点地区边缘 CDN 节点可旁挂于 OLT 或接入交换机等设备下。

人口密集、超高清视频业务需求量大的社区、企业园区、校园等热点地区可选择性部署热点边缘 CDN。热点边缘 CDN 为用户提供服务时，业务流量只需要通过家庭网络与接入网络设备之间的链路传输信息，传输路径最短，时延最低，视频服务质量可以得到良好的保障，极大地缓解了核心网络带宽压力。

2. 移动网络边缘 CDN 部署方案

移动网络边缘 CDN 可依托于 MEC 部署，MEC 运行在物理平台或虚拟化平台上，承载和部署本地应用，在 MEC 的 IaaS 层部署移动边缘 CDN 节点，基于中国联通 LTE 网络 MEC 的三种典型部署方式对应移动边缘 CDN 有相应的三种方案，基于 MEC 的移动边缘 CDN 如图 17-6 所示。

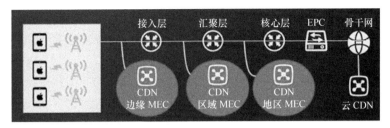

图 17-6　基于 MEC 的移动边缘 CDN

边缘级移动 CDN：联同 MEC 部署于基站与回传网络之间。该部署情况下，CDN 节点服务少数基站下的终端用户，终端用户和 CDN 服务节点之间传输影响较小，传输链路时延最短，更贴近终端用户侧提供最短路径的服务。

区域级移动 CDN：联同 MEC 部署于汇聚层和接入层之间。在区域级的场景下，区域级移动 CDN 可以服务于某些固定范围内的移动 CDN 业务，如大型商业 Mall、大型场馆、园区等面积较大区域，针对范围内进行定制化的 CDN 加速服务，覆盖范围面积较大，时延也比较低。

地区级移动 CDN：部署在汇聚核心层，可以覆盖相对较大的区域范围，这种部署方式适用于某些区域性业务，相较于边缘、区域级别的部署延迟相对较大。

3. 固移融合边缘 CDN 部署方案

未来新一代的网络是以数据中心 DC 为中心的网络，中国联通的部分网络局点 CO 被改造后形成边缘 DC，将部署通用服务器、存储资源、DC 交换机、控制器、协同器、虚拟网络功能、各类应用软件、接入设备、城域网设备等，实现固网资源、无线资源的集中控制和管理，固移融合边缘 CDN 节点可部署在边缘 DC，同时挂接固网和移网的汇聚网络层面设备，实现边缘 CDN 的固移融合部署，边缘 DC 固移融合边缘 CDN 部署如图 17-7 所示。

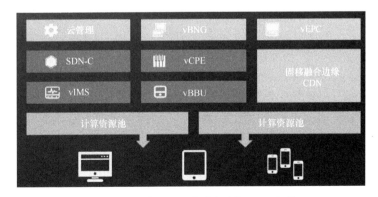

图 17-7　边缘 DC 固移融合边缘 CDN 部署

将固移融合边缘 CDN 节点下沉部署在边缘 DC 内部，边缘 CDN 既可服务固网 CDN 业务，同时也可以服务移网 CDN 业务，提高了边缘 CDN 的资源利用率，又极大地降低了边缘 CDN 的投资建设成本。

在未来面向 CO 重构、5G 无线技术的发展、边缘 CDN 固移融合业务场景，边缘 CDN 节点的下沉更能发挥网络运营商的网络控制优势，体现运营商的竞争优势，提供更开放、丰富的固移融合 CDN 服务。

4. 边缘虚拟 vCDN

传统的 CDN 系统依赖专用的 CDN 硬件设备，虚拟 vCDN 部署在虚拟化平台所提供的计算资源、存储资源和网络资源，允许 vCDN 能够在数分钟之内完成 CDN 资源的调整和部署，而且不会占用更长的项目实施周期，能够大幅降低 CDN 部署的时间成本以及建设成本，虚拟 vCDN 部署如图 17-8 所示。

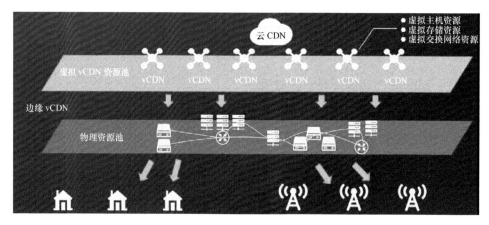

图 17-8　虚拟 vCDN 部署

边缘 CDN 部署在边缘 DC 和 MEC 所提供的虚拟资源池之中，结合云化 CDN 和 vCDN 技术将所有边缘节点进行虚拟化管理，将 CDN 的服务能力进行弹性的扩展，为不同业务提供不同的虚拟节点进行服务，动态按需规划 vCDN 资源，使得 vCDN 的使用率最大化，依托云计算实现 vCDN 能力的编排与调度，形成虚拟 CDN 资源池，具体包括虚拟主机资源、虚拟存储资源和虚拟交换网络资源。

虚拟 vCDN 可以达到资源的一点管控、一次集成，达到全国多地域、本地及远程部署效果，根据企业用户的业务需求，提供差异化、快速精准的服务响应。

17.3.4　雾 CDN

家庭网络中可部署多种终端设备，包括家庭网关、机顶盒、路由器等。这些设备分布广泛且数量庞大，把雾计算的概念引入未来 CDN 的架构中，家庭网络中的终端设备将作为雾计算的节点，引入 P2P 技术构建雾 CDN 节点。通过云化 CDN 智能调度模块连接雾 CDN，最终 CDN 系统的服务节点可以下沉延伸至家庭网络内部，使雾 CDN 节点离终端用户更近，时延更小，提升 4K 等超高清大带宽的业务体验和用户感知。

雾 CDN 的部署可以极大缓解传统 CDN 服务节点的承载压力，提升 CDN 在节点分布少和流量高峰时期的整体服务能力。同时由于距离用户更近，在终端上可直接掌握视频播放体验，实时调整优化 CDN 调度的算法，保障服务质量。

1. 雾 CDN 架构

雾 CDN 部署在家庭网络内部，由云化 CDN 管理调度，雾 CDN 系统架构如图 17-9 所示。

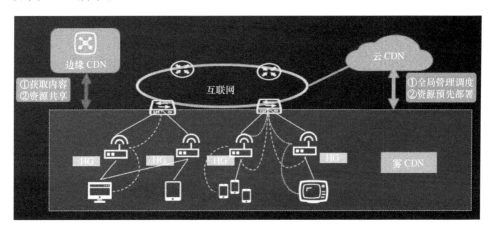

图 17-9　雾 CDN 系统架构

雾 CDN 作为资源分享的 Peer 点，由安装了 P2P 软件的终端设备组成。具有 P2P 服务和使用功能，可以从其他 Peer 点获取资源，同时也可以为别的 Peer 点提供资源。

通过云化 CDN 智能调度模块调度控制雾 CDN 节点，由云化 CDN 内容分发处理功能预部署雾 CDN 资源，由服务统计模块对雾 CDN 进行数据统计。内

容分发处理功能的内容推动模块可以根据业务需求将热点资源提前部署到雾 CDN 节点内，当有业务触发时，雾 CDN 节点的 P2P 使用模块到云化 CDN 智能控制模块请求获取资源，调度控制根据预先部署的资源列表返回多个 Peer 点提供服务，雾节点 CDN 内部 P2P 使用模块和其他 Peer 点之间进行资源共享和获取。雾 CDN 系统组成如图 17-10 所示。

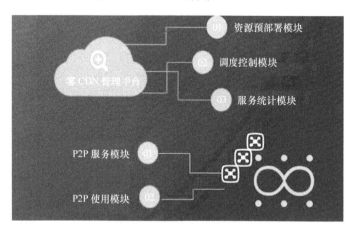

图 17-10　雾 CDN 系统组成

2. 基于机顶盒的雾 CDN 节点

　　传统的 IPTV 网络中，边缘 CDN 一般部署在城域网出口 CR 处，机顶盒资源需要从边缘 CDN 处获取，通过接入网到达家庭终端，最终到达机顶盒，用户的网络时延=CDN+家庭网络+终端时延。随着 4K、8K 等超高清视频的发展，这类业务对时延要求苛刻，为了满足这类业务的用户感知，可以把 CDN 的边缘节点延伸至机顶盒，机顶盒上安装 P2P 的软件，使每一个机顶盒形成一个 Peer 点，可以从别的 Peer 点或者从现网边缘 CDN 获取资源，同时也可以为别的 Peer 点提供资源。更多的资源从机顶盒获取，大大缓解了边缘 CDN 的分发压力；同时大大降低网络时延，从而可以保障超高清视频业务的用户感知，满足 IPTV 新业务的发展需求。机顶盒作为雾节点场景如图 17-11 所示。

3. 基于智能网关的雾 CDN 节点

　　传统的家庭网关功能仅局限于家庭终端的接入。随着网关技术的发展，网关日益智能化，家庭网关也可以部署应用，通过智能网关管理平台管理家庭网络中的网关设备，未来家庭用户通过手机终端 App 就可以对网关应用进行管理。智能网关作为雾节点场景如图 17-12 所示。

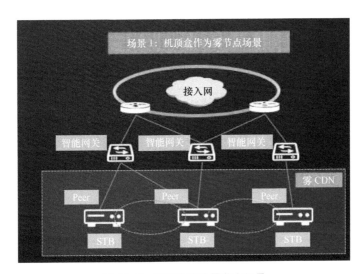

图 17-11　机顶盒作为雾节点场景

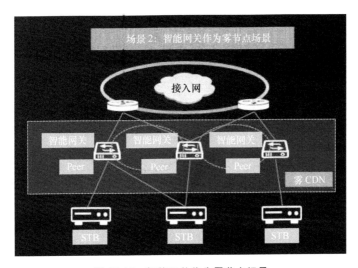

图 17-12　智能网关作为雾节点场景

通过在智能网关上安装 P2P 软件，每一个智能网关可以作为 P2P 服务模块，形成一个个雾节点。通过与内容提供商合作，智能网关的能力被开放，分布广泛且数量庞大的雾节点为内容提供商提供服务，由此节省 IDC 机房的投入，增加用户数量，同时也为运营商增加了收入，构建双赢业务模式。

|17.4 CUBE-CDN 演进规划|

中国联通 CUBE-CDN 将依托已经广泛覆盖于全国 31 个省（自治区、直辖市）的 IPTVCDN 进行演进发展。现网各省 CDN 存在诸多问题，中国联通 CUBE-CDN 与 IPTV 业务平台采用紧耦合的架构进行建设，省内多厂商 TV 业务平台不支持与异厂商 CDN 对接，资源利用率及复用度较低，CDN 以软硬件一体专用化设备建设为主，建设成本高，不易扩展。

中国联通 CDN 的演进过程中要充分利用已有 CDN 的节点资源、网络资源，最大限度地保护已有的投资，并在此基础上进行功能扩充、网络跨接、接口改造、架构重组，将此部分演变成目标架构的边缘 CDN 和云化 CDN，并同时发展雾 CDN 部分，最终逐步形成覆盖云端、雾端的边缘能力开放 CDN 目标架构。中国联通 CUBE-CDN 架构的 4 个阶段演进规划如图 17-13 所示。

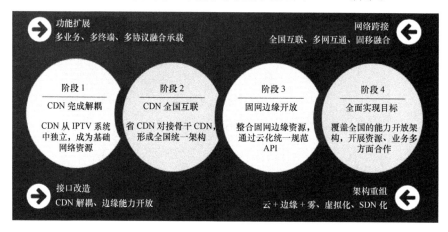

图 17-13　CUBE-CDN 的 4 个阶段演进规划

（1）第一阶段，实现 CDN 的解耦，将 CDN 资源从 IPTV 系统中独立出来，为未来 CDN 发展提供基础资源。

① 实现 TV 业务平台与 CDN 解耦，针对现网紧耦合的建设模式，打破厂商之间互通的技术壁垒，将 CDN 与 TV 业务平台的内容管理平台、业务管理平台、EPG 间接口标准化，实现异厂商系统对接。

② 实现 CDN 基于通用服务器部署的标准化配置，将 CDN 软件和硬件解耦，通过在通用服务器上部署专用软件，一方面降低在专用设备上大规模的投

入，另一方面实现灵活的系统开发和资源复用能力，针对不同吞吐能力的通用服务器形成统一的配置要求。

③ 实现融合承载多业务的 CDN 服务体系，针对 IPTV、移动视频、OTTTV、4K 等业务需求，增加对外出租业务模式、多终端服务能力、多种媒体协议的支持，满足融合业务统一的承载目标。

④ 实现多网互通能力的 CDN，将 CDN 系统同时跨接互联网公网、IPTV 专网及移动互联网，支持区分不同网络接入的用户请求进行服务。

（2）第二阶段，实现 CDN 的全国互联互通，将各省孤立的 CDN 与骨干 CDN 进行对接，形成"一点注入、全网分发"的全国统一 CDN 架构。

① 实现省内 CDN 异厂商之间的资源互通，通过省内统一 GSLB 作为省内 CDN 业务调度的总入口，作为 IPTV 业务指向 CDN 的唯一入口，掌控不同厂商 CDN 的资源能力，实现灵活调度。

② 构建全国骨干 CDN，即全国级 CDN，在全国范围内进行内容分发，实现统一调度、统一存储、统一管理功能，打造云化 CDN 的基础服务能力。

③ 实现全国骨干 CDN 与省内 CDN 的对接，定义标准对接接口，包括内容注入接口、内容回源接口、全国调度接口等，将在省内孤立的多套 CDN 整合一套全国 CDN 服务能力，实现全国 CDN 资源共享。

④ 实现雾化 CDN 的部分区域部署，选择宽带用户规模较大的省份，在家庭网关或机顶盒上部署 P2PCDN 插件，并与现网 CDN 实现连通，初步实现雾化 CDN 的部署。

（3）第三阶段，实现固网边缘 CDN 的能力开放，整合固网边缘 CDN 的资源，通过云化 CDN 部分的统一规范化的 API 完成对外服务。

① 实现固网边缘 CDN 的资源整合，统一管理和控制全国各省边缘 CDN 部分由标准化的调度系统、网管系统。

② 构建能力开放 API，将固网边缘 CDN 实现能力开放，在云化 CDN 中构建能力开放平台，通过 API 实现内容注入、鉴权计费、分发回源、流量控制等功能。

③ 规模化部署雾端 CDN，在全国范围内全面部署 P2P CDN，形成规模化的雾 CDN，并和边缘 CDN 进行联动，可由统一调度系统进行资源控制，同时可由 API 进行能力开放。

（4）第四阶段，全面实现覆盖全国的云+边缘+雾 CDN 的固移融合能力开放 CDN 架构。通过"开放、合作"，与 CP/SP、第三方 CDN 服务商等开展包括业务、资源等多方面合作。

① 实现 5G 移动网络下基于 MEC 的移网边缘 CDN 的部署，将 CDN 下沉至移动网络内部，满足移动网内对时延和带宽更敏感的业务,实现就近分发服务。

② 构建固移融合的边缘 CDN，随着 CO 的重构，在边缘 DC 内将固网的边缘 CDN 及基于 MEC 的移网边缘 CDN 进行同址部署，并将调度系统和内容存储资源实现共享，同时可由云化的统一调度系统进行动态地资源调度分配。

③ 实现虚拟 CDN 部署，通过在边缘节点上应用虚拟化技术，实现存储资源虚拟化、媒体服务资源虚拟化、局域网络资源虚拟化，由此构建边缘虚拟 CDN 资源池。

④ 实现基于 SDN 的精准 CDN 调度控制。通过与基于 SDN 的传输承载网络控制器的协同，实现基于用户体验和资源调度的负载均衡和智能调度，保障和提高用户体验。

| 17.5　总结和展望 |

CDN 作为一项互联网技术，已经发展了十多年，已经从相对边缘的增值应用服务发展成为今天全球互联网领域中主流的应用服务。随着 SDN/NFV、物联网、云计算、移动互联网、智能终端等新技术的广泛应用，4K/8K、VR/AR 等超高带宽码率的视频业务越来越普及，宽带中国、互联网+、信息消费扶植等政策的制定和实施，用户对互联网流量的需求将空前增大，对业务体验质量的要求也越来越高，CDN 已经成为互联网业务发展的必要部分，并将成为网络基础设施的重要部分。

在技术和业务的驱动下，日益增长的业务需求要求 CDN 具备新的功能和架构，节点距离用户更近、资源共享能力更高、全网调度更加精准、覆盖网络范围更广、服务用户类型更多、部署应用速度更快、建设运维成本更低等。中国联通 CUBE-CDN 就是顺应这些服务要求和技术新趋势而提出的新一代 CDN 架构。CUBE-CDN 构建覆盖云端、雾端及边缘计算的固移融合的新型 CDN 架构，通过能力开放与虚拟化架构，为互联网的内容分发提供弹性高效、灵活敏捷的基础设施。

"开放、合作"是中国联通长期秉承的理念。CUBE-CDN 的核心思想在于能力开放，为互联网内容分发产业构建新生态。同时，我们也真诚地欢迎更多的 CDN 产业伙伴共同参与联通 CDN 的发展建设中，共同进行新技术研究、新产品开发、新业务创新。

| 本章参考文献 |

[1]　中国联通 CUBE-CDN 技术白皮书，2018 年 6 月第一版.

第 18 章

中国联通 CUBE-RAN 技术解析

本章提出了 CUBE-RAN（Cloud-oriented Ubiquitous Brilliant Edge-RAN，云化泛在极智边缘无线接入网络）的概念。CUBE-RAN 是 CUBE-Net 思想在移动通信领域的深度诠释，旨在通过云化架构演进、多接入融合、资源智能管理和边缘能力开放，打造弹性、敏捷、开放、高效、智能的移动无线接入网。

|18.1 概述|

近十年,移动互联网的飞速发展深刻地改变了人类的生活方式。物联网、大数据和云计算等新兴技术正带动各行各业实现信息化和数字化转型。人口红利消失,逐步管道化困境的运营商及时发现了这场变革中新兴业务的潜在价值,开始加速挖掘行业用户需求,积极寻求商业合作共赢,努力开辟新的市场空间。

区别于个人用户,行业用户需求千差万别且灵活多变,需为其提供定制化服务,实现业务快速响应和交付。为满足用户体验,运营商迫切需要改变封闭僵化的运营思维,摆脱重资产枷锁,向更加高效敏捷的方向发展,以开放的姿态拥抱多变的外部需求,探索一条可持续发展的互联网化转型之路。将SDN/NFV、大数据、人工智能等 IT 领域技术应用到 CT 领域,能够助力运营商重构基础网络资源,开放移动网络能力,引入互联网运营模式,实现云管端协同发展,构建良性循环的合作生态。

中国联通于 2015 年发布了新一代网络技术体系和架构白皮书 CUBE-Net 2.0,指明了中国联通网络发展方向。本章提出了 CUBE-RAN (Cloud-oriented Ubiquitous Brilliant Edge-RAN,云化泛在极智边缘无线接入网络) 的概念。CUBE-RAN 是 CUBE-Net 思想在移动通信领域的深度诠释,旨在通过云化架构演进、多接入融合、资源智能管理和边缘能力开放，打造弹性、敏捷、开放、高效、智能的移动无线接入网。

|18.2　移动业务和技术发展趋势|

18.2.1　移动业务发展

　　纵观人类科技史，需求永远是技术发展的源动力。仅 30 年的时间，移动通信从 2G 快速飞跃到 4G，不仅满足了人们跨越时空的愿望，随时随地沟通的基本通信需求，还和移动互联网相互促进，共同成就了先进的移动通信产业，如实时通信、短视频、手机游戏和新闻社交等，丰富了交流沟通、信息共享和消遣娱乐的形式，也在逐步改变着人们的工作、生活喜好甚至价值观。此外，互联网向传统行业渗透，将催生除移动智能手机外的各种物联网终端类型。未来的移动网络需要提供海量的物联网终端全连接，推动人类社会向万物感知、万物互联、万物智联的时代迈进。需求和技术的螺旋上升推动着移动网络不断向前演进。

　　移动互联网应用的大量涌现为运营商带来了流量的爆发式增长，用户对业务体验的追求不断攀升，促使现有网络向更大带宽演进。近几年，视频业务在运营商网络流量中的占比越来越高，用户对视频的体验需求逐渐从传统的 720P 转向 2K、4K 甚至更高分辨率。大量基于 AR/VR 技术的游戏、赛事直播、在线教育等业务也逐渐进入用户的生活。移动网络将不断演进以支持更高的速率、更低的时延，支持解析度更高、体验更鲜活的多媒体内容，加速以 AR/VR 为代表的大带宽业务发展。此外，人们对智慧生活的追求也促进了智能穿戴设备、智能家居设备等终端的成熟。将这些设备通过移动网络连接至远端手机和电脑等进行控制和数据采集分析，可以使人们的生活更加便利。依托未来移动网络，用户将体验到全新的、智慧化的生活服务。

　　经济社会的发展带动各行各业的数字化转型，而移动网络赋能垂直行业将加速数字化转型的节奏，工业制造、交通和医疗等行业在数字化转型过程中成为运营商探索的新蓝海。就工业制造而言，实现数字化意味着端到端生产流程智控、随时随地人机交互，需要移动网络提供高可靠、超低时延、海量连接的能力。交通行业中车联网成为信息化与工业化深度融合的领域，车辆将通过移动联网实现智能驾驶，提高交通效率，缓解交通堵塞，大幅减少人为因素引发的交通事故。未来借助移动网络对行驶车辆进行实时数据采集、处理及交互控制，实现人、车、环境和谐统一，使道路交通生活更加智能。移动业务发展趋势如图 18-1 所示。

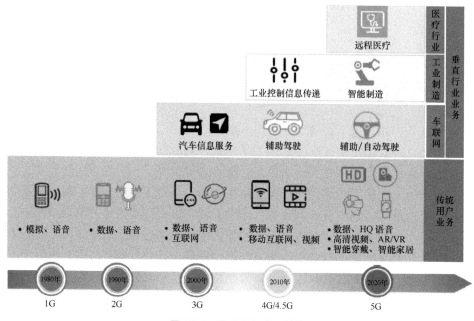

图 18-1　移动业务发展趋势

　　未来运营商的用户群体将从传统的个人用户拓展至垂直行业用户，两者对时延、带宽以及可靠性等需求的差异使得未来移动网络业务呈现多样性、快速迭代、定制化、专业化的趋势，应用场景广泛，将给运营商的网络部署和运营带来极大挑战。

18.2.2　移动技术发展

　　移动通信从模拟通信发展到 4G/5G 数字通信，一方面通过引入 CDMA、OFDMA 和 MIMO 等革新技术，带来了空口速率和频谱效率的持续提升；另一方面，信令流程和网络架构也在不断优化和简化，改善用户体验，降低网络复杂度，减轻网络部署和运维负担。

　　随着 5G 来临，业界提出了 NB-IoT、多连接、网络切片和服务化架构设计等技术方案，一方面这些技术的应用可使能网络支持除传统大带宽业务外的大连接、高可靠、低时延要求的业务，另一方面这些技术能力的充分发挥也需要灵活性更高，可扩展性更强的网络基础设施。采用软、硬件解耦的通用硬件设备可以更好地满足网络对灵活性和可扩展性需求，并已经在 CPE、EPC、IMS 和 BRAS 等领域率先得到使用。随着通用处理器性能的提升，也使得在无线接入网领域将通用硬件设备替代成专用设备成为可能。

通用芯片的生产工艺遵从摩尔定律，由 22nm 到 14nm，再到 10nm 的生产工艺，带来了通用服务器处理能力的飞跃发展。芯片工艺的发展、芯片架构和指令集的增强、25G/40G 高速网卡的普及与即将发布的 PCIe 第四代产品共同保障了通用服务器的 I/O 能力，能够基本满足无线接入网的能力需求。其他通用芯片，以 FPGA 为例，当前也已经实现了 20nm 的生产工艺，随着高性能串行接口技术及硬核浮点数字信号处理能力的提升、SDK 和 API 的完善以及功耗的不断降低，FPGA 已经被越来越多的第三方厂商所熟悉，也为无线接入网的硬件加速及射频信号处理提供了解决方案。

通用硬件设备已经可以基本满足无线接入网的硬件处理要求，而用于管理硬件资源的虚拟化技术同样处于不断深入发展的过程中。从虚拟机到容器技术，虚拟化平台的性能不断被挖掘。FPGA、智能网卡等越来越多的周边设备也开始支持抽象化、虚拟化，为设备的通用化提供了有力支撑。面向通信领域的 SDN/NFV 技术日趋成熟，为运营商探索无线接入网的虚拟化提供了更多可参考的解决方案以及广阔的生态环境。

|18.3　无线接入网发展新需求|

18.3.1　架构变革需求

移动通信每一代都在追求通过技术创新为用户带来更加丰富的业务体验。但以往的移动网络，每支持一种新的业务都伴随着一种新制式的端到端的网络建设，每增加一个网元功能就要增加一套专用设备，给运营商带来极大的建设和运维负担，具体原因如下。

① 各种无线网络制式之间彼此隔离，无法形成有效的整体架构，空口资源和基础网络资源严重浪费。

② 传统移动网络中，网元功能和硬件设备高度耦合，扩展性差。

③ 存在大量私有协议接口，网元部署灵活性差；业务开通和维护完全由运营商完成，从需求设计到部署响应周期长。

④ 专用设备的大量应用使得后期网络升级和运营成本加大。面向未来，移动网络将渗透人类社会各个领域，灵活满足各类业务的快速部署。打破现有封闭式网络架构，屏蔽上层业务和网络功能对基础网络的依赖性，构建能力开放平台提升网络对业务需求的适应性，这也是移动网络发展变革的重要方向。

未来无线接入网将是 3G/4G/5G 多制式共存、宏微立体多层异构组网。一方面为满足未来多样化业务需求，需加强站间、制式间协同能力，将业务需求分解映射到不同能力的空口资源调度方案，按需调整空口网络拓扑；另一方面需降低无线功能和硬件设备耦合性，提升硬件设备的共享能力，达到仅靠功能升级，无需新建网络就能满足不同业务需求的目的。这意味着，无线接入网架构需要重构。通过部署无线资源集中控制节点，对各类空口资源进行统一、融合管理是架构重构的重要组成部分。5G 网络提出 CU/DU 分离架构，为集中管理的应用带来契机。将无线资源集中控制功能集成在 CU 中，并使归属不同制式和不同类型的基站都接入 CU，有利于干扰协调、多连接等技术使用，避免站间、制式间东西向流量压力。另一方面将 SDN/NFV 技术引入无线侧，CU 功能基于通用硬件设备部署，通过资源统一编排和管理实现 CU 功能按切片业务需求灵活部署在网络中的不同位置，推动无线接入网云化发展。

云化架构是无线接入网发展的全新架构，基于此架构，运营商可对一个区域内的所有无线资源进行集中调度和协调，提高频谱利用率和网络容量，同时可实现网络迅速部署和升级，并能根据无线业务负载的变化自适应调整基础网络资源使用情况，节省网络运营成本。云化架构还有利于大数据分析、人工智能等技术的引入，实现空口资源和基础网络资源的管理智能化和自动化发展。此外，为降低高带宽业务对回传网络的压力，满足低时延业务需求，核心网用户面将下沉，MEC 等技术会大规模应用，因此实现无线功能、核心网功能和业务的深度融合，也对无线接入网架构产生了重要的影响。

从应用部署层面看，随着 SDN/NFV 技术在通信领域的快速渗透和商用化部署，国内外各大运营商都开始构建以 DC 为中心的多层级云化网络架构，并根据不同层级位置和功能规划网元，如图 18-2 所示。CU 作为无线资源集中控制节点，其部署位置和控制区域与面向业务类型、区域组网结构、协同可获得的增益等密切相关。从时延和带宽角度来看，将 CU 置于边缘 DC 会是非常重要的应用场景。除此之外，边缘 DC 还将结合第三方业务承载 UPF 和 MEC 等功能，边缘 DC 将成为运营商最宝贵的资源。

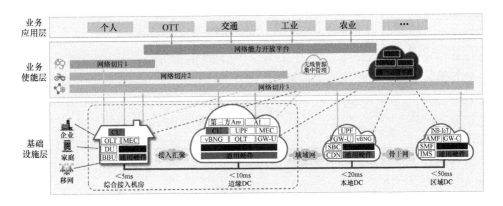

图 18-2　整体网络架构

18.3.2　网络开放和 IT 化需求

1. 接口标准化

网元接口的标准化和开放化一直以来都是运营商追求的目标。通过实现异厂商网元互通，运营商可以避免被单一厂商绑定，构建充分的竞争环境，降低设备采购成本。对于移动网络，目前核心网网元间耦合性相对较低。而无线接入网设备接口开放程度不高，例如 X2 接口虽然在 3GPP 中已有明确定义，但实际网络中异厂商设备互通仍存在较大问题，尤其是在需要站间协同消除干扰或联合调度为用户传输数据情况下，异厂商设备协作的概率几乎为零。究其原因，一方面是由于无线侧协议参数配置复杂，厂商算法差异较大，难以形成统一的理解；另一方面则是由于深度开放可能会触及主流厂商利益，接口标准化过程受到较大阻力，无法形成详细全面的规范。

未来运营商需根据业务需求实现无线接入设备的快速部署和升级。另外，网络切片技术、SDN/NFV 技术、多接入技术以及 MEC 等技术的应用，也需要无线接入网增强混合组网和资源控制的能力，这意味着无线接入网开放的诉求更加强烈。构建更加开放的无线接入网，接口标准化和开放是基础。

① 从运维角度看，通过标准化的接口将数据汇聚到管理运维平台上，更易于运营商取得小区级/用户级数据对网络进行优化及分析,增强运营商对数据的把控能力。

② 采用 CU/DU 分离组网架构，实现多接入统一集中管理，集中控制节点 CU 不仅需要连接不同类型 DU，包括宏站 DU 和微基站 DU 等，还需要连接现

网其他制式网元。只有开放接口，才能打破区域内不同制式、不同类型网元同厂商绑定，灵活地按需部署网络设备，保障网络架构弹性伸缩。

③ 4G 网络在组网集成时，BBU 和 RRU 之间的接口没有标准化，仅有 CPRI 协议可参考，造成同厂商设备强绑定，运营商没有其他选择空间。5G 大规模天线被广泛应用，RRU 和天线组合成 AAU 以降低复杂度，部分 DU 物理层功能也可能下沉到 RRU 中以降低前传带宽，单个 AAU 采购成本剧增。同时，由于 5G 网络频率较高，组网更加密集，采购数量也更加庞大。因此，运营商面临量价齐升的局面。运营商希望再次尝试推动底层开放，解绑 DU 和 AAU 供应厂商，实现设备厂商多样化，节约设备采购成本。

2. 设备通用化

传统的无线网络设备依托专用芯片或定制化芯片，代码不通用、开发周期长、升级维护困难，且生态不开放。随着通用处理器性能逐步提升至可以满足部分无线网络功能的处理需求，基于通用处理器的通用化电信设备逐步被认可，业界展开了对无线接入网设备的通用化探索。

无线网络设备的通用化在技术演进、网络部署升级和降低成本等方面都具有一定的优势。

① 技术演进：得益于 IT 行业特性，通用处理器的芯片及软件的演进、更新速度较快，基于通用化设备的无线网络系统性能可以得到快速提升。

② 网络部署升级：网元功能以软件形式部署于通用设备虚拟化平台中，可仅通过软件升级的方式就完成新特性的部署。通用化也更利于推动底层硬件管理自动化，网络运维自动化。

③ 降低成本：通用设备的潜在采购市场开放且庞大，通用处理器的软件开发市场更为成熟，依托于通用处理器的软件开发及维护成本也相对较低。另外，打破软硬件一体化的销售模式，实现设备通用化也有利于引入 IT 设备厂商进入无线接入设备领域，实现充分竞争。

此外，随着无线接入网设备通用化的研究与应用，无线网络的部署及运维将实现 IT 化，全业务的统一部署与快速更新能力的实现将有利于进一步推动对无线网络业务与固定网络业务在网络边缘融合的探索，助力固移融合的实现。

3. 能力开放化

深度挖掘无线网络的深层能力并合理开放，释放无线网络的潜在能力与管道价值，将成为运营商应对移动互联网冲击的有力手段。全球运营商都已认识到网络能力开放的价值，并积极构建网络能力开放全生态，网络能力开放如图 18-3 所示。从无线接入网角度看，开放能力可概括为以下三个方面。

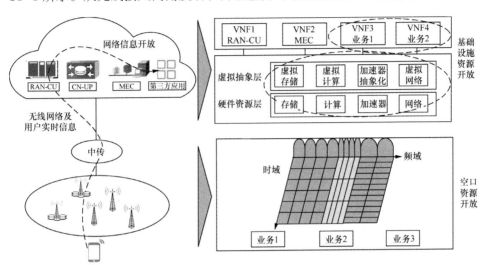

图 18-3　网络能力开放

① 空口资源开放。空口资源是运营商最宝贵的资源。面向未来复杂的用户群体和业务需求，时、频、空不同维度资源可被划分，与网络切片相结合，允许用户进行需求设计和空口资源定制。

② 基础资源开放。将高带宽、低时延业务部署在无线接入侧可优化业务体验。第三方应用可和 CU 同位置部署，且随着 CU 的通用化和云化，也使得两者进一步共享底层基础资源成为可能。将计算、网络、存储硬件资源或者虚拟化后的资源通过共享或单独定制的方式开放给第三方租用，支持第三方应用在网络边缘与无线协议软件功能共平台部署，可在满足用户业务诉求的同时帮助运营商充分利用资源池化优势，节约业务部署成本，探索新的商业模式。

③ 网络信息开放。面向第三方用户，一方面网络可以提供用户信息和签约信息，实现用户行为模式、业务行为特征分析，达到第三方自主管理、控制用户的目的；另一方面可以提供信道测量数据、QoE 信息等，用于优化业务体验。另外，网络信息的开放还可以使能开发者在无线侧的应用创新。

4. 管理智能化

未来网络服务部署、集成、配置、资源编排、维护将更加复杂，因此需要智能化的网络管理以提高网络的稳定性、可扩展性，降低管理的复杂性，使得网络可根据业务需求变化做出快速响应。

（1）智能化无线资源管理

未来的网络中多制式、多基站类型将通过集中管理节点（CU）实现无线接入架构融合，无线资源统筹划分。此外，引入网络切片技术后，运营商还需考虑不同切片间、同一切片内的资源分配，CU 与其他网元间接口资源的划分。这些都将加剧无线资源管理方案设计的难度。为提升无线资源管理的效率，运营商可在 CU 引入大数据、机器学习等技术智能地建立网络整体业务数据模型，进行更加灵活合理的资源分配调度，甚至可以通过场景预判，实现资源的预先分配调度以应对后续快速变化的业务需求。同时通过对关键性能指标的分析，优化调整无线信道参数，以保证最优资源分配。

（2）智能化网络部署及编排

基于 SDN/NFV 的网络架构具有网络层级复杂、网元众多、平台兼容性要求高等特点，需简化网元部署配置复杂度。一方面需根据网络业务自动部署相应的 VNF 和 PNF；另一方面需实现各个网元间自动集成和连接，还需根据网络业务自动订阅和配置网络传输和安全参数，达到自动化网络部署和智能化业务部署的目标。同时，系统需要在运行过程中依据业务部署情况和资源使用情况，动态的编排 VNF 和 PNF。

（3）自动化网络错误检测及修复

将集中控制节点 CU 部署在边缘 DC，管控较大区域范围内的大量小区，任意一个 CU 的故障或者宕机都会对业务产生很大的影响。因此，系统需加强自动化检测网络故障、自动分析故障并实现自我修复的能力。

（4）自动化软件升级

基于开源的云生态架构，引入更多的第三方端到端应用，使得软件模块及服务数量增加，更新速度要求更快，传统的软件升级模式已无法满足需求，需要深入研究软件自动化升级流程，优化升级流程，缩短升级时间。

18.3.3 开源和白盒化

随着运营商网络转型步伐加速，运营商开始深刻认识到黑盒设备的局限性，不仅仅将眼光局限在无线接入设备通用化、云化，甚至开始将软、硬件的彻底开源和白盒化作为长期的目标。无线接入设备采购成本在网络建设成本中占比较高。降低无线接入设备开发门槛，通过引入更多厂商形成规模效应，进行灵活的软件功能和硬件配置匹配，从而降低设备成本，是运营商推动开源和白盒化的源动力。另外，开源和白盒化还可以加强运营商对网络数据的控制，从而更好地开放网络能力、实现网络运维与大数据分析、机器学习等技术相结合。

推动开源和白盒化过程中最重要的前提是构建相应的生态系统，运营商在该生态系统中需要发挥主导作用，深入研究无线接入设备各硬件与软件的组成部分，根据设备的运行环境、业务需求等分解软硬件关键功能及指标，进行各部分模块化设计，定义模块间接口标准，理清方案细节设计，制定设计规范，最终推动设计方案共享。在这个过程中，运营商也应该重视积极参与开源软件和社区工作。

开源和白盒化是运营商的长期目标，但实现开源和白盒化最根本的原则是不能损失无线接入网性能。目前无线接入设备的开源和白盒化整体仍处于研究的初级阶段，还存在许多需要逐步尝试和探讨的内容。评估设备各部分开源和白盒化的迫切性及难易程度，有规划地合力推动其发展至关重要。

| 18.4　无线接入网问题和挑战 |

18.4.1　接口开放关键问题分析

1. 协议划分再探讨

无线接入设备解耦及网元间接口拆分涉及很多复杂因素，3GPP 根据协议模块的构成，结合不同模块实现功能的复杂性及功能间耦合性，提出了 8 种不同的切分方案，CU/DU 切分方案如图 18-4 所示，切分点上层协议功能位于 CU 设备单元，通过集中化部署实现网络灵活、弹性伸缩，下层功能位于 DU 设备单元。不同切分方案可从时延、传输带宽、接口/网元实现复杂度，设备通用化、网络运维等多个维度进行对比分析。

从时延和传输带宽层面分析，选项 1 切分方案对时延要求最低，在 10ms 级别；选项 7 及选项 8 涉及 PHY 切分，需要满足 TTI 级别的定时交互，对时延要求最高。带宽方面，选项 1 至选项 6 对传输带宽的要求基本一致，选项 7、选项 8 涉及 IQ 数据流的传输，对传输带宽要求较高。

从接口/网元实现复杂度层面分析，不同协议层间切分总体要比协议层内部切分实现复杂度低，即选项 1/2/4/6 要比选项 3/5/7 的实现复杂度低，这是由于现有协议内部功能大多是强耦合的，内部切分会对实现此类功能造成难度。在选项 3/5/7 中，MAC 层的内部切分即选项 5 是实现复杂度最高的，这是由

于 MAC 层包含了高度复杂的中心调度算法,对前端网络延迟要求极高,而 PHY 和 RLC 的内部切分仅仅涉及数据的处理,比如 PHY 层的调制,傅里叶变换,RLC 层对数据包的分段、重组、级联等,功能逻辑清晰,不涉及太多交互内容,因此实现复杂度相对较低。在不同协议层间切分选项中,选项 1 即 RRC 切分方式由于将信令与数据处理分离,不涉及交互,是层间切分最易实现的,其他三种选项复杂程度接近,但选项 2 由于类似 LTE 双连接 3C 模式,已有大量研究基础并在 LTE 实际部署中得到验证,因此所需附加工作最少,可以更快速地实现,且能够增强 LTE 与 5G 网络的兼容性,利于后续网络的演进。

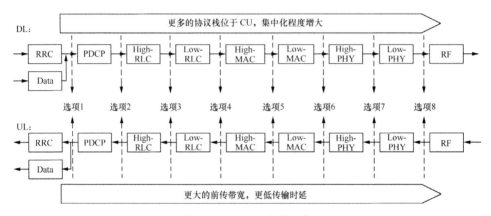

图 18-4　CU/DU 切分方案

从设备通用化角度分析,更多的协议功能实现通用化有利于运营商构建新的生态系统,解除设备强绑定的现状。未来 CU 采用通用设备处理的方式,因此选项 1 至选项 8 的切分方案通用化的程度越来越高。但有些协议层功能使用通用化设备处理,仍面临较大挑战,比如从运算量来看,物理层的傅里叶变换、编解码、以及 PDCP 层加解密,需要专有的加速器件保证性能。从时延要求分析,选项 5 及其之后的下层切分方案对时延要求高,通用化设备实现难度高。因此,虽然越往下层的切分设备通用化程度越高,但为了保障通信系统的性能,设备性价比会较低。综合考虑,现阶段采用选项 1 至选项 4 通用化方式优势较大。

从网络运维角度分析,CU 的协议集中程度越高,由网络层级造成的配置复杂度越低,越有助于网络的运维。选项 8 切分方案即传统的一体化基站,各层参数能够统一运维,一套操作维护系统可以管理多套基站的所有参数。其他选项中,CU 和 DU 需要 MANO 和 EMS 两套操作维护系统协调工作,增加复杂性。但优势在于 CU 基于通用化,设备运维系统支持切片的灵活管理、更大体量设备及数据云化处理;DU 支持差异化配置、空口灵活调度及定制化切片策略,使得整个网络运维更加灵活、更加个性化,更加符合未来 5G 的市场需求。

综上所述,不同的切分方案在不同维度表现差异很大,虽然 3GPP 标准组织确定了选项 2 作为最终的切分方案,但其他切分方案仍有很多值得探讨的方向。运营商在真正进行网络部署时,除了要考虑上述因素,还需结合自身传输网的能力、运维需求以及机房等基础设施条件进行综合评估。

2. CU 和 DU 接口开放

目前 3GPP 已确定将选项 2 即 PDCP/RLC 间切分作为 CU/DU 分离切分方案,并围绕该方案密集讨论需要标准化的内容,但仍存在以下问题有待加强关注并推动更深入的标准化,真正实现 F1 接口开放。

切分后功能/性能保障。由于选项 2 将控制面的 RRC 功能放入 CU 单元,小区级的 RRM 无线资源管理功能被放入 DU 单元,使得不同的控制面功能分属不同的处理单元,带来了控制面的延迟,可能影响整体系统性能指标。

① 对于终端随机接入、切换等流程,由于 RRC/RRM 协议模块从传统的强内聚转化为低耦合,接入过程跨 CU 和 DU 设备,增加管理控制流程,对业务和用户体验造成较大影响。

② 操作维护功能标准化。在标准化 CU/DU 间 F1 接口协议时,不仅要关注协议功能的交互与实现,而且要涉及操作维护层面的功能,例如如何分别配置 CU 和 DU 设备,如何保持 CU/DU 间配置参数一致性等。

③ F1 接口安全性。CU/DU 在 PDCP/RLC 切分,原来的设备内部接口变为设备间接口,因此,需要一套低成本的机制,如 IPSec 机制,有效保证 F1 接口数据传输的安全性,同时也要考虑传输时延、传输带宽、实现/接口复杂度。

3. DU 和 AAU 接口开放

DU 和 AAU 间接口对前传带宽和时延的需求会随着系统带宽和天线数变化呈线性增长,从而提高对相关设备接口器件能力的要求,增加前传网络成本、部署复杂度和传输协议的复杂性。为了解决这些问题,业界对将部分物理层功能下移到 AAU 达成了共识,并在 CPRI 基础上提出了支持多种物理层切分方案的 eCPRI 协议,但 eCPRI 协议并不能实现 DU 和 AAU 接口的完全开放。推动 DU 和 AAU 接口开放,仍存在以下问题。

① DU 和 AAU 设备中承载了无线空口协议中最关键的物理层技术,如预编码和波束赋形、编解码等,此类技术专业性强,主要由少数设备厂商控制,因此较为封闭,非主流厂商无法在短时间内介入。

② 物理层协议设计复杂，若将 FFT/IFFT、CP 添加和去除等物理层功能下沉到 AAU 中需要从此功能与其他功能的耦合度、AAU 功能设计和体积功耗，接口复杂度、对传输时延及带宽的需求等多个维度分析方案实现难易程度。实现接口标准化和开放，首先需要明确的就是功能切分方案。

③ 除标准化数据传输协议外，还必须同步标准化 DU/AAU 间操作维护接口，特别是 C&M、帧同步、天线配置、IQ 数据通道配置、校准配置等功能和过程。

18.4.2 无线设备通用化关键问题分析

1. 可靠性

无线接入设备通用化后，协议功能将以虚拟机的形式运行在云平台中。为了保障通信业务的正常运行，达到电信级云平台 5 个 9 的高可靠性和故障检测时效秒级的要求，我们需要从虚拟机可靠性、云平台可靠性、容灾等多个方面着手考虑，建立完善的可靠性保障体系。

（1）虚拟机可靠性

为了提升虚拟机的可靠性，我们可以通过虚拟机集群部署、虚拟机 HA 和动态迁移等方式进行保障。

① 虚拟机集群部署：通过创建集群系统，组合冗余的软硬件组件，达到消除单点故障，缩短设备意外宕机时间的目的。

② 虚拟机 HA：将一组服务器合并为一个共享资源池，持续检测共享资源池内服务器主机与虚拟机的运行情况，保证故障性能的自动恢复。

③ 动态迁移：自动优化资源池内的虚拟机，支持在物理服务器间迁移运行中的虚拟机，降低硬件维护产生的宕机与业务中断产生的影响。

（2）云平台可靠性

通过区分云平台的服务类型选择部署模式，选取云平台所依赖系统服务的封装机制及区分云平台对硬件能力的需求实现可靠性的保障。

① 基于服务类型的部署选择模式：有状态基础服务采用主备模式部署，无状态基础服务采用引入负载均衡的全主模式部署。

② 容器的封装：将云平台所依赖的系统服务封装在不同的容器内，依托容器的集群特性、灰度特性与自愈特性保障云平台的可靠性。

③ 硬件识别能力：无线网络虚拟化存在加速的需求，通过基于硬件能力进行资源池划分，保证无线虚拟功能故障恢复和平滑迁移能力。

（3）容灾

无线网络设备虚拟化的场景下，由于设备在地理上分布式部署以及多制式共存的差异化特性，网络容灾将面临更大的挑战。DU 单元覆盖范围小，可以进行本地容灾备份，而 CU 覆盖范围大，系统需要考虑高可靠的异地容灾备份。由于 CU 设备以云化的方式部署，在容灾建设过程中，系统还需要考虑负载均衡、数据中心网络互联等问题。此外，不同容灾等级对应的容灾方案在功能、适用范围等方面有所不同，实际的容灾建设需要结合业务以及建设环境灵活选择。

2. 实时性

时延是衡量无线接入网性能的关键指标，尤其是未来大量 uRLLC 业务时延敏感度极高，这对网络架构设计、无线空口设计和设备处理能力都将有更严格的要求。无线接入设备采用通用硬件平台实现，在计算和转发实时性上都面临较大挑战，需要在软件和硬件方面进行优化尝试。

目前软件方面常用的加速方案有：通过 DPDK 轮询机制及绑定核机制降低中断响应时延，稳定时延抖动；采用 SR-IOV 技术实现加速卡物理资源向虚拟机的透传，降低虚拟机监控器介入而产生的时延。通过优化操作系统、虚拟机也可提升通用设备的实时性。

但对于集中节点 CU，当需要集中处理上百小区或更大规模小区的数据量时，对设备时延、吞吐量、整体功耗等系统性能要求会更为严格。因此，选择采用智能网卡、硬件加速资源池等专用硬件加速方案达到通用性和实时性的折中方案是需要进一步评估的。

3. 安全性

从 2G 网络开始，加密技术就应用在无线接口上以保证用户通信的安全性。3G/4G 网络除加密数据面外，还增加终端和网络相互鉴权、完整性保护和控制面加密等。此外，由于传统专用设备软硬件紧耦合，黑客难以实施攻击。然而 CU/DU 分离 RAN 架构的应用和网络云化发展给安全防御带来了挑战，多维的网络服务需要多样化的安全机制来保证。

在虚拟网络架构安全方面，CU/DU 分离后，CU 和其他的 VNF 部署在同一数据中心，需对多租户的数据隔离及加密以保证数据私密性；对软件包进行校验以保证软件包的完整性；对管理面、用户面、控制面及内网进行网络隔离，避免相互干扰及非授权用户访问所有数据；对入侵检测和入侵防御实现智能化以保证服务的可信性；对登录事件进行有效记录以保证安全的可追溯性；对 SDNcontroller 的北向接口进行安全认证，对 SDNcontroller 和 SDNswitch 数

SDN/NFV 重构下一代网络

据加密以保证自定义网络的安全性。

在安全编排方面，CU 运行在虚拟平台下，用户可以任意将 VNF 从一个平台迁移到另一个平台，或者动态地将 VNF 分配到不同的物理区域，这需要对安全场景进行跟踪和统一编排管理，以确保安全规则的一致性和准确性。

在安全智能化方面，为排除安全漏洞不断繁衍升级导致安全的不可预知性，需要利用大数据，机器学习以探测和缓和未知的风险，以保证最短时间消除安全隐患。

在安全多样性和灵活性方面，网络切片需要针对不同的网络服务优化不同的安全配置以适应不同应用场景的需求。例如，eMBB 业务不仅需要加密数据还需要完整性校验数据，这些应用依赖于网络方面的安全。而有些 mMTC 业务的安全依赖于应用层，可能不要求网络层的安全。

4. 编排和管理

电信业务种类逐渐增多，用户需求呈现多元化，无线网络全局资源的统一编排与管理面临严峻的挑战。在运营商传统 OSS/BSS 中引入管理编排系统，提供可管、可控、可运营的服务环境，实现 VNF、NS 的自动化部署、弹性调度与高效运维管理将至关重要。ETSI 已经制订了 NFV 的参考架构，但对于 RAN 来说，仍需对此架构进行扩展才能满足需求。扩展 MANO 架构如图 18-5 所示。

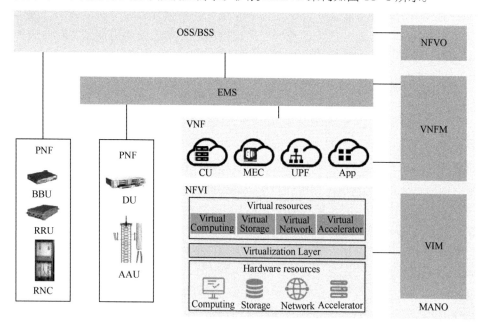

图 18-5　扩展 MANO 架构

（1）无线网络业务模型构建

构造 RAN 侧业务模型，实现 VNFD 中无线业务的描述与定义，在 MANO 各模块的接口定义中增加 RAN-VNF 定义。

（2）PNF 与 VNF 的统一编排与管理

无线网络中仍将有大量的专用设备以 PNF 形式存在，包括已有的 3G/4G 无线设备、DU 及 RRU/AAU 单元等。MANO 系统需要增强对 PNF 的直接管控能力，理清 OSS 与 NFVO 间、EMS 与 NFVO 间、VNFM 间的协作关系与交互流程。

（3）加速资源管理

在无线接入设备应用加速器，并将其作为最底层硬件资源的一部分抽象化为 NFVI 的组成之一。在 VNFD 中增加虚拟化加速资源的描述，并实现 NFVO 和 VIM 对虚拟化加速资源的管理。

（4）编排效率、灵活性考量

无线接入网的网络容量、时延等指标是无线网络的瓶颈，相关指标要求在设备虚拟化的场景下得到良好的保障，这对编排系统的灵活性及编排效率提出了更严格的要求，因此编排与管理需要进一步优化架构与业务流程。

（5）业务网元协同

未来无线网络虚拟网元与 MEC、能力开放平台等业务虚拟网元存在共平台部署的可能，而 MANO 需在该场景下完成统一的编排与管理。因此，系统需要在编排过程中充分考虑业务需求、网元特性、业务流路径等因素，实现网元的协同工作，保证整个平台的完整性与作业效率。

5. 资源高效性

传统无线接入设备之间相互孤立，网络扩容和功能升级需对每个设备进行软件或硬件投资，因此采购和升级成本极高。采用通用服务器并引入 SDN/NFV 技术实现基础网络资源的池组化、云化，可大幅增加硬件设备的复用和共享，帮助运营商有效控制部署和升级成本。在保障无线接入设备性能的情况下，选择合适的不同层级的虚拟化技术，如虚拟机技术、容器技术、虚拟操作系统、微容器等，尽可能提升资源复用和共享的效率将是非常有意义的。

另一方面，传统无线接入设备针对协议栈中网络转发部分和密集计算部分，如 IFFT、编解码、PDCP 加解密和信道均衡等，采用了如 FPGA、DSP、NP 和 CPU 协处理器等方式进行加速处理，加速器的使用使得设备整体能耗较低。而通用服务器若仅基于通用处理器，在满足同样性能的情况下，能耗会大幅提升。因此，加速器的使用对于无线接入设备来说难以避免，如何在面向各

种业务和应用场景、保障不同无线接入设备性能情况下，达到能耗和设备价格之间的平衡是运营商需要深思的。

6. 解耦

采用协议软件功能和硬件设备深度绑定的方式，一方面运营商无法自主升级软件网络以支持新的软件功能，难以应对未来随时随地的新业务灵活部署的需求。另一方面也不利于运营商开放网络接口，构建多厂商生态环境，降低网络建设成本。但基于 NFV 框架，推动硬件、虚拟化层和协议功能软件三层解耦，各层由不同厂商提供，存在极大挑战。

① 各层间接口标准不统一，目前大量使用私有协议和接口，不同厂商产品对下层能力要求差异大，各厂商垂直互通、系统集成和联调性能优化的复杂度非常高。

② NFV 技术引入虚拟化层，会造成多余的 CPU、内存，以及交换性能损耗，增加功能单元处理时延，影响设备整体性能，虚拟化层能力优化是亟待解决的问题。

③ 无线接入设备对性能和实时性等要求非常高，对底层硬件依赖紧密，尤其是底层协议的实现，需要引入加速器进行密集计算处理和高速转发。因此，推动加速资源的虚拟化和接口标准化是实现无线接入设备解耦的关键。

④ 无线接入设备需要保证通信业务不间断，任何一层都会影响系统整体的可靠性，如何明确各层可靠性能指标并实现协同，也增加了 RAN 侧解耦的难度。

⑤ 从运维角度看，解耦后故障检测、定位和恢复需多厂商配合协作，运营商需要转换网络运营思路，运维人员也需对设备各层有深入理解。

7. 设备形态

无线接入网采用 CU/DU 分离架构进行部署，CU 根据业务需求灵活部署在综合接入机房和各层级 DC 机房中。综合接入机房作为未来运营商实现固移融合的重要节点，将主要部署无线接入设备和超低时延需求的业务；边缘 DC 将规划无线接入 CU、分布式核心网 UPF、MEC 功能以及开放给第三方的业务部署平台等。采用标准通用硬件设备对机房可用空间、电源供应、承重等基础设施有着特殊的要求，无论是现有综合接入机房还是边缘 DC 都难以满足需求，且两者数量庞大、位置分散、改造难度高、成本巨大，因此如何尽可能利用现有基础设施条件需要再次探讨。为适配现状，仅从无线接入设备通用化角度看，标准通用硬件设备形态的设计需要有一定的突破。

① 能适应比传统数据中心更加恶劣的环境，具有更高的抗冲击、抗振动能力；电源选择范围要更广，支持 220VAC 以及 -48VDC。

② 更加紧凑，占地更少，例如考虑设备进深减少至 600mm 以内，同时需

能通过提供各种安装选项来适应面积有限的机房，如既能支持机架式安装也能支持壁挂式安装等。

③ 需支持更广泛的工作温湿度，如 0~55℃，95%非冷凝湿度等，以适应空调设备限制。

④ 需具备高密度计算能力，可在尺寸受限的情况下提供无线接入网所需的计算资源，高集成度和硬件加速将是关键。

综合接入机房和边缘 DC 基础设施现状复杂，且置于不同位置的接入设备需要管理的小区数也不尽相同，实现综合能效比、性价比最优，需考虑因素众多。对基础设施现状进行梳理和归纳，探索适于边缘部署的通用硬件设备能力，推动不同能力规格通用硬件设备的定制化、标准化甚至开源化是重要的发展方向。

18.4.3　能力开放关键问题分析

网络能力开放可为运营商提供创新商业模式，带来新的发展机遇，但与传统封闭的网络架构相比，也同样会带来灵活性、可靠性和安全性等方面的问题。

首先，空口资源开放。若空口资源以固定的形式定制给用户，会导致空口资源利用率低下，且在未来引入新的行业用户或已有的用户需求发生变化时，不具备足够的伸缩灵活性。若采用部分共享的形式，则要充分考虑共享空口资源的各类业务如何调度，保障业务体验。

其次，无线接入设备对可靠性、实时性和安全性要求极高。若开放基础资源，需考虑如何避免在第三方对其业务应用进行日常更新以及各类维护操作时，可能造成无线接入设备功能暴露和无法正常调度管理风险。基础资源开放需要保证与无线接入设备功能的完全隔离。

最后，网络信息开放可以通过直接提供 API 的方式或者中间网元间接传输的方式实现。通过 API 调用的方式使得第三方可能通过非法手段入侵基站，直接获取无线接入网数据，存在较大安全隐患。通过中间的网元方式包括采用 SCEF、MEC 或网管等，其中，MEC 可能会是未来结合业务应用使用最广泛的方式。目前，基站和 MEC 间接口均是私有接口，基站和 MEC 无法解绑，因此定义两者间接口并推动其标准化至关重要。

18.4.4　智能管理关键问题分析

多接入连接和资源管理、多元的网络业务部署及编排、复杂的网元配置、

潜在庞大的网络错误类型、灵活的软件升级需求，使得运营商对网络智能化管理有着强烈的诉求，但引入智能化管理仍存在一些问题需要解决。

（1）智能无线资源管理的复杂性

① 无线接入网切片：引入虚拟化技术后，无线网络由 VNF 和 PNF 组成，VNF 具有良好的可扩展性，资源粒度可调整；而 PNF 包括部分基带和射频，资源粒度相对固定，对于更细的资源划分场景，PNF 需考虑如何划分。

② 机器学习模型建立：业务类型多样化、切片方式复杂、与模型相关的无线资源参数多，使得提取数据模型的特征值难度增大，业界需要对参数的提取进行标准化。

③ 机器学习模型验证：机器学习需要大量的数据做训练，而这些数据有些和空口直接相关，设备提供商难以模拟所有实际场景，如何验证模型的有效性和可靠性需进一步探讨。

（2）网络服务编排、管理和运营

① 编排：实现 VNF 和 PNF 智能统一编排，定义可兼容各个厂商编排流程和接口的标准非常关键。目前 VNF 不直接管理 PNF，难以实现和其他 VNF 的统一编排；自动化集成 MANO 各个层级节点的流程需要标准化；各类 SDN-C 自动化配置节点传输网络的接口也需要标准化。

② 管理：实时监测平台及网元的告警，建立深度学习模型，对告警及错误进行分析及网元自愈。告警内容及接口需要统一，以便使用第三方智能软件。

③ 运营：软件升级需要不中断服务，实现基于微服务的 CU 虚拟网络功能架构，允许以更小的粒度发布和升级软件。

（3）兼容性和一致性

适配 SDN/NFV 架构，不同的厂商提供的 VNFM、编排器、网元管理系统不同，集成的流程及接口可能不完全相同，需要推动不同厂商产品间相互适配。

|18.5 中国联通 CUBE-RAN 规划|

18.5.1 无线接入网云化发展的思考

随着各类互联网业务爆发以及垂直行业的数字化转型，运营商需在尽可能减少投资的情况下满足来自各类用户和业务的差异化需求，而传统通信网络架构封闭、网元众多、功能无法灵活迁移，可扩展性差、采购和运营成本都较高，难以和未来快速变化的业务需求融合，以实现网络的可持续发展。未来电信网络应该具备高度的功能模块化、资源共享化、接口开放化、管理智能化和能力开放化等特征，通过一张强大的融合网络支持业务对资源的按需定制。SDN/NFV 技术的引入为传统电信网络变革带来了生机。网络被构建在基于通用基础设施的云化平台上，网元功能虚拟化，控制面高度集中，数据面分散化，有助于实现网元的按需快速部署。另外，从基于功能和硬件紧耦合的重资产型网络向基于软件交付平台的轻型网络转变，能够有力减少运营商的采购和运维成本。全球运营商均已看到其中的价值，纷纷制订计划，统筹推动网络战略转型。目前在核心网、固定接入、数据网和传输网络的解决方案上已开展大量工作。

而对于无线接入网络的虚拟化、云化发展，业界也开始积极探索。C-RAN、x-RAN、TIP 中的 openvRAN 等项目都对相关工作进行了深入研究，但由于无线设备虚拟化难度较高，全球各运营商的网络频段、部署节奏和演进策略等也不尽相同，因此各项目的工作侧重点存在较大差异，成果共享也相对较少。中国联通自 BBU 池组化项目开始一直在探索基于集中化部署的大规模灵活协同网络架构，明确了池组化对提升频谱效率、降低网络规划和优化成本的价值。在 4G 时代，BBU 池组化技术已经走向成熟并在中国联通的网络中获得大量应用。无线虚拟化、云化是 BBU 池组化的延伸演进，两者的核心理念是相似的。

18.5.2　中国联通 CUBE-RAN 定义和目标

面向未来，中国联通提出 CUBE-RAN 的概念，CUBE-RAN 与中国联通 CUBE-Net 一脉相承，是其在 RAN 侧的深入。CUBE-RAN（Cloud-oriented Ubiquitous Brilliant Edge-RAN，云化泛在极智边缘无线接入网络），旨在通过优化网络架构、引入 SDN/NFV、大数据和人工智能等 IT 技术推动网络全面开放，实现 CT 和 IT 理念在 RAN 的深度融合，构建弹性、敏捷、开放、高效、智能的 RAN，推动端到端融合 ICT 基础网络建设。CUBE-RAN 作为中国联通无线接入网的重要演进方向，由以下 4 个层面的含义构成。

1. 无线云化发展

RAN 设备将逐步从专用向通用转变。引入 NFV，构建云化基础设施池，实现无线协议功能软件化，并与基础设施解耦，从而支持面向业务需求的小区、RRC 连接等快速弹性扩缩容。引入 SDN 将控制面和数据面功能解耦，控制面

集中化部署，数据面按需分布灵活部署，支持无线资源的动态配置，以及端到端编排和管理，满足面向各行业的网络切片需求。NFV 和 SDN 在 RAN 的结合应用，使得运营商可充分利用资源云化效应，有效降低前期网络建设和后期运营维护成本。

2. 多接入融合发展

未来多制式，宏微立体多层组网，需要对无线资源进行统一、集中、融合管理，为用户提供泛在的无线接入服务。5GCU/DU 架构的提出是实现该目标的有利契机。CU 作为集中控制节点和数据面锚点，一可结合 DU，通过灵活的功能划分和位置部署满足不同业务带宽、时延等需求；二可通过多连接、小区间干扰协调和移动性增强等技术的应用提供无缝移动性，提升资源利用率，优化用户业务体验；三可有效避免基站间数据迂回，降低传输带宽压力和业务时延；四还可对来自不同接入制式网络的数据流进行高效路由。另外，从网络长期演进角度看，CU 可屏蔽无线侧制式差异，通过升级实现与演进核心网的对接，降低网络升级复杂度。实现融合组网要求各类无线接入设备可灵活互通，因此开放接口以及推动异厂商设备接口解耦是必然趋势。

3. 管理智能发展

引入机器学习和人工智能手段，一方面可实现智能化的无线资源管理。未来无线网络布局复杂，异构特征显著，在集中控制节点对无线信道条件、业务量分布以及用户体验信息等进行全面分析，为用户业务分配合适的接入小区，通过流量疏导有效应对潮汐效应，优化无线网络架构和资源利用率。另一方面可实现智能化的网络编排、管理和运营。未来网络需要具备自动部署、自动监控和自动愈合的能力，收集平台运行数据并进行智能分析，实现网络自动化。

4. 边缘创新发展

从面向传统个人业务向面向全行业服务转变，通过业务创新发展，突破人口红利消失，营收增长乏力的困局。未来将有大量业务部署在网络的边缘，如视频监控、AR/VR 等高带宽需求业务，以及车联网等低时延需求业务，或者通过局部专网的形式构建，如园区智能办公、工业控制等，借力边缘计算等技术，实现 RAN 和业务在网络边缘的直接深度融合，提升 RAN 灵活应对创新业务的能力，缩短端到端业务部署应用的周期，亦可以催生更多创新业务在边缘的尝试。

基于以上构想，本章梳理了 CUBE-RAN 的工作，并提出 CUBE-RAN 现阶段研究目标如下。

目标一：网元接口切分再探讨，明确不同切分方式的适用业务和应用场景，定义接口，推动标准化，实现异厂商接口互通；基于切分结果提出智能化无线空口资源集中管理方案，实现 RAN 的灵活组网和部署。

目标二：基于通用基础设施平台，从软/硬/虚实现及部署维度重点研究满足无线通信协议可靠性、实时性和安全性的技术解决方案，给出无线设备开发整体参考设计，推动软/硬/虚三层解耦。

目标三：扩展 ETSINFVMANO 参考架构，研究适用于 RAN 的自动编排和管理技术，支持 VNF 和 PNF 的统一管理，实现 MANO 与 OSS/EMS 对接；梳理与中国联通通信云整体架构设计的关系，推动面向不同业务的端到端网络资源编排和管理。

目标四：分析无线网络能力开放典型需求及面向不同业务的支持方案，实现无线网络与边缘计算平台接口互通及标准化。

目标五：结合中国联通边缘云规划，研究基于通用设备的无线网络基础设施需求，包括机房空间、供电、空调等，探讨未来设备形态演进方向。

18.5.3　中国联通 CUBE-RAN 推进计划

打造高度弹性、敏捷、开放、高效、智能的无线接入网络，意味着运营商需要打破现在完全基于黑盒设备的烟囱式封闭网络，推动整体网络架构变革，使 IT 化网络建设、运营和管理的思想扎根。而推动这种 IT 化的转变并不是一蹴而就的，一方面需要运营商深度参与设备需求定制、研发试验和系统集成的各个环节，另一方面需要运营商理清传统网络和新建 IT 化网络之间的关系，在初期就做好详细规划。中国联通将通过和厂商联合研发的方式，重点突破技术难点，并加强与其他相关研究组织、标准组织和开源社区等的成果分享和合作，逐步推动 CUBE-RAN 的应用落地和长期演进。CUBE-RAN 的发展将是一个循序渐进的过程，围绕 CUBE-RAN 现阶段目标，近期推进规划如下。

（1）研发试验阶段

推动基于通用基础设施平台的多接入无线虚拟化设备联合研发，聚焦解决面向 RAN 的通用设备开发关键性问题，包括不同 RAN 性能需求下的 NFVI 能力规格要求、虚拟化层优化、加速器抽象化和标准化等；实现异厂商系统集成，包括 CU-DU 和 DU-AAU 接口对接，以及 VNF 和基础设施平台解耦等。

以 4G 为起点，推动 CUBE-RAN 功能验证和多种应用场景、组网场景下的性能验证，验证 CUBE-RAN 的云化效应，探索 CUBE-RAN 适用业务和应

用场景，和业界分享研究成果，推广 CUBE-RAN 理念。

（2）部署探索阶段

扩展 MANO，实现对传统无线接入网络设施和通用基础设施平台的异构资源统一管理，MANO 与 OSS/EMS 对接，并推动接口标准化。

通过实际业务案例，推进基于 5G 的 CUBE-RAN 落地部署和同步应用验证，初期面向 eMBB 业务，将云化 CU 置于汇聚节点，管理多个接入环下小区，通过商用化探讨 CUBE-RAN 价值，为进一步网络架构演进作指导参考。

（3）应用推广阶段

引入智能化技术，优化无线资源集中管理，以及网络资源编排和管理；推动网络接口更加开放，以及设备开源和白盒化发展。

推动 CUBE-RAN 灵活按需部署，实现与业务的深度融合；以前期成果为指导，推动多接入网络架构变革和统一管理；将 CUBE-RAN 逐步融入中国联通通信云架构中，结合网络切片等技术，构建和完善端到端统一资源编排和管理机制。

|18.6 总结和展望|

本章总结分析了未来无线接入网络发展的新需求以及实现变革面临的多重问题和挑战，给出了中国联通 CUBE-RAN 的概念和愿景。在此，中国联通以开放的姿态，诚挚邀请所有运营商、设备厂商、虚拟化平台提供商、系统集成商、测试仪表厂商和行业用户等加入研究和试验工作。同时，中国联通也将积极参与 ETSI、ONAP 和 TIP 等组织的相关工作，并持续向业界贡献 CUBE-RAN 的阶段性研究成果，和业界一起构筑无线接入网络 IT 化发展全生态，掀起无线接入网络全面变革的浪潮。

|本章参考文献|

[1] 中国联通 CUBE-RAN 技术白皮书，2018.